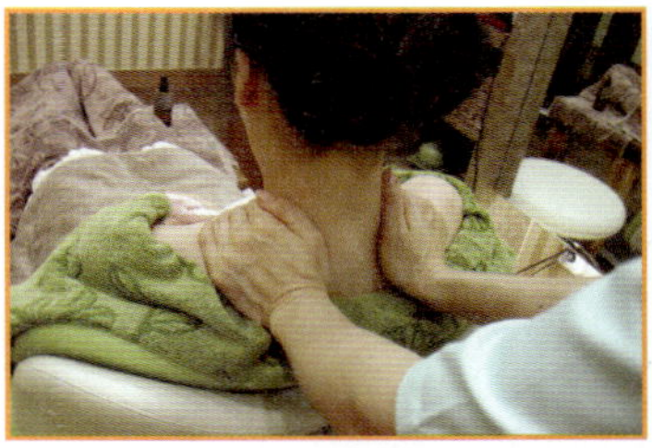

아름다운 미용인을 위한

친환경 Eco-Mom 테라피

이효숙 · 강주아 · 김은영
김혜진 · 이나리 · 진란희

부록 : 두피관리프로그램 동영상 CD

청구문화사

머리말

21세기는 경제구조의 서비스화가 빠르게 진행되어 가면서 서비스산업이 국제적으로 최대 경쟁력이 되는 업종으로 부상하고 있어서 각국의 경제 성장 및 고용 안정을 결정짓는 중요한 변수로 작용하고 있다. 특히 미용분야 서비스업종은 남 · 여 · 노 · 소를 막론하고 누구나 고객이 되는 업종으로서, 그 규모나 시장성은 상상을 초월하는 무한대라고 말하여도 지나치지 않을 것이다.

골드만삭스의 자크 프랑크 도신 애널리스트는 "미국인들은 해마다 교육비로 쓰는 돈보다도 많은 금액을 아름다움을 가꾸는 데 사용하고 있다"며 "서구에 이어 이제 중국 · 러시아 · 한국 등도 여성들의 요구에 의해 거대한 뷰티산업 시장으로 변하고 있다"(조선일보, 2004. 03. 09)고 했다. 지난해 한국뷰티산업 글로벌화 전략 수립을 위한 국제세미나에서 한국보건산업진흥원 황순욱팀장은 '한국의 뷰티산업 현황' 발표에서 국내 뷰티산업이 연평균 9.2% 고성장을 기록하고 있다고 하였다.

이처럼 삶의 질이 향상되고 자기관리에 대한 관심이 높아지면서 각종 미용 관련 상품이 개발되어지고 있으며, 이를 찾는 소비자의 욕구 또한 점차 고급화 · 전문화되고 있다. 이러한 현상은 미용산업과 가장 밀접한 관계에 있다고 볼 수 있는 '여성'이라는 미용 소비층의 범위가 전체 사회구성원으로 확대되어지고 있고, 이로 인한 수요 증가와 미에 대한 욕구를 이용한 기업들의 마케팅 전략에 의해 더욱 확산되고 있다.

미용(美容)이라 함은 모발 및 두피 관리, 헤어 디자인, 피부 미용, 메이크업 및 분장, 네일 아트 등 신체의 일부를 아름답게 매만지는 일로, 과학적이고 계획적인 토대 위에 기술적인 기능과 미적인 만족을 동시에 추구하는 실용예술이라고 할 수 있겠다. 이러한 미용의 개념은 용모를 아름답게 가꾸는 것으로 발전되어져, 현대에 이르러서는 아름다워지고자 하는 단순한 욕구와 개개인의 독특한 개성뿐만 아니라, 지쳐있는 심신의 상태를 개선하고 호전시키는 'care'나 'therapy'의 개념으로까지 확대되어지고 있다. 이것은 세계화와 정보화, 그리고 환경 파괴와 오염으로 인한 기후 변화와 생태계 훼손은 웰빙 문화의 등장을 이끌었으며, 결국 현대인들의 삶의 양식을 변화시켰다. 육체적 건강에 대한 중요성이 증대되었으며, 과도한 스트레스로부터의 해방을 위해 정신적 건강의 중요성이 함께 부각되는 현상이 바로 그것이다. 자연친화적인 관리는 이러한 문제 의식에 대한 해답인 것이다. 이러한 웰빙적 삶의 변화는 미용에 대한 개념 확대와 새로운 테라피의 개발에 대한 필요성을 요구하게 되었다. 즉 기존의 육체적 아름다움 추구에 집중되었던 것이 보다 정신적인 영역의 관리까지도 고려하여 접근하고 있는 것이다.

산업사회의 고도 경제 성장에 따른 생활 수준의 질적 향상과 더불어 인간의 미학적 관심이 높아지고 이를 충족시키기 위한 결과로 외모에 대한 관심이 고조되고 여성들이 사

회 활동 증가 등으로 머리끝에서 발끝까지 토털뷰티디자인에 대한 관심이 고조되고 있으며, 앞으로도 이와 같은 현상은 계속 되리라는 것이 일반적인 견해이다. 미용 산업현장 역시 산업 발달과 가치관의 변화로 인한 자신의 외모 관리에 대한 가정 스비 활동의 변화가 커져가고 있다. 따라서 미용 산업의 변화 요인은 다음과 같이 세 가지 측면에서 살펴볼 수 있다.

첫째, 고객의 욕구(needs) 변화를 들 수 있다. 생활 수준의 향상과 여가 시간의 증가에 따라 자기 관리에 대한 필요성과 인식이 확대되어지면서 아름다움을 추구하는 개인의 욕구가 증대하였고 다양한 미용 매뉴얼에 따른 스타일 변화의 욕구가 커지고 있다.

둘째, 미용 산업의 구조 변화를 들 수 있다. 한미 FTA 체결 및 다국적 기업들의 미용 산업 투자 유입에 대한 경쟁력 강화에 주목하여 미용 산업의 포괄적인 영역 확대 및 전문화 · 차별화 전략에 대한 다양한 시도 변화가 이루어지고 있다.

셋째, 사회 및 환경적인 변화를 들 수 있다. 대기 오염, 공해, 스트레스, 과로, 식습관 변화에 따른 질병 및 몸의 이상 문제 발생과 관련해 건강한 아름다움에 대한 추구 경향이 두드러지고 있다. 미용의 범위가 단순히 외모를 꾸미고 치장하는 단순 기능에서 벗어나 지금은 몸 안에서부터 작용하여 겉으로 드러나는 건강미(inner-beauty)를 중시하는 복합 기능으로 변화하고 있다.

경영 환경의 악화에도 불구하고 미용실의 급격한 팽창, 그에 따른 가격 경쟁과 포화 상태가 된 미용 시장은 폐업이 속출하는 등 경기 침체를 겪고 있다. 이러한 미용서비스 산업의 현황과 구조를 파악하여 미용 산업의 문제점들을 인식하고 미용서비스산업의 바람직한 개선 방안을 마련해야 할 것이다. 아울러 미용 시장 개방 등과 맞물려 국내 미용 산업에 가장 적합한 경영 시스템을 구축하고, 미용 서비스의 질적 수준 제고 등 중장기적 미용 산업 발전 방안 마련이 시급하다 할 수 있다.

본서는 이러한 미용 산업의 변화와 그에 따라 다변화 하는 고객의 새로운 욕구를 충족시키고 미용 본연의 아름다움을 추구할 수 있는 새로운 매뉴얼 개발에 착안하여 제작되었다. 아무쪼록 미용인 및 고객 모두에게 건강한 아름다움을 선물하고 시대적 흐름에 부합하여 고부가가치 미용 산업의 성장에 조금이나마 기여되기를 바라 마지 않는다.

본서의 제작에 함께 동참해 준 늘 동지같은 교수님들, 힘찬 응원과 정성을 다해 도움을 준 '에코맘 헤드스파'의 가족들 모두에게 깊은 감사와 사랑을 전한다.

– 2013. 03. 대표저자 李孝淑 –

목차

제 1장

친환경 EM 이야기

제 1 장

친환경 EM이야기

1.1 EM의 이해

1.1.1 EM/Eco-Mom의 이해

1) 착한 미생물 EM(Effective Microorganisms)

EM이란?

- Effective Microorganisms(유용미생물군)의 약자
- 광합성 세균, 유산균, 효모균 등 유용미생물 80여종으로 구성된 복합 미생물 집합체
- 다양한 균들간의 상호 대사작용에 의한 강력한 항산화 물질과 유전자 조각들이 EM의 다양한 효능을 발휘

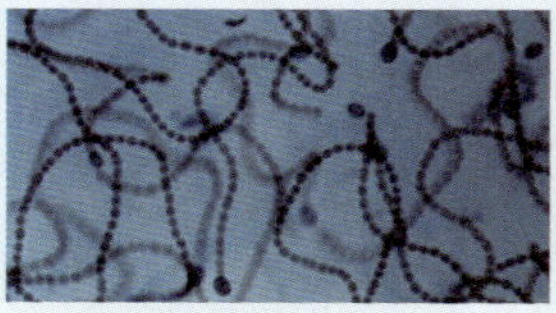

광합성 세균

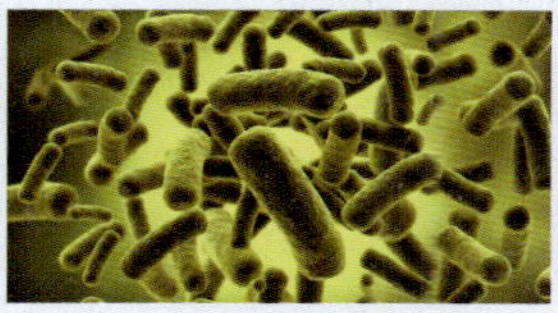

유산균

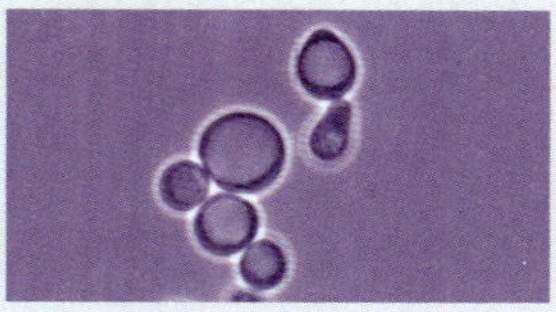

효모

2) 두피 및 인체 관리에 응용한 Eco-Mom 테라피

Eco는 요즘 지구 온난화 및 환경 오염으로부터 지구를 지키고자 하는 환경 운동의 화두로 보통 '친환경'을 의미하며 ecology의 줄임말로 생태학, 생태, 환경 보존의 뜻을 가지고 있다. 초록색, 청정한, 자연으로라는 의미로 연결되어 친환경 시스템을 에코그린(Eco-Green)이라고도 한다.

Mom은 기기 관리를 배제한 수기 마사지를 통한 테라피의 의미를 상징화한 용어다. 누구나 어린 시절 고열이나 통증에 힘들어할 때 이마나 통증 부위에 얹어주시는 엄마의 손길 하나로 시원하게 가라앉는 치유의 경험을 알고 있을 것이다.

Eco-Mom 테라피는 자연의 일부인 우리 몸을 가장 자연스러운 방법으로 접근하여 심신의 안정을 돕고 기본적인 면역 체계를 정상화시켜서 건강하게 관리하는 것을 원칙으로 한다.

1.1.2 EM의 메카니즘

1) EM의 정의

(1) EM(Effective Microorganism)은 유용미생물군의 약자로 자연계에 존재하는 많은 미생물 중에서 사람에게 유익한 미생물 수십 종을 조합, 배양한 것이다.

(2) 효모 유산균 및 광합성 세균이 EM을 구성하고 있는 주요 균종이며, 이들 균들 간의 복잡한 공존공영관계가 만들어내는 발효 생성물의 항산화력이 EM의 효과라고 말할 수 있다.

(3) 유용한 미생물은 저분자의 항산화 물질, 즉 물질을 산화시키지 않는 힘을 갖는 물질을 생성하는 것이 특성이며 공통점이다. 항산화 상태가 높아지면 유해한 미생물의 독소가 소멸할 뿐만 아니라, 유해한 미생물들조차도 유용 미생물에 연동하여 유용한 역할을 하게 된다.

(4) 또한 EM의 특징은 호기성균과 혐기성균, 분해균과 합성균 등이 공존하고 있다는 점이다. 이것은 종래의 미생물학적 발상에서는 있을 수 없는 일이다. 산소가 없으면 살 수 없는 미생물과 산소가 있으면 살 수 없는 미생물이 어떻게 공존할 수 있는가? 그 이유는 앞서 말한 항산화 물질이 존재하는 상황에서는 서로에게 필요한 먹이를 제공할 수 있기 때문에 공존이 가능한 것이다. 분해균과 합성균도 마찬가지이다.

(5) EM은 미생물의 생태계를 회복시켜주는 매우 중요한 미생물들이다. 동시에 소생력으로 회복된 미생물 생태계 그 자체가 바로 EM이기도 하다.

(6) 좁은 의미의 EM이란 항산화 물질을 생성하는 유용한 미생물군(群)으로서 광합성 세균, 효모균, 유산균, 방선균, 사상균 등을 모아 놓은 제품화된 것(EM액제)을 말한다.

2) EM의 주요 미생물

대표 미생물 종류	미생물의 역할
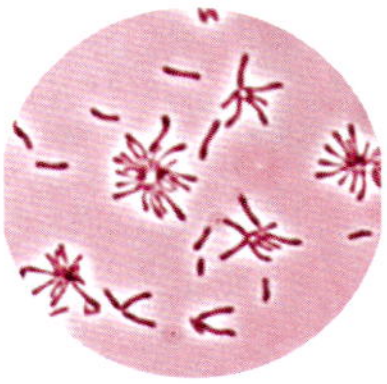 〈 광합성 세균 〉	* 산소를 싫어하는 혐기성 미생물의 보스 – 지구에 산소가 생성되기 전에 대량 번식한 것 – 탄산가스, 메탄가스, 암모니아, 황화수소를 먹이로 번식 – 배설물로 산소와 물, 아미노산, 당류, 유황을 배설 – 효모, 유산균과 공존함으로서 빠른 합성, 발효력 발휘
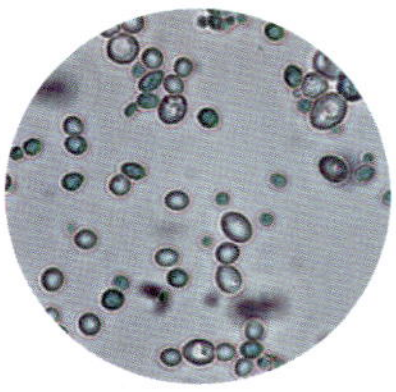 〈 유산균 〉	* 요구르트, 치즈 제조에 사용되는 미생물 – 부패할 수 있는 물질을 장기간 보존할 수 있는 특징 – EM에서는 유기물을 최초로 발효, 분해시키는 역할
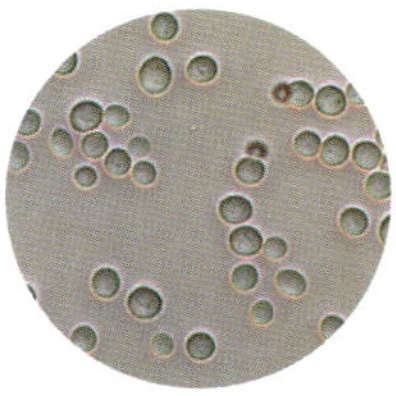 〈 효모균 〉	* 발효 합성을 하는 균 – 빵, 맥주, 와인 등 알코올 합성에 빠지지 않는 미생물 – 아미노산과 비타민을 대량으로 합성하는 능력 – 토양 속에서는 좋은 미생물을 생산하기 위한 먹이가 됨
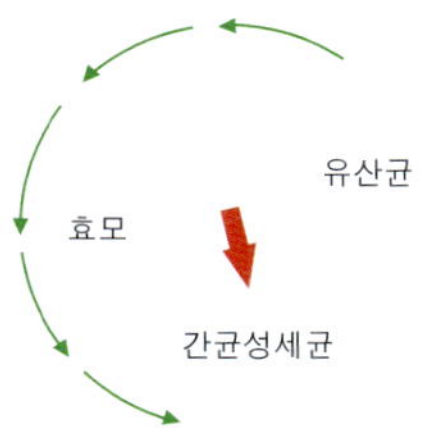	* EM의 핵심효과 – 종균의 공존공영 관계가 만들어내는 발효 생성물의 항산화력

3) 미생물의 역할

• 미생물이란

- 눈에 보이지 않는 작은 생물
- 어디에나 있음(흙, 공기, 물, 생물, 식품 등)
- 극한 환경에서 사는 미생물도 있음
- 학명이 부여된 미생물은 수만종에 불과함

• 미생물의 역할

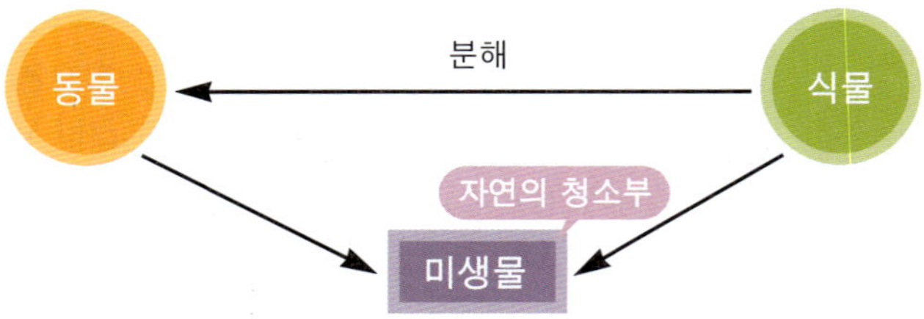

4) EM의 작용

(1) 지구에 존재하는 미생물의 80%는 기회주의적 성격을 띠는 해바라기균이다. 이들은 나쁜 미생물의 수가 증가하면 나쁜 미생물의 성격을 띠어 부패나 오염에 가담하게 된다.

(2) 하지만 유익한 미생물의 수가 많은 환경에 처하게 되면 유익한 역할을 하게 되는데, 이것은 EM이 해바라기균들을 유익한 방향으로 유도하는 역할을 담당하기 때문이다. 예컨대 우유 또는 콩을 방치해 두면 부패하면서 악취를 풍기는데, 이는 강력한 활성산소 (Active oxygen : 산화력이 강한 유해산소)를 유발하는 산화현상 때문이다. 그러나 같은 우유나 콩에 유산균이나 납두균이 작용을 하게 되면 우유는 요구르트로, 콩은 된장이 된다.

(3) 이런 현상은 미생물이 항산화 물질을 생성하여 부패를 막고 유기물을 저분자화하여 흡수되기 쉬운 상태로 만들기 때문이다. EM은 발효를 촉진하는 유용 미생물의 복합이다. 따라서 이 성질을 잘 이용하면 여러 분야에서 바람직한 결과를 가져올 수 있다. 가정에서 나오는 음식물 쓰레기를 그대로 방치하면 썩어서 악취를 풍기는 환경 오염원이 되지만 EM을 이용하면 발효처리되므로 발효된 것은 분명 좋은 퇴비가 되고, 토양을 개량하여 농작물의 성장을 돕는다. 더욱이 EM은 토양 중에 본래 존재하는 유용 미생물의 활동을 활성화하기 때문에 종래의 화학비료를 사용하는 농법에서는 생각할 수 없는 수확량의 한계 돌파가 가능하다. 이런 특성을 가진 EM은 농업, 축산, 환경뿐만 아니라 일상생활의 모든 분야에 활용이 가능한 친환경 소재라고 할 수 있다.

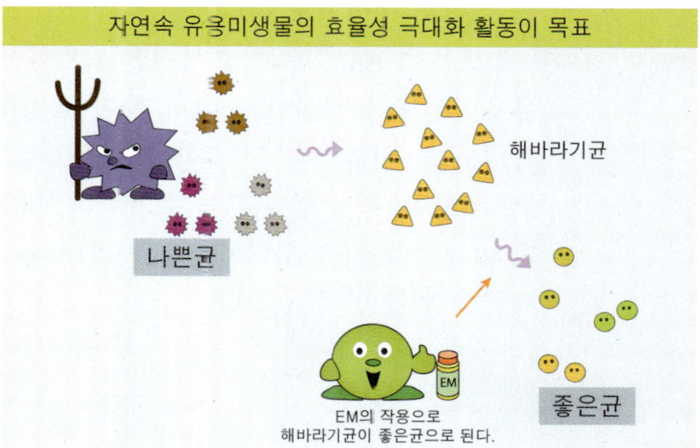

5) EM의 특징과 기술적 특징

■ EM의 특징

항산화물질 : EM의 핵심적 기능, 활성 산소 제거
자기공명파동 : 생체 활성화 에너지, 강력한 공명 주파수 발생
비이온화 : 해로운 중금속의 이온화 방지
저분자화 : 고분자 물질의 분해, 생산의 한계 돌파 가능
친환경성 : 인체에 무해한 미생물 이용, 친환경적 정화, 안전, 쾌적

■ 기술적 특징

대중성 : 간단한 교육을 통해 누구라도 쉽게 적용 가능
경제성 : 저비용, 높은 생산성 구현
고품질성 : 항산화 물질 생성, 보존성 증대
생산성 향상 : 한계 돌파
지속가능 : 부작용 없이 지속적 사용 가능

6) EM이 수질을 정화하는 구조

하천과 바다 오염 가운데 약 50% 가량이 가정에서 흘려보내는 생활 잡 배수이고 그 중에는 쌀뜨물도 상당량 포함된다. 쌀뜨물에는 질소와 인이 매우 풍부하게 들어 있어 하천으로 그대로 흘러가면 부영양화 현상이 초래된다. 즉 영양분이 흘러 들면 자연계의 미생물이 이것을 분해하려고 순식간에 몰려 들게 되고 분해하는 과정에서 심한 악취가 발생하고 강바닥과 바다 밑에 썩은 갯벌이 쌓인다. 이로서 적조 발생의 원인이 되기도 한다. 또한 영양분을 분해하는 미생물이 증가하면 물속의 산소를 거의 소비해 버리기도 한다.

쌀뜨물을 EM으로 발효시키면 쌀뜨물에 있는 고분자 탄수화물, 단백질, 지방 등이 유용미생물이 생성하는 여러 가지 효소(아미라제, 프로테아제 등)에 의해 저분자의 아미노산, 당류, 유기산, 항산화 물질로 전환되며 발효 분해계의 유용한 미생물(효모, 유산균, 광합성세균)이 증가한다. 따라서 이 발효액을 흘려보내면 자연계의 생물과 연동하여 썩은 오니를 분해시키며 유기산과 항산화 물질이 악취를 제거하게 되어 깨끗한 물로 만들어 준다.

7) EM의 적용분야

농업

축산업

식품

환경

수질정화

수산

가정

의료

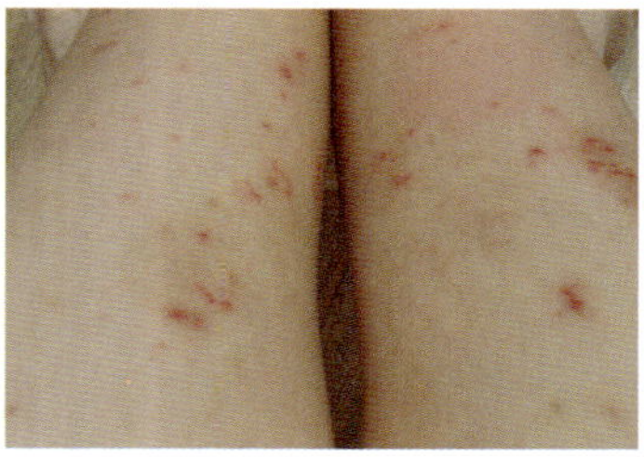

공업

건축

8) 전 세계적 EM의 사용

▶ 세계로 뻗어나가는 EM

* EM 관련자료: (주)에버미라클제공

1.2 EM과 친환경 미용 산업

1) 미용 산업의 최근 동향

한국시장을 포함해 전 세계의 건강과 관련한 미용 산업이 붐을 이어갈 것 이라는 세계 경제 전문가들의 예측과 함께, 국내 뷰티산업은 웰빙, 감성소비 등의 영향으로 꾸준한 성장세를 기록하고 있다. 또한 국가차원에서도 뷰티관련 산업을 새로운 소비 트렌드에 부합해 급속히 성장하고 있는 신 성장산업분야로 인식하고 있으며 무한한 잠재력을 가진 뷰티산업의 육성, 경쟁력강화 방안 정책을 다각도로 검토하고 있는 현실을 미용인들이 깊이 주목하고 직시할 때라고 생각한다.

미용의 가장 기본적인 취지는 '용모를 아름답게 한다.'는 것이다. 이 단순한 의미의 미용은 우리의 삶 가운데 '美'를 추구하는 가장 기본적인 욕구와 세계화의 흐름에 편승하여 우리 국내 시장에서도 상상도 할 수 없을 만큼의 거대한 경제시장을 형성해가고 있다. 이와 함께 미용의 다변화, 세분화 발전에 걸 맞는 네일, 메이크업, 피부, 헤어 등 각 분야별 전문성이 어느때보다 필요하다.

(1) 미용 산업의 추이 변화

21세기는 경제구조의 서비스화가 빠르게 진행되어 가면서 서비스산업이 국제적으로 최대경쟁력이 되는 업종으로 부상하고 있어서 각극의 경제성장 및 고용안정을 결정짓는 중요한 변수로 작용하고 있다. 특히 미용분야 서비스업종은 남녀노소를 막론하고 누구나 고객이 되는 업종으로서, 그 규모나 시장성은 상상을 초월하는 무한대라고 말하여도 지나치지 않는다. 특히 산업화가 가속화되면서 여성의 사회 진출의 증가로 생활의 여유가 생김에 따라 미에 대한 욕구가 한층 다양화 되어 가고 있다.

여성들의 몸에 대한 열망은 전 세계 뷰티 산업을 불황에드 해가 지지 않는 황금거위로 만들었다. 2004년도 보고에서 골드만삭스는 화장품 성형수술 등 전 세계 뷰티 관련 산업의 시장 규모가 총 240억 달러(한화 28조 8000억원)에 달할 것으로 추산했다. 경기 변동에 상관없이 매년 7%의 성장세를 보이고 있다. 이는 2012년도 기준 전 세계 GDP(국내총생산) 성장세의 두 배에 달하는 수치다. 골드만삭스의 자크 프랑크 도신 애널리스트는 "미국인들은 해마다 교육비로 쓰는 돈보다도 많은 금액을 아름다움을 가꾸는 데 사용하고 있다"며 "서구에 이어 이제 중국 · 러시아 · 한국 등도 여성들의 요구에 의해 거대한 뷰티산업 시장으로 변하고 있다"(조선일보, 2004. 03. 09)고 했다.

이처럼 삶의 질이 향상되고 자기 관리에 대한 관심이 높아지면서 각종 미용 관련 상품이 개발되어지고 있으며, 이를 찾는 소비자의 욕구 또한 점차 고급화, 전문화되고 있다. 이러한 현상은 미용 산업과 가장 밀접한 관계에 있다고 볼 수 있는 '여성'이라는 미용 소비층의 범위가 전체 사회 구성원으로 확대되어지고 있고, 이로 인한 수요 증가와 미에 대한 욕구를 이용한 기업들의 마케팅 전략에 의해 더욱 확산되고 있다. 이러한 기업들의 마케팅 전략의 수단으로서 상당 부분을 차지하는 것은 '광고효과'를 이용한 홍보를 들 수 있는데, 소비자들이 가장 쉽게 접할 수 있는 매체들, 즉 TV, 라디오, 신문, 잡지 등을 통해서 이러한 소비 형태들이 부추겨지고 있다.

이와 함께 기업 경쟁력의 원천이 종전의 지식과 기술에 더하여, 상상력과 문화적 감각이 가미된 총체적인 감성 능력으로 바뀌어가고 있다. 지금까지의 산업이 자본, 노동, 토지 등 유형 자산이나 지식, 기술을 중시하였다면, 앞으로는 기술보다는 예술이, 지식보다는 감성이 더욱 중시되는 쪽으로 변화해가고 있는 것이다. 미적 성질을 강조하는 이 같은 경향은 오늘날의 '생활의 환경'에서 비롯되었다고 할 수 있다. 인터넷으로 상징되는 IT문명이 확산되면서 인간이 물질 문명에 의존하고 예속되어 감에 따라 무미건조한 생활과 정신적 공허는 또 다른 사회 문제를 발생시키고 있다. 이로 인해 사람들은 심리적 안정과 만족을 위한 탈출구를 일상생활에서 누릴 수 있는 다양한 심미적 취향으로 해소하고 있다.

뷰티는 근본적으로 사람의 감성을 자극하는 인자(因子)로서 사전적으로는 '감각, 특히 시청(視聽)을 매개로 얻어지는 기쁨, 쾌락의 근원적 체험을 주는 아름다움(두산세계대백과 사전)'이라는 뜻을 지니고 있다. 아름다움을 뜻하는 한자어인 '美'는 羊(양양)+大(클대)의 관계로 이루어져 있음을 볼 수 있다. 문자 자체의 풀이로 보면 "양(羊)이 크다(大)."라는 뜻이겠으나, 중국 유목민들에게 있어 양(羊)은 식량, 의복, 천막 등의 의식주를 해결하고 삶을 영위하게 하는 필수품이었고, 가장 귀한 재산의 가치 척도였음을 볼 때, "양이 크다."함은 넉넉하고 평안하고 좋다함을 나타낸다 하겠다. 따라서 미(美)의 원초적 의미 속에는 '즐거움', '유쾌함'이라는 본질이 녹아있음을 유추할 수 있다. 여기에는 신체를 가꾸고 치장하는 기본적인 미의 개념과 결부되어 건강한 것까지를 포함하여 보기 좋은 것이라는 개념까지 유추해볼 수 있다.

미용(美容)이라 함은 모발 및 두피 관리, 헤어 디자인, 피부 미용, 메이크업 및 분장, 네일 아트 등 신체의 일부를 아름답게 매만지는 일로, 과학적이고 계획적인 토대 위에 기술적인 기능과 미적인 만족을 동시에 추구하는 실용예술이라고 할 수 있겠다. 이러한 미용의 개념은 용모를 아름답게 가꾸는 것으로 발전되어져, 현대에 이르러서는 아름다워지고자 하는 단순한 욕구와 개개인의 독특한 개성뿐만 아니라, 지쳐있는 심신의 상태를 개선하고 호전시키는 'Care'나 'Therapy'의 개념으로까지 확대되어지고 있다. 이것은 세계화와 정보화, 그리고 환경 파괴와 오염으로 인한 기후 변화와 생태계 훼손이 웰빙 문화의 등장을 이끌었으며, 결국 현대인들의 삶의 양식을 변화시켰다. 육체적 건강에 대한 중요성이 증대되었으며, 과도한 스트레스로부터의 해방을 위해 정신적 건강의 중요성이 함께 부각되는 현상이 바로 그것이다. 자연친화적인 관리는 이러한 문제의식에 대한 해답인 것이다. 이러한 웰빙적 삶의 변화는 미용에 대한 개념 확대와 새로운 테라피의 개발에 대한 필요성을 요구 하게 되었다. 즉 기존의 육체적 아름다움 추구에 집중되었던 것이 보다 정신적인 영역의 관리까지도 고려하여 접근하고 있는 것이다.

이처럼 아름다움은 진보적인 사회 흐름을 반영하고 있기도 하다. 덕택에 아름다움에 대한 시각이 조금씩 달라지고 있다. 뷰티(Beauty), 즉 미적(美的)요소가 제품·서비스의 경쟁력과 부가가치의 원천으로 급격히 부상하고 있기 때문이다. 이러한 이유로 현대 사회는 뷰티를 좀 더 확장적이고 주관적인 개념으로 받아들이고 있다. 이러한 맥락에서 뷰티산업도 종전의 화장품 산업에만 국한되는 것이 아니라 훨씬 더 광대한 영역으로 뻗어나가고 있다는 점이 매우 중요하다고 하겠다. '뷰티산업' 은 미적 성질이 중요한 산업 전반이라는 얘기다. 뷰티산업 내부를 보면 예술성과 장인정신이 경쟁력의 원천으로서 자리하고 있다. 좁은 의미의 '뷰티산업' 은 화장품을 의미하나 넓은 의미로는 미적 디자인, 감동, 체험, 세련됨 등이 가미된 다양한 체험과 소비를 모두 포함하는 산업을 뜻한다.

산업사회의 고도 경제 성장에 따른 생활 수준의 질적 향상과 더불어 인간의 미학적 관심이 높아지고 이를 충족시키기 위한 결과로 외모에 대한 관심이 고조되고 여성들이 사회 활동 증가 등으로 머리끝에서 발끝까지 토털뷰티디자인에 대한 관심이 고조되고 있으며, 앞으로도 이와 같은 현상은 계속 되리라는 것이 일반적인 견해이다. 미용 산업 현장 역시 산업 발달과 가치관의 변화로 인한 자신의 외모 관리에 대한 소비활동의 변화가 커져가고 있다. 따라서 미용 산업의 변화 요인은 다음과 같이 세 가지 측면에서 살펴볼 수 있다.

① 고객의 니즈(needs) 변화

- 다양한 미용 매뉴얼에 따른 스타일 변화의 욕구 상승
- 자기 관리에 대한 필요성과 인식 확대

② 미용 산업의 구조 변화

- 불황 극복을 위한 새로운 매뉴얼 개발의 필요성 확대
- 다국적 기업들의 미용 산업 투자 유입에 대한 경쟁력 강화
- 미용의 포괄적인 영역 확대와 차별화 전략

③ **사회, 환경적인 변화**

- 경제 수준의 향상과 건강한 아름다움에 대한 추구 경향
- 대기 오염, 공해, 스트레스, 과로, 식습관 변화에 따른 문제 발생

2) 헤어케어시장을 중심으로 한 친환경 미용산업

과거 50대 이상의 남성들만의 고민거리로 여겨져 왔던 탈모와 대머리가 연령, 성별의 제한없이 많은 사람들의 공통 고민거리로 전락되면서 두피케어, 탈모 시장에 대한 관심이 급증하고 있다.

특히 우후죽순처럼 생겨나고 있는 두피관리센터와 성형외과, 피부과 등의 병 · 의원, 한의원, 피부관리실, 미용실 등 다양한 채널에서 두피케어 서비스를 제공하여 소비자들을 유혹하고 있으며, 소비자들 역시 두피케어 제품에 대해 익숙해졌다. 최근에는 대형 할인매장이나 슈퍼마켓에서도 두피, 비듬케어 기능이 포함된 샴푸와 린스 제품을 쉽게 접할 수 있을 정도로 많은 업체들 역시 두피케어 제품 시장에 뛰어드는 모습은 이를 반증하고 있다.

이러한 현상은 화장품 전문점으로도 이어져 화장품 업체들 역시 자사만의 독특한 성분을 내세운 제품을 서둘러 출시하여 블루오션(blue ocean)으로 떠오르고 있는 두피케어 시장을 서로 경쟁적으로 선점하려고 하는 전략에 심혈을 기울이고 있다.

업계 관계자들은 두피관리센터와 피부관리실, 병 · 의원, 한의원, 미용실, 대형 할인매장, 슈퍼마켓, 홈쇼핑, 약국 등 다양한 유통을 통해 판매되고 있는 두피케어 제품시장이 1조원에 이를 것으로 예측하고 있다. 또한, 이에 편승하여 시판시장의 두피, 비듬샴푸 시장 역시 커지고 있는 상태로 A.C. Nielsen이 지난해 발표한 자료에 따르면 두피, 비듬 샴푸의 점유율이 전체 샴푸 시장 규모의 30%에 육박하고 있고, 시판유통의 두피케어 제품 시장 규모도 800억원대를 넘어설 것으로 예상하고 있다. U.L. Korea의 한 관계자의 말에 의하면 비듬 및 두피 샴푸의 성장세는 최근 몇 년간 지속적으로 성장해 오고 있으며 올해 역시 그 성장세가 지속될 것임을 예측하고 있다.

두피케어 제품시장이 성장하고 있는 원인으로는 기존의 유전적인 영향 이외에 최근에는 환경적인 영향으로 인해 탈모의 연령대가 점차 낮아지고 있고, 여성 탈모가 증가하는 등 소비자의 탈모에 대한 관심이 급증했기 때문으로 분석할 수 있겠다. 이러한 소비자의 관심이 급증하면서 두피 박람회와 컨퍼런스 등 두피에 대한 정보를 교류할 수 있는 행사 역시 증가하는 추세는 이를 증명하고 있다고 하겠다.

(1) 한국 전체 헤어케어 시장 현황

2012년 전체 헤어케어 시장은 9,193억원 규모를 형성하였으며, premium급 대비 mass market의 비율이 52:48이었다. 이것은 2002년 premium급(고급 제품군)이 70%, mass market이 30%였었으나 해를 거듭할수록 점차 mass market 제품의 개발이 활성화 되어 거의 대등한 상태로 가고 있는 것을 보면 mass market시장의 증가세가 두드러짐을 알 수 있다.

한국 헤어케어 시장을 년도 별로 살펴 보면, 2002년 6,833억원이었던 것이 2004년에 그 증가율이 10.1%까지 급상승을 피크로 2005년부터는 3~4%의 완만한 상승세로 증가하다가 2007년~ 2012년까지는 1.4% 정도의 저조한 성장을 유지하고 있다.

A. 헤어케어 종류별(Cartegory별) 시장 규모

국내시장 규모는 2012년 기준 총 9,193억원이며, 그 중에서 샴푸시장이 3,463억원으로 전체의 38% 이상에 달했으며, 이어서 컨디셔너가 2,982억원, 헤어칼라가 1,016억원이며, styling 관련 제품이 995억원으로 그 뒤를 잇고 있다(기타 제품들은 아래 [Table 1] 참고).

[Table 1] Sales of Hair Care market by Subsector: Value 2002~2012

unit: bill Won

Items	2002	2003	2004	2005	2006	2007
1. Shampoo	241.7	263.5	280.6	300.6	308.1	314.3
2. Conditioners	147.3	183.8	196.7	212.4	230.5	241.4
3. Colorants	120.1	134.6	139.3	132.3	130.3	124.1
4. Styling agents	78.6	87.3	78.5	79.9	81.5	83.7
5. 2-in-1 products	67.1	53.0	50.9	49.0	47.3	45.6
6. Salon hair care	25.8	27.6	28.1	28.5	29.2	29.5
7. Perms and relaxants	2.8	2.9	2.7	2.7	2.6	2.5
TOTAL	**683.4**	**752.7**	**776.8**	**805.4**	**829.5**	**841.1**

Items	2009	2010	2011	2012
1. Shampoo	328.6	335.1	341.2	346.3
2. Conditioners	264.1	275.8	278.2	298.2
3. Colorants	113.5	109.0	105.1	101.6
4. Styling agents	88.9	92.0	95.5	99.5
5. 2-in-1 products	42.7	41.6	40.6	39.7
6. Salon hair care	30.2	30.6	31.2	31.8
7. Perms and relaxants	2.4	2.4	2.3	2.3
TOTAL	**870.4**	**886.5**	**903.1**	**919.4**

B. 헤어케어 시장의 각 회사 점유율(Company Share: %)

2006년도 Total Hair Care시장에서 각 회사별 점유비(M/S: %)를 살펴보면 LG 생활 건강이 전체에서 24.5%를 차지 1위를 지키고 있고, 그 뒤를 Amore-Pacific이 17.3% 로써 2위를 이어가고 있으며, 이어서 3위, 4위를 각각 P&G, Aekyung이 16.4%, 9.5%를 차지하고 있다. 특히, 이 4개 회사들의 M/S는 2000년도 들어서서 꾸준히 증가하고 있는 것이 눈에 띔을 알 수 있다[Table 2].

[Table 2] Company Share of Hair Care by Retail Value 2003~2007

unit: bill Won

Items	2002	2003	2004	2005	2006
1. LG Household & Health Care Ltd.,	21.9	22.7	23.8	24.2	24.5
2. Amore Pacific Corp.	15.8	15.9	15.7	16.0	17.3
3. Procter & Gamble Korea Inc.	14.9	15.4	15.7	15.8	16.4
4. Aekyung Industrial Co. Ltd.,	3.2	8.7	9.5	9.2	9.5
5. Unilever Korea Co. Ltd.,	7.4	8.4	8.4	8.9	7.5
6. Wella Korea Co. Ltd.,	6.9	7.3	6.7	6.3	5.8
7. L' Oréal Korea Co. Ltd.,	4.7	3.8	3.3	3.2	3.1
8. Somang Cosmetics	**2.5**	**3.0**	**3.2**	**3.2**	**3.0**

9. Dong Sung Pharm Co Ltd	2.9	3.0	3.0	3.0	3.0
10. Dong-A Pharmaceutical Co Ltd	2.1	2.3	2.2	2.1	2.0
11. Mandom Korea Corp	1.4	1.8	1.4	1.1	1.1
12. Amway Korea Co Ltd	2.0	1.3	1.1	1.1	0.8
13. CJ Lion Co Ltd	-	-	-	-	0.7
14. NSE Korea Co Ltd	0.4	0.3	0.3	0.3	0.3
15. Yves Rocher SA	0.4	0.4	0.4	0.3	0.3
16. BSK Corp	0.3	0.3	0.3	0.2	0.2
17. Sarangsae Cosmetics Co Ltd	0.1	0.1	0.0	0.0	0.0
18. CJ Corp	1.2	0.5	0.4	0.4	-
19. Pacific Pharmaceutical Co Ltd	-	-	-	-	-
20. Others	12.0	4.8	4.5	4.6	4.3
TOTAL	100.0	100.0	100.0	100.0	100.0

* *Source:ERM(Feb.2008)*

C. 헤어케어 시장의 Brand 별 Market Share(%) 현황

2007년도 Total Hair Care시장에서 각 회사의 brand별 점유비(M/S: %)를 살펴보면 LG생활건강의 Elastine이 12.2%를 차지 회사의 면모 대로 1위를 고수하고 있으며, 2위로는 세계적 Global 회사인 P&G의 Pantene pro-V가 차지하고 있다. 그 뒤를 이어서 Aekyung의 KeraSys Hair Clinic System이 무섭게 적극적이고 공격적인 마케팅을 전개해 오면서 3위 자리까지 지키고 오게 된 것이 눈에 뜨인다. 그리고, 4위에 rank되어 있는 Unilever의 Dove brand는 그 틈새에 끼어 M/S를 키우지 못하고 평균을 유지하고 있으나, P&G 등 외국사와 같이 국내 3사의 선전(善戰)에 힘을 못쓰고 있다. 이어서 그 뒤를 잇고 있는 Amore-Pacific의 미장센 브랜드가 5위를 차지하고 있는데 마케팅 전략 및 특히, premium전략에 힘입어 화장품 1위 회사의 면모 데로 그 역량을 발휘하고 있다[Table 3].

[Table 3] Brand Share(%) of Hair Care market in Korea:(%)RetailValuersp/ 2004~2007

Brands	Company	2004	2005	2006	2007
1. Elastine	LG H & H	10.3	10.6	11.4	12.2
2. Pantene Pro-V	P & G Korea	8.8	8.4	8.3	8.6
3. Kerasys Hair Clinic System	Aekyung	6.4	7.7	7.8	8.3
4. Dove	Unilever Korea	7.7	7.8	8.3	7.0
5. Mise-en-scene Pearl Shining	Amore-Pacific	3.3	4.2	4.8	6.7
6. Double Rich	LG H & H	7.6	6.1	5.6	5.2
7. Dantrol	Amore-Pacific	5.6	5.1	5.2	5.0
8. Head & Shoulders	P & G Korea	3.0	4.1	4.6	4.9
9. Mise-en-scene	Amore-Pacific	3.4	3.4	3.5	3.6
10. Curair	LG H & H	-	3.0	3.1	3.4
11. Vidal Sassoon	P & G Korea	3.5	3.3	2.9	3.0
12. A Man Holding Flower	Somang	2.6	2.6	2.6	2.4
13. Wellaton	Wella Korea	2.8	2.6	2.5	2.3
14. Bigen	Dong-A Pharm	2.3	2.2	2.1	2.0
15. Novid	LG H & H	2.6	2.0	1.9	1.7
16. Excellence	L' Oréal Korea	1.4	1.3	1.4	1.4
17. Seveneight	Dong Sung Pharm	1.3	1.2	1.3	1.3
18. Wella Balsam	Wella Korea	1.8	1.5	1.3	1.1
19. L' Oréal Professionnel	L' Oréal Korea	1.1	1.0	1.0	1.0
20. Feminine Silky	Dong Sung Pharm	0.9	1.0	1.0	1.0
21. Vitamin	Amore-Pacific	0.8	0.7	1.2	0.9
22. Viva Color	Wella Korea	1.3	1.1	0.9	0.9
23. Gatsby	Mandom Korea	1.3	1.0	0.8	0.8
24. Amway	Amway Korea	1.3	1.1	1.1	0.8
25. System Professional	Wella Korea	0.5	0.6	0.6	0.6
26. Liante	Aekyung	1.3	1.0	0.7	0.6

27. Keratin	Somang	0.4	0.5	0.6	0.5
28. Shingmulnara	CJ-Lion	-	-	-	0.5
29. Flonic	LG H & H	0.6	0.5	0.5	0.4
30. Féria	L' Oréal Korea	0.7	0.6	0.5	0.4
31. Shingmulnara	CJ Corp	0.5	0.4	0.4	-
Others		14.8	13.3	12.2	11.3
Total		100.0	100.0	100.0	100.0

* Source : ERM(June. 2008)

D. Hair Care시장에서 premium급 제품과 mass제품과의 구성비(2002~2007)

2002년부터 2007년까지 premium급 제품과 mass시장 제품과의 구성비를 조사해 보았더니 diagram과 같이 mass시장 제품개발의 활성화로 인하여 점차 premium급 제품은 줄고 mass market 제품의 M/S가 점차 늘어가면서 2002년 30% 밖에 되지 않던 M/S가 2007년도에는 거의 대등한 위치를 위협할 정도로까지 접근하여 48%에 육박하고 있다. 이것은 마케팅 요소중에서 제품의 컨셉이나, 효능 효과적 측면에서 premium급에 접근하는 기술력이 뒤 따랐고 마케팅mix의 효과 또한 중요했으리라 예측되고 있다.

E. Hair Care제품 중 Styling agents의 brand Share(%)

2007년도 헤어케어 제품 중에서 styling관련 제품군(群)에서 브랜드 점유율을 살펴보면 상기(上記) diagram에서 보는 바와 같이 Amore-Pacific의 미장센이 1위로써 22.0%를 차지하고 있으며, 그 뒤를 잇고 있는 것이 Double Rich(LG생활건강)가 9.2%로써 2위에 랭크되었고, 애경의 KeraSys hair clinic system이 Elastine(LG생활건강)과 근소한 차이로 3위에 랭크되었으며, Elastine이 그 뒤를 이어 4위를 차지하고 있다.

F. Hair Care제품 중 Salon products의 Company Share(%)

2007년도 헤어케어 중에서 hair salon제품은 역시 다국적 기업 수입품들이 전체의 84.0%를 차지하고 있어 시장을 석권하고 있다고 해도 과언이 아니다. Wella Korea가 44.5%로써 1위를 차지하고 있고, L' Oreal이 39.5%로써 2위를 랭크하고 있어 국내 제품들은 hair salon시장에서 약세를 면치 못하고 있는 것은 prestige market과 mass market에 집중하다고 보니 틈새시장(niche)이 생겨서 외국 다국적 기업들이 이곳에 집중할 수 있는 여력이 생겼기 때문으로 예견할 수 있다.

G. Hair Care제품 중 Salon products의 Brand Share(%)

2007년도 헤어케어 중에서 hair salon제품의 각 회사들의 brand share를 보면 역시 L' Oreal Professional제품이 M/S 29%를 차지하여 단연 1위를 고수하고 있으며, SP Professional(Wella Korea)이 그 뒤를 따라 M/S 17.5%로써 2위에 랭크되고 있고, 3위에는 또 다시 L' Oreal의 Kerastase가 차지하고 있으며, 4위에는 다시 Bact to Basic(Wella Korea)가 M/S 7%를 차지하고 있다

H. Hair Care제품 중 premium market의 Brand Share(%)

2007년도 total hair care시장에서 mass market에 상충되고 있는 premium market의 brand별 점유비(M/S: %)를 살펴보면 LG생활건강의 Elastine제품이 24.5%를 차지 1위를 달리고 있다. 이어서, 다국적 기업인 P&G의 Pantene이 17.8%로써 2위를 지키고 있으며, 근소한 차이로 K-H-C-S가 M/S 17.3%로 3위를 기록하고 있다. M/S(%) 4위로써는 pearl(진주)을 주체로써 고급화에 marketing의 힘을 불어넣고 있는 미장센 펄 샤이닝이 차지하고 있고 연이어 5, 6위에 각각 Curair(LG H&H, 7.1%), Dove(Unilever Korea, 4.6%)가 그 뒤를 따르고 있는 것을 볼 수 있다.

I. Hair Care제품 중 Styling agents의 제품 type별 판매량 추이

아직도 hair care시장에서 사용빈도가 높은 hair styling제재 시장은 전체 시장에서 여전히 10%대의 M/S를 유지할 정도로 그 중요도는 높게 나타나고 있는데, 2003년도부터 2007년도까지 styling제품의 형태가 크게 spray type과 mousse type으로 나뉘어져 왔다. 특히, 1990년대 말에서 2000년대 초까지 mousse type의 시장은 한동안 시장을 석권하고 있었다가 점차 쇠퇴기를 거쳐 gel type및 기타 형태로 전환되었다. 그러나 spray type만은 꾸준히 M/S 35%대를 유지해 오고 있다.

(2) 최근 Hair Care market 및 신제품 동향

A. 발효컨셉의 Hair care시장 성장역사와 배경 및 제품소개

발효화장품이 시장에 첫 선을 보인 것은 2002년에 출시된 에버미라클의 '이보메' 기초제품(skin care)이 그 효시이다. 영어의 fermentation(발효)란 단어는 라틴어의 'farvere(끓는다)'에서 유래된 것으로, 미생물이 스스로 가지고 있는 효소를 이용해 유기물을 분해하는 과정을 말한다. 미생물이 유기물의 분자 구조를 잘게 부수어 흡수력을 높이고, 또 발효되는 과정에서 원래의 유기물보다 더 우수한 새로운 물질을 생성해 영양분을 풍부하게 한다. 발효화장품이란, 발효 기법을 이용해 만든 화장품으로, 천연성분을 장시간 발효시킨 원료로 만든 제품이며, 발효의 장점이 그대로 담겨있다. 이보메, 미생모 발효화장품의 특징은 인체에 유익한 80여가지의 미생물들이 공존 공생하는 복합미생물제제(EM)로, 영양분이 풍부하고 피부에 흡수가 잘되며, 발효과정에서 독성물질이 안전물질로 변화하거나 제거되면서 피부톤을 맑게 하고 트러블이나 알레르기 부작용을 완화한다는 장점을 가진다. 이렇게 출발된 발효화장품은 2000년도 중반기에 들어서면서부터 본격적으로 붐을 일으켰고 매년 10% 이상의 성장을 가져올 정도로 화장품시장에서 신성장 동력에너지로 발돋음하였다.

특히, 기초제품에서 시작된 인기도는 그 인근 제품군, 예를 들면 '댕기머리' 라는 발효샴푸의 출현은 새로운 brand를 탄생시킴으로써 인지드도 전혀 없던 '두리화장품' 이라는 새로운 회사가 등장하기에 이르렀으며, 이 발효샴푸의 출현은 그 인기도가 과히 성공적이라고 할 수 있다. 발효추출물을 이용하여 두피케어 및 탈모에 좋다는 컨셉으로 기존의 발효화장품에서 기대해 왔던 소비자의 needs를 만족시켜주었던 것이 중요한 요소로 작용하여 성공 brand로 성장할 수 있었다고 판단된다. 이에 편승하여 최근에는 각 화장품회사들이 한방 발효 헤어케어 브랜드를 새롭게 선보이거나 라인을 확장하면서 시장에서의 경쟁이 한층 뜨거워지고 있다. 미용산업계에서 추정하고 있는 탈모관련 시장은 작년 1조원대로 보고되고 있다.

2002년 2천억원 규모였던 탈모시장은 2005년 5천억원으로 증가한 데 이어 작년에 2배 가량 급성장해 왔다. 특히, 사회적인 여건과 stress 등으로 인하여 사회활동이 많은 여성들의 탈모인구가 급증하게 되면서 화장품 회사들은 솔잎 엑기스와 은행잎 엑기스에서부터 산삼 배양근, 황토 등에까지 머리카락에 좋다고 하는 한방원료를 주성분으로 한 헤어케어 제품을 잇따라 선보이며 시장을 획기적으로 성장시키고 있다.

이와 같은 급변하는 시장상황과 marketing 변화의 영향으로 인하여 (주) 에버미라클은 탈모케어를 중심으로 비듬, 손상모발 등 복합적인 헤어 고민 해결을 위한 premium brand인 '미생모(샴푸 & 토닉)'를 출시하여 stress 등으로 인하여 탈모

가 대중적인 고민이 되고 있는 것을 막아주고자 '단오수' 라는 혼합추출물과 EM(유용미생물:항산화물질)을 주 성분으로 내세워 발효 샴푸 brand의 선두주자로서의 입지를 다지고 있다. EM이라는 유용미생물은 항산화 발효물질로 인체의 면역력을 증가시켜주어 모발의 발모, 양모에 큰 효과가 있다고 알려져있다. 더욱이 친환경 제제로서 사람에게는 물론 자연과 환경까지도 소생시킬수 있다는 자연주의 컨셉이 특징이라 할 수 있다.

Amore-Pacific은 premium 한방 발효 샴푸 brand인 '려(呂)' 를 출시하여 stress 등으로 인하여 연령을 넘어 탈모가 대중적인 고민이 되고 있는 것에 착안하여 '경옥산' 등 정통 한방 발효비법에 자체적인 특허 성분인 '백자인' 을 더해 새롭게 선보이는 등 premium 한방 발효 샴푸를 출시하였다. 게다가 '려(呂)' 는 제품군을 다양화 해 소비자 선택의 폭을 넓힌 것이 특징인데, 예를 들면, 탈모+손상모발케어의 '함빛모', 탈모+비듬케어의 '청아모' (건성, 지성), 탈모 집중케어의 '흑운모' 등 모든 제품이 탈모를 care한다는 것을 기본으로 하여 고객들의 다양한 모발에 대한 고민을 해결할 수 있도록 세분화 하여 구성됐다.

이에 발맞추어 LG생활건강은 최근 발효성분을 담은 'Rien생기원' line을 출시하였는데, Rien 생기원은 홋까이도에서 재배한 50여가지 자연성분을 삼나무통에서 1년이상 자연발효시킨 '발효 농축엑기스' 를 담은 hair care 제품으로 발효영양을 머릿결에 깊숙히 전달하여 머리카락 하나 하나 살아 숨쉬는 건강한 모발로 회복시켜준다고 하는 concept이 특징이다. 그리고 이외에도 중국, 일본, 한국 세 나라의

R&D 연구소에서 공동으로 한국인의 모발을 체계적으로 분석해 찾아낸 'Oriental 생기처방' 을 적용, 중국 항주의 용정차, 일본 효고현의 검은콩, 그리고 한국의 고려 인삼 등의 성분을 담아서 balance를 잃은 머리 결을 생생하고 생기 있게 되살려 준다고 하는 마케팅 소구점(appeal point)을 내세우고 있다.

그리고 소망화장품의 경우는 한방 헤어케어 제품인 '다나한 머치모(毛)' 를 런칭하여 시장 공략에 나서고 있는데, 이 제품 브랜드는 특허성분 SMH complex와 한방 복합 처방이 모발의 음양 균형을 회복해 주어 모발에 노폐물을 없앰은 물론 모발을 건강하게 유지 해줌으로써 탈모에 효과적인 한방 헤어케어 제품이라고 소개되고 있다. 이 제품은 hair shampoo, hair conditioner, hair scaling oil, hair tonic 등 4종으로 구성되어 있는데, '탈모관리 토털 케어' concept으로 집에서 스스로 간편하게 관리할 수 있다고 한 것이 특징으로 소개되고 있다. "이러한 제품들과 함께 샴푸를 사용할 때 두피마사지를 해 주면, 혈액순환이 원활해져 산소와 영양이 잘 공급되는 상태로 만들어 주기 때문에, 탈모관련 제품과 병행하여 사용하면 보다 효과적인 케어가 가능하다"라고 덧붙였다.

또한, ㈜The Nadri는 탈모로 남모르게 고민하는 사람들을 위해 탄생한 두피관리 전용 제품인 '시크리티스' 를 출시하였는데, 이 제품은 제품용기에 특수 실리콘 캡을 사용하여 캡을 오픈한 후 소비자가 별도로 열고 닫는 불편함이 없이 편하게 사용할 수 있도록 배려했으며, 시각 장애자들을 위하여 용기 하단에 점자를 표기, 시각 장애자들까지 사용하는데 편리하도록 또한 배려하고 있는 것이 이색적이다.

끝으로 Skin Food는 탈모예방에 좋은 'Oriental hair line' 을 소개하고 있는데, 오리엔탈 hair line shampoo와 두피tonic, hair pack제품은 탈모방지 및 양모에도 효능이 뛰어나다고 알려진 천궁, 감초, 고삼, 창포 등 7가지 한방 추출물을 함유하고 있다.

B. 두피케어 및 탈모관리 : '블루오션(blue ocean)'

50대 이상의 나이들은 남성들만의 전유물로 여겨지던 탈모와 대머리가 남녀노소 연령과 성별을 초월하여 많은 사람들의 고민거리로 대두되면서 두피케어, 탈모시장에 대한 관심이 급증하고 있는 것이 사실이다. 더욱이 최근에는 대형 할인매장이나 슈퍼마켓에서도 두피, 비듬케어 기능이 포함된 샴푸와 린스 제품을 쉽게 접할 수 있을 정도로 많은 업체들이 이 두피care제품 시장에 뛰어들고 있는 것을 쉽게 볼 수 있다. 이러한 현상은 화장품 전문매장으로까지 이어져 화장품업체들 또한, 자기 회사만의 독특한 성분을 concept으로 한 제품을 런칭하여, blue ocean으로 떠오르고 있는 이 시장을 선점하기 위한 노력을 경주하고 있다.

요즘도 두피케어 제품의 런칭이 봇물을 이루고 있는데, 업계 관계자들은 두피관리센터와 피부 관리실, 병·의원, 한의원, 미용실, 대형할인매장, 슈퍼마켓, 홈쇼핑, 약국 등 다양한 유통을 통해 판매되고 있는 두피케어 제품시장이 2002년 2,000억원대의 시장을 형성 하였고, 2003년 5,000억원대를 넘어서 올해 1조 5,000만원 이상에 이를 것으로 예측하고 있다.

AC Nielsen이 지난해 발표한 자료에 따르면 두피, 비듬 샴푸의 점유율이 전체 샴푸 시장 규모의 30%에 육박하고 있을 정도로 시판 시장의 두피, 비듬 샴푸 시장 역시 뜨거운 감자로 군림하고 있다고 한다. 또한, Unilever Korea의 한 관계자는 비듬 및 두피 샴푸의 성장세는 최근 몇 년 간 지속적으로 이어져 오고 있으며, 올해 역시 그 성장세가 지속될 것임을 간접적으로 밝히고 있다.

두피케어 제품 시장의 성장 원인으로는 유전적인 영향 이외에도 환경적인 영향으로 인해 탈모의 연령대가 점차 낮아지고 있으며, 여성 탈모가 증가하는 등 소비자의 탈모에 대한 관심이 급증했기 때문으로 분석할 수 있다. 특히 '대머리는 남자의 전유물' 이라는 말과는 달리 여성 탈모가 늘어남에 따라 C 홈쇼핑에서는 여성 전용 탈모제품을 런칭하여 큰 호응을 얻기도 하였다. 이렇듯 소비자의 관심이 급증하면서 두피 박람회와 컨퍼런스 등 두피에 대한 정보를 교류할 수 있는 행사 역시 증가하는 추세다.

C. 두피케어 관련 각사별 신제품 소개

① Amore-Pacific은 지난 2월 두피케어 시스템 'Morim vitalrich' 라인을 런칭하였다. Morim vitalrich shampoo와 hair pack, hair liquid로 구성되어 있는 이 제품은 전통 한방과 현대과학을 조화시켰다는 점이 큰 특징으로 알려졌는데, 인하대학교 의과대학 피부과학교실과 공동연구 임상실험을 통해서 32%의 탈모개선 효과가 있다는 결과를 얻어내어 탈모방지 효과가 입증된 제품이라고 설명하고 있다.

② Aekyung은 샴푸와 린스, ample 등 3종으로 구성, 비듬이나 가려움 등 두피 troubles의 원인과 증상에 따라 과학적으로 처방된 두피케어 전문제품 KeraSys hair clinique system 두피 clinique으로 시장을 공략하고 있는 것이 특징이다. 이 제품은 두피케어를 모토로 두피보호, 부드러운 머릿결을 유지시켜주며, 유,수분 균형을 조절시켜 줄 뿐만 아니라, light fresh한 향 등이 특징으로 여겨지는 제품이다

③ Unilever Korea는 지난 3월 Dove 두피 · 비듬 care line을 출하하였는데, 이 제품은 최근에 두피 트러블과 비듬으로 고민하는 많은 소비자들의 고민을 해결하고자 더욱 업그레이드 시킨 기능을 담았다고 한다. 구엇보다도 결합하기 쉽지 않았던 '비듬고민' 과 '푸석 거리는 머릿결' 을 해결하는 솔루션을 제공한다는 점은 특징을 주기에 손색이 없다고 하겠다.

④ 이 외에도 귀비향 cosmetic의 다모와 두리화장품의 댕기머리, 서울화장품의 잼 한방 골드샴푸, 해든 화장품의 홍삼모 샴푸케어, 일진코스메틱의 두피 청결효과와 과도한 피지분비로 인한 트러블 방지에 좋은 초목담 진, 코스라인의 12가지 한방 생약초 복합 물질인 십이지율과 유기농 현미를 사용하고 초임계 추출공법을 사용한 천궁보감 한방 헤어 크리닉이 대표적인 두피케어 제품으로 두피케어 시장 선점을 위해 마케팅에서 공략 중에 있다.

(3) Hair care 시장의 최근 동향

[Table 4] Hair Care market's category별 판매(2009~2012)

unit: bill Won

Items	2009	2010	2011	2012
1. Shampoo	328.6	335.1	341.2	346.3
2. Conditioners	264.1	275.8	287.2	298.2
3. Colorants	113.5	109.0	105.1	101.6
4. Styling agents	88.9	92.0	95.5	99.5
5. 2-in-1 products	42.7	41.6	40.6	39.7
6. Salon hair care	30.2	30.6	31.2	31.8
7. Perms and relaxants	2.4	2.4	2.3	2.3
TOTAL	**870.3**	**886.5**	**903.0**	**919.3**

[Table 4]에서 볼 수 있듯이 hair care market에서 가장 큰 시장을 유지하고 있는 shampoo시장은 그 증가율(%)(2.5%/2008년 ⇨ 1.5%/2012년)이 다소 주춤거렸으며, conditioners, colorants, 2-in-1제품 등 또한 그 증가율이 점차 낮아진 것으로 보고된다. 패션과 헤어스타일을 구가하는 styling agents와 이에 관련된 양모제만이 그 증가세를 꾸준히 유지하고 있는 것으로 나타난다.

Forecast Sales of Hair Care Market in Korea
(2009~2012)

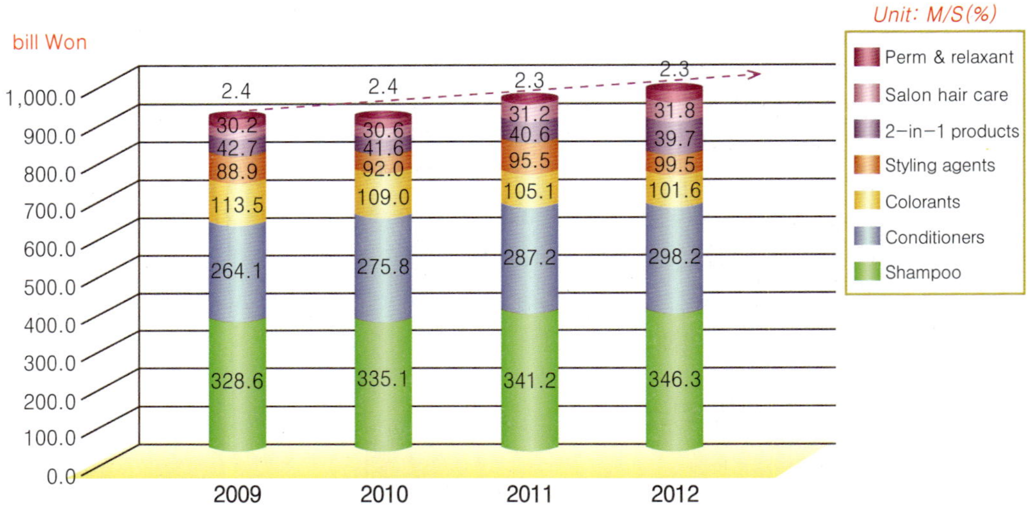

(4) 헤어케어 시장의 과거와 향후 전망

1990년대에 주를 이루어왔던 디자인 펌이나 hair color 등 파마나 염색이 일반화되면서 모발이 빠지거나 끝이 갈라지는 등 모발에 관련된 문제점을 호소하는 이들이 점차 늘어나면서 모발 및 두피의 손상이 그 심각성을 더해 가고 있었다. 그 결과, 소비자들은 손상된 머릿결을 회복시키고 모발과 모근을 건강하게 만들어주는 기능이 있는 헤어케어 제품을 선호하기 시작했었다. 과거에 출시되고 있었던 대부분의 미용제품들 특히, 예를 들면 염모제나 perm제 등은 높은 pH의 알칼리성 화학성분이 가미된 제품으로 두피 및 모발에 있어서 매우 치명적이었다고 해도 과언이 아니다. 또한 고객 스스로가 전문 shop이 아닌 가정에서 이러한 제품을 남용하여 시술하므로써 두피 및 모발의 손상은 더 큰 문제가 되었다.

이러한 것을 막기 위해 여러 회사에서는 화학성분을 지양하고 가능한 소비자에게 어필할 수 있는 식물성분의 저자극성 제품을 출시하고 있으며, 고객의 미용지식 또한 그 수준이 한층 더 높아져 있는 상태로 고객의 욕구 또한 다양화 되었다고 말할 수 있다. 이러한 고객의 욕구를 반영하듯이 1990년대 후반인 2~3년 전부터는 미용시장의 판도는 스타일링에서 'hair care'라는 새로운 분야로 바뀌어지기 시작하였다. 그러나 최근 시장 전체에서 가장 큰 비중을 차지하고 있는 샴푸는 판매금액이 3% 증가하는데 그쳤고 rinse/ conditioners는 19%나 감소했으며, hair styling/ colorants(염모제)가 각각 8%와 3% 줄어든 반면 양모제는 무려 56%나 고도 성장(금액)을 기록, 두드러진 성장을 하고 있다.

양모제 제품중에서도 Amore-Pacific의 주력 hair care인 미장센에 이어 새롭게 발매된 '려'(呂)가 뚜렷한 호조를 보인 반면, 홈쇼핑에서부터 매스마켓으로 광범위한 유통망을 넓혀가고 있는 댕기머리의 상승세는 눈여겨 볼 만하다. 여기에 전통의 헤어케어 강자인 애경 케라시스, 소망 꽃을 든 남자 등이 양모케어 부문에서 소폭 감소한 반면 P&G의 Vidal Sasson, Pantene이 강세를 보이면서 부문 성장을 견인하고 있다. 그리고, 댕기머리는 양모제 뿐 만 아니라 샴푸 부문에서도 뚜렷한 상승곡선을 그려, 미쟝센과 팬틴 · 엘라스틴 등 쟁쟁한 강호를 제치고 부문 1위로 올라서는 저력을 과시하기도 하였다. 양모제 · 샴푸와 비교해 시장 외형이 감소한 린스 부문에서는 LG엘라스틴이 수위의 M/S(%)를 차지했고, wash-off treatment 부문에서는 P&G의 팬틴이, 염모제 부문은 소망화장품 꽃을 든 남자가 가장 높은 점유율을 기록하기도 하였다.

헤어스타일링 부문은 여성 구매자에 국한해서는 미쟝센이 판매금액 · 수량 부문 1위를 기록하였으나 남성부문과 합할 경우는 맨담 Gatsby가 판매수량은 물론 매출액 부문에서도 우위를 점한 것으로 예측되고 있다.

이와 같은 시장상황과 별개로 현재 두피관리 전문 회사를 비롯해 화장품 회사, 수입업체 등에서 앞다퉈 두피케어 및 모발 전문제품을 출시중에 있으며, 미용실에서도 헤어 또는 두피관리라는 신 개념을 도입하여 관리하고 있는 추세이다. 헤어케어 & 클리닉은 단 한번의 시술로 끝나는 것이 아니고 지속적인 관리가 필요하기 때문에 요즘처럼 단골고객의 비중이 커지는 상황에서 고객간의 상호 신뢰에 의해서 형성되는 헤어케어 및 클리닉 고객은 단골고객을 확보하는 중요한 수단이자 미용실 매출에 큰 영향을 미치고 있는 것이 사실이다. 따라서 헤어케어 & 클리닉만을 전문으로 하는 전문 shop을 오픈, 샴푸에서부터 탈모관리까지 병행하거나 미용실 업소 내에서 클리닉 룸을 별도로 만들어 고객과 전문적인 상담이 이루어지도록 하는 업소가 늘어나고 있는 추세는 이를 반영하고 있다고 하겠다.

이상에서 설명 드린 바와 같이 생활 패턴의 변화와 더욱 복잡해져 가는 사회생활 속에서 stress는 더욱 가중되고 이에 따른 소비자들의 탈모현상과 두피케어 및 헤어 크리닉에 대한 관심은 더욱 높아져가고 있다. 이에 관련된 제품들의 시장확대는 꾸준히 이어져갈 것으로 예상되어 한국 hair care시장은 특별한 경제적변수가 없는 한, 매년 약 2.0~3.0%의 신장은 무난히 시장을 주도적으로 이끌어 갈 것으로 생각된다. 이에 발맞추어 국내 local회사들은 새로운 형태의 제품 개발뿐만 아니라 marketing 선전(善戰)으로 국내 market share를 굳건히 지켜나갈 것으로 확신한다.

3) EM과 화장품

사람의 피부는 인체의 구조를 싸고 있는 가장 범위가 넓고 큰 조직이다. 인체의 특성을 규정짓게 하는 가장 중요한 구별조직이기도 하다. 그래서 사람들은 피부를 통해 상대방의 삶에 대한(나이, 환경 등) 다양한 정보를 전달받게 된다.

고대부터 인류는 다양한 방법과 재료들을 통해 피부관리에 애써왔고 현대에 와서는 여성의 특권을 벗어나 남성들까지도 피부관리에 집착(꽃미남)하고 있는 현상을 자주 접하게 된다.

최근 현대인에게 죽음과 직결되는 가장 무서운 질병 가운데 하나가 '피부암'이다. 피부암의 발병 원인은 단연 오존층 파괴로 인한 자외선의 영향이 가장 큰 것이 사실이다. 하지만 또 하나의 원인은 자외선을 막기 위해 매일매일 철통같은 방어벽을 설치하는 화장품과도 무관하지 않다는 연구 보고들이 우리를 놀라게 한다. 미국의 면역학자 마리안 버윅의 조사에 따르면, 자외선 차단제와 피부암에 관한 10건의 연구 중 5건에서 "자외선차단제를 바른 그룹이 피부암 중 하나인 멜라노마에 더 잘 걸린다."는 의외의 임상 결과가 나왔기 때문이다. 미국의 전 레이건 대통령, 낸시 로라 부시 여사, 세계적인 팝스타 마이클 잭슨 등이 피부암에 걸린 사례에서도 알 수 있듯이 특별한 피부관리와 제품을 사용했을 법한 계층에서도 피부암을 피해가지 못한 이유와도 상통한다고 볼 수 있다. 이러한 화장품의 폐해는 무엇보다 화장품의 재료로 사용되는 화학성분이 문제라고 볼 수 있는데 몇 가지 심각한 문제점을 살펴보면 다음과 같다.

첫 번째 제1차 화장품 공해라고 표현되는 합성계면활성제의 사용이다. 합성계면활성제는 1950년 전후 미국에서 경수에 쉽게 녹고 세정력이 좋은 세제유행으로 사용되어진 이후 기름과 물을 효과적으로 희석할 수 있는 공로를 인정받아 영양크림과 로션의 재료로 사용되어진 재료이다. 강력한 세정력, 침트력으로 인해 우리피부는 천연피부장벽이 파괴되어지고 피부 속의 수분증발을 도와 피부건조, 노화현상을 앞당기고 있다. 또한 합성계면활성제는 화장품에 유화제, 스킨컨디셔닝제, 가수분해 콜라겐, 가수분해 젤라틴 등 그럴싸한 이름으로 사용되어지며 소비자들을 현혹하고 있다.

피부장벽 파괴와 수분증발로 인해 건조하고 푸석푸석해진 피부보호를 위해 우리가 저지르고 있는 또 하나의 무지함은 합성 폴리머의 사용이다. 두 번째 화장품 공해라고 표현되는 합성 폴리머는 무첨가 화장품의 변신으로 방부제, 유해한 향료 사용배제 등으로 소비자를 안심시킨 뒤 부패, 변질이 염려되지 않는 합성 폴리머로 대체한 것이다. 합성 폴리머는 천연 피부막이 제거된 우리 피브에 매끈한 인공합성수지피막을 입히는 것으로 피부를 밀폐시켜 피부에 이로운 상저균 등을 무차별 말살시키고 있다.

합성계면활성제에 의해 피부장벽을 파괴당하고 합성 폴리머로 철갑을 두른 우리피부는 이러한 화학성분 화장품의 폐해에 소비자들은 속수무책으로 현혹 당하고 바보가 되어 화장품회사의 광고를 좇아가며 아름다운 피부에 대한 열망을 꿈꾸고 있는 것이다.

2008년 10월부터 시행되고 있는 화장품 '전성분 표시지' 역시 우리와는 피부구조 자체가 다른 서양인들의 피부기준에 맞춘 것이며, 사용되고 있는 화학성분들에 대해 전문적인 지식이 없는 일반인들에게는 여전히 알 권리가 무시되고 있는 현실이기도 하다.

이러한 심각성을 대변해 소비자의 알 권리를 주장하며 화장품의 심각성을 파헤친 몇 권의 책들이 최근 이슈화되어 있다. 화장품업계에 직접 몸담아오며 인체에 가해지는 화학성분의 유해성에 대해 고심하던 사람들이 용기를 내어 그 진상을 밝힌 글들인데 저자들이 거대한 화장품 업체들에 맞서는 위험을 걱정하며 책을 출간했음에도 불구하고 별다른 대응이 없는 이유는 화장품회사들도 화학성분으로 우리 인체가 당하고 있는 유해성과 폐해에 대해 어느 정도 인정하고 있다는 침묵의 표현이지 않을까?

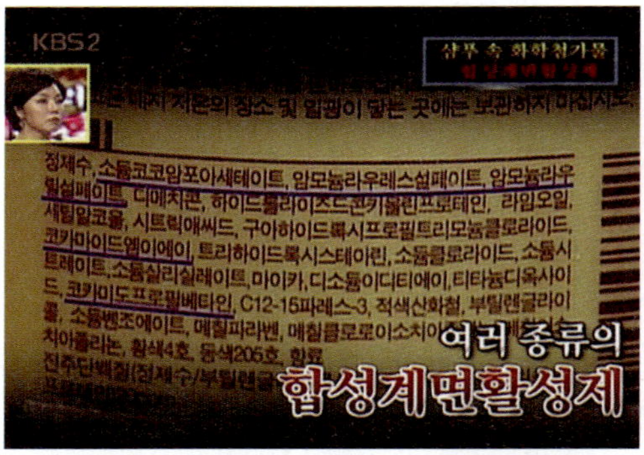
KBS2
샴푸 속 화학첨가물
여러 종류의
합성계면활성제

샴푸 속 화학첨가물
샴푸에 들어 있는
합성계면활성제
알아야 산다
Knowledge is Power

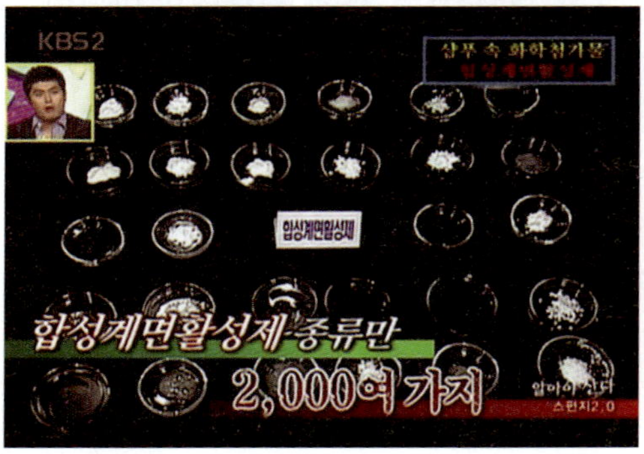
KBS2
샴푸 속 화학첨가물
합성계면활성제
합성계면활성제 종류만
2,000여 가지

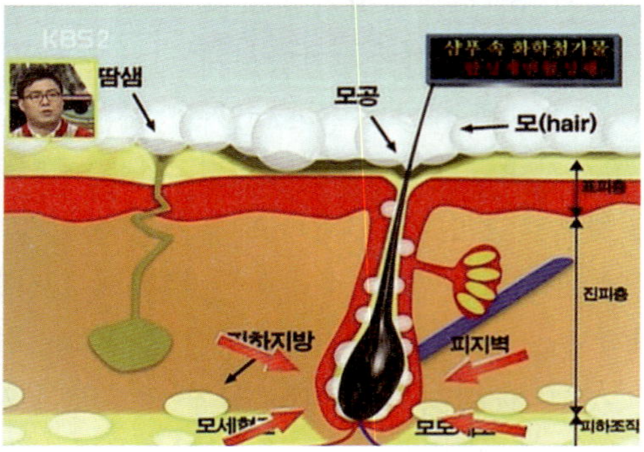
샴푸 속 화학첨가물
땀샘
모공
모(hair)
진피층
피지벽
피하조직

※ 참고사항

▣ 화장품의 비밀

- 화장품, 얼굴에 독을 발라라 : 바보가 쓰는 화장품
- 화장품의 두 얼굴 : 많이 바를수록 노화를 부른다.

① 합성계면활성제 : 제1차 화장품 공해

- 합성계면활성제의 또 다른 이름 : 세정제, 유화제, 스킨 컨디셔닝제, 가수분해 콜라겐, 가수분해 젤라틴
- 합성계면활성제의 실체 : 피부장벽 파괴, 피부에 독성물질 침투, 피부의 자정 능력 상실

② 합성폴리머 : 제2차 화장품 공해

- 무첨가 화장품의 변신, 피부막 대신 합성수지 피막 형성
- 합성폴리머의 실체 : 피부 밀폐, 피부에 이로운 상재균을 죽임

③ '피부악법' 전성분 표시제

- 서양의 기준에 맞춘 전성분 표시제
- 의약부외품의 위험성 : 미백제등 기능성 화장품의 숨겨진 실체

▣ 가장 피해야 할 화장품 성분 20가지

① 발암이 의심되는 성분

아보벤젠(Avobenzone)=파르솔 1789, 부틸메톡시디벤조일메탄/ 이소프로필알코올(Isopropyl Alchol)=프로필알코올, 프로페놀, 이소프로페놀, 러빙알코올/ 소디움라우릴황산염(SLS) & 소디움라우레스황산염(SLES)1 트리에탄올아민(TEA)/폴리에티렌글리콜(PEG)/ 합성착색료(Synthetic Colors)=황색4호, 적색4호, 적색 219호, 황색204호, 적색202호 등, 이소프로필메틸페놀(Isoproyl Methyphenol)=이소프로필크레졸, o-세멘-5-올/ 소르빈산(Sorbic acid)/ 호르몬류=에스트로겐, 난포호르몬, 에스트라지올, 에티닐에스트라지올/디부틸히드록시톨루엔(DHT)

② 환경 호르몬이 의심되는 성분

파라벤(Paraben)=파라옥시안식향산에스테르/ 트리클로산(Triclosan)/ 부틸하이 드록시나아니솔(BHA)/ 옥시벤존(Oxy Benzone)= 벤조페논-3

③ 알레르기 유발이 의심되는 성분

이미다졸리디닐유레(Imidazolidinyl Urea), 디아졸리디닐유레아(Diazolidinyl Urea), 디엠디엠히단토인(DMDM Hydantoin)/ 미네랄오일(Mineral Oil)/ 티몰(Thymol)/트리이소프로파놀아민(Triisopropanolamin)/인공향료(Synthetic Fragancess)/ 페녹시에탄올(Phenoxy Ethanol)

▣ 화장품에 관한 기본 상식

① 유통기한과 사용기간

- 유통기한 : 기초 화장품, 메이크업 제품(30개월)
- 개봉 후 사용기한 : 기초화장품류(12개월)/ 마스카라, 아이라니어 등 눈 관련 제품(6개월)/ 메이크업 제품류(18개월)

② 안정성

- 진열대 제품 주의 : 직사광선, 열 주의
- 화장품 보관 : 화장품 냉장고, 서늘한 곳

▣ 아름다운 피부 상식

- 아름다운 피부는 피지가 많은 피부다.
  피지 분비가 잘되게 하는 화장품, 건조하지 않도록 촉촉함 유지, 피부의 습도를 지켜주는 영양크림
- 아름다운 피부의 답은 식생활에 있다.
  서양화된 식생활 주의(비타민 B2-피부에 탄력과 윤기제공), 올바른 식습관(건강한 피부).

제 2장

Eco-Mom Beauty Therapy

제 2 장

Eco-Mom Beauty Therapy

2.1 Eco-Mom Beauty Therapy의 개요

1) Eco-Mom Care 7 Step 적용

** Eco-Mom Scalp & Hair Care 7 Step 적용 **

1 step : Eco-Mom Thermotherapy(허브차 & 핫팩 & 족욕)
2 step : Eco-Mom Counseling(문진, 컴퓨터 촬영)
3 step : Eco-Mom Relaxing Massage(전신, 목, 어깨 손, 발)
4 step : Eco-Mom Scalp Exfoliation(두피브러싱, 에더브러쉬 & 미스트기)
5 step : Eco-Mom Anti-Oxidation Shampoo(좌식샴푸 & 두피지압)
6 step : Eco-Mom Anti-Oxidation Growth Tonic(토닉 & 보석 테라피)
7 step : Eco-Mom Day Care(Home care, 식이요법)

＊ Eco-Mom Body Care 7 Step 적용 ＊

1 step : Eco-Mom Thermotherapy(허브차 & 핫팩 & 족욕)
2 step : Eco-Mom Counseling(문진, 컴퓨터 촬영)
3 step : Eco-Mom Pre-Stretching
4 step : Eco-Mom Relaxing Massage(얼굴, 등, 복부, 발)
5 step : Eco-Mom Jewelry Therapy
6 step : Eco-Mom Finishing Stretching
7 step : Eco-Mom Day care(Home care, 식이요법)

2) Eco-Mom Care 7 Step 이해(Scalp & Hair Care)

(1) 온열 테라피

1 step : Eco-Mom Thermotherapy(족욕 & 허브차 & 핫팩)

◆ 온열 Therapy : 몸을 따뜻하게 하는 것은 몸 치료의 시작이라 할 수 있다. 우리 몸은 약 80%의 수분으로 이루어져 있으며 이는 곧 신진대사, 혈액 순환, 기의 원활한 순환을 이루는 근간으로 작용한다. 따뜻한 몸은 바이러스의 퇴치, 근육의 이완효과를 증대시켜 심신의 안정과 맑은 기운으로 몸을 건강하게 한다. 온열요법은 근골격계의 문제점인 통증과 근육의 경련을 감소시키며 관절의 운동성을 증가시키고 혈류(blood flow)를 증가 또는 감소하여 통증을 줄이고 근육을 이완한다.

온열치료에는 인공적인 열로 치료하는 Hyrerthermia(온열치료, 온열요법)와 자연적인 열로 치료하는 Fever(라틴어로 자연적인 열)로 크게 구분할 수 있다. 이에 온열치료가 행하여지기 시작한 지는 최근에 발견된 것이 아니라 기원전 3000년 전 이집트의 파피루스에 이미 유방암을 열로 치료한 기록이 있고, 기원전 400년 히포크라테스 또한 "약으로 치료할 수 없는 것은 수술로, 수술로 치료할 수 없는 것은 열로, 열로 치료할 수 없는 것은 치료가 불가능하다"고 말하기도 하였다고 전한다. 최근 들어 온열치료는 현대 의학의 한계 극복과 또 하나의 보완적인 대체의학으로서 비상한 관심을 모으고 있는 분야이기도 하다.

체온이 1도 떨어지면 면역력이 30% 떨어지고 반대로 체온이 1도 올라가면 면역력은 50%나 올라간다. 그 이유는 두 가지가 있다. 하나는 혈액의 흐름이 원활해지기 때문이고 또 하나는 효소작용이 활발해지기 때문이다. 인간의 생명활동과 유지에 필요한 효소는 체온이 37도일 때 가장 활발하게 활동한다. 이와 함께 혈류가 좋아지면 스트레스로 손상된 세포에 '당(glucose)'이라는 에너지원이 공급되며 더불어 효소작용이 활발해져 에너지를 효율적으로 만들어 낼 수 있다. 혈액의 흐름이 원활해야 면역력이 높아지는 까닭은 면역기능을 가진 백혈구가 혈액 속에 존재하기 때문이다. 혈액이 몸을 구성하고 있는 60조개의 세포에 영양과 효소를 공급하고 대신 노폐물을 빼내오는 역할을 할뿐더러 면역체계와도 관련이 있어 면역력을 떨어드리거나 올리기도 하는 것이다. 혈액순환이 잘되면 혈액이 원활하게 흘러 혈류량이 증가한다. 혈류량이 증가하면 몸을 구성하고 있는 세포에 충분한 산소과 영양이 공급되어 같은 운동량으로도 근육회복이 원활하게 이루어진다. 체온이 올라가면 내장지방이 빠지고 뼈가 튼튼해져서 골다공증을 예방하며 변비해소와 대장암 예방효과가 있다. 기억력 감퇴와 치매방지, 남성 갱년기 장애와 피부 개선, 세포를 젊게 만들어 노화를 방지하기도 한다.

-참고문헌; 체온 1도가 내 몸을 살린다(사이토 마사시)

스트레스와 누적된 피로로 인체를 공격하는 활성산소를 제거하는 방법으로 족욕과 목욕을 들 수 있는데 EM족욕은 EM 세라믹을 넣어 수질을 개선하여 몸에 자극이 없는 연수 상태를 만들어 준 다음 발효액을 적당히 희석하여 체온과 유사한 물 온도를 맞추고 족욕이나 목욕을 하면 몸속에 쌓인 독소 제거 및 활성산소 배출을 용이하게 할 수 있다. EM허브차는 커피처럼 카페인이 함유되어 있지 않아 건강 증진에 도움이 된다. 아울러 유기농 허브재료는 독특한 빛깔과 향을 가지고 있어서 코로 미량의 휘발성 성분이 흡입되어지고 뇌에 도달하여 가벼운 아로마테라피 효과를 주며 탄닌, 후라보이드, 비타민 보충 효과가 높으며 EM 발효액을 첨가하여 항산화작용을 극대화 시켜준다. 허브는 또한 신경을 안정시키고 불면증을 치료하며 긴장 완화, 진정작용에 도움을 준다. 또한 어깨의 경화된 부위에 EM핫팩을 올려주는데 EM세라믹 & 곡물(팥)을 넣은 따뜻한 핫팩으로 어깨 부위의 혈관을 확장시켜 혈액 순환을 도와주며 인체를 편안하게 이완시켜준다.

1 step에서는 제 1단계로 EM세라믹과 활성액을 넣은 족욕과 EM세라믹과 곡물을 이용한 핫팩요법, 유기농 한방 재료 및 허브차를 활용하여 온열작용과 향기요법을 병행한다. 이를 통해 인체의 긴장 완화와 심신의 안정을 유도한다.

(2) 상담 및 판독

2 step : Eco-Mom Counseling(문진, 고객 기록카드 작성 컴퓨터 촬영)

- 상담 및 판독은 문진 및 컴퓨터 촬영으로 이루어진다. 문진에서는 고객 챠트 작성, 탈모증 경력과 병력 관계, 현증에 관한 내용들을 상담하며 자료화하고 이를 통해 고객이 가진 탈모증의 정확한 접근과 관리방법을 제시한다. 기타 고객의 개인적인 환경과 라이프스타일에 접근하여 고객이 최선의 관리방법을 선택할 수 있도록 돕는다. 고객 기록카드 작성을 통해서는 지속적인 고객관리 정보를 확보하며 관리내용 등도 자세하게 기록하여 두면 차후 고객서비스 단족도를 높이거나 불편한 서비스 개선에도 활용할 수 있다.

- 컴퓨터 촬영 단계에서는 실물사진 및 자료저장을 함으로써 고객의 현재 상태를 분석 검사하여 단계별 임상자료로 저장한다. 모공의 손상상태 체크, 두피의 정밀 진단, 모발견인력 및 모근상태 확인, 모주기(포토트리코그램 검사), 모낭충 검사, 모발직경(두께) 검사 등 두피, 모발의 상태를 사진 자료화하고 전 진행과정을 비교, 분석할 수 있도록 관리과정의 임상자료를 단계별로 축적한다.
  보통 첫 번째 방문에서는 이 과정이 제일 먼저 진행되는 것이 일반적인 상황이지만 지속적으로 고객관리가 이루어질 때는 접객시점부터 모든 관리순서 과정에서 이루어지는 특수성을 감안하여 두 번째 순서로 분류하였다. 2 step에서는 상담을 통해 개인적 환경과 이로 인한 두피 및 모발의 문제요인을 이해하고 판독을 통해 최선의 관리방법을 제시한다.

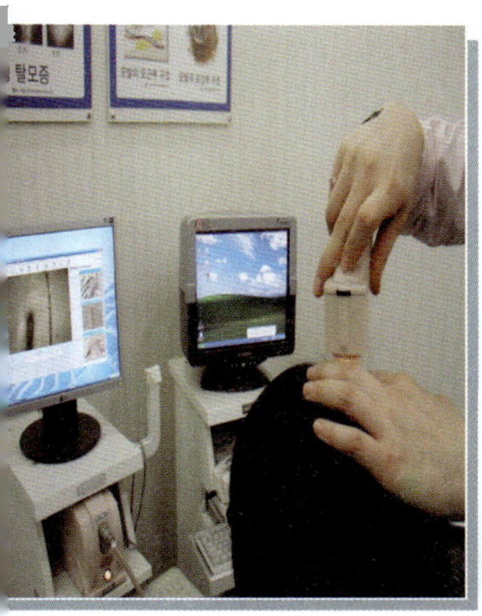

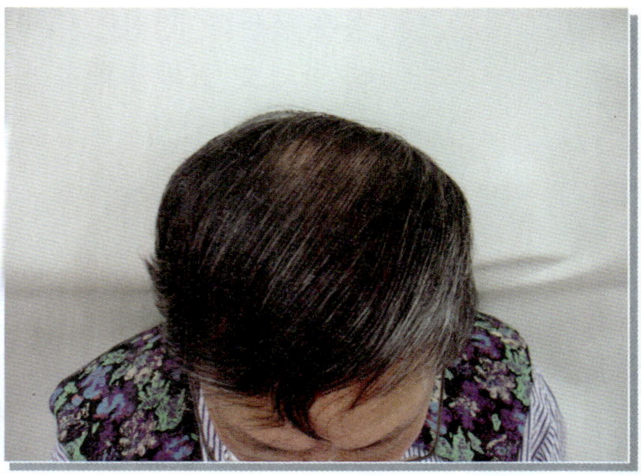

(3) 이완 마사지

3 step : Eco-Mom Relaxing Massage(전신, 목, 어깨, 손, 발, 두피지압)

마사지[massage]는 주로 손을 사용하여 직접 피부에 일정한 방법으로 역학적 자극을 줌으로써, 생체반응을 일으키게 하여 신체의 변조(變調)를 바로 잡아 병을 치료하고 건강을 증진시키는 일종의 수기시술(手技施術)이다.

현대인들은 다양한 조건의 스트레스와 환경오염에 과다 노출되어 있으며 이는 긴장된 목과 어깨근육의 경직으로 이어진다. 잘못된 식습관이나 음주, 흡연 또한 해독 범위를 초과하여 간에 부담을 주며 혈액의 잉여물이라 할 수 있는 모발과 두피에 악영향을 끼치고 있다. 두피관리에서 마사지는 탈모와 밀접한 관련을 갖는 주변 근육을 푸는 것으로 특히 탈모고객의 경우 어깨와 목 근육이 경직되어 있는 경우가 대부분으로 두피 마사지만을 행할 경우 오히려 두통을 유발할 수 있다.

이에 따라 두피, 목, 어깨, 목과 함께 손, 발 등 말초신경 및 전신의 주요 지점을 자극하여 먼저 경직된 근육을 풀어준 다음 혈액이나 림프의 순환을 촉진시키고 신진대사를 왕성하게 하여 두피로의 혈액 순환을 촉진시켜 두피관리의 효과를 높인다. 또한 사랑과 정성이 담긴 터치는 그 자체로서 인체 및 두피관리의 효능을 높힐 수 있는 가장 중요한 관리의 시작이며 고객의 서비스 만족의 열쇠가 된다는 것을 잊지 말아야 한다.

3step에서는 전신, 목, 어깨, 손, 발 마사지에 의해 혈액이나 림프의 순환을 촉진하고 신진대사를 왕성하게 한다. 뭉친 어깨 근육과 승모근 및 목뒤의 근육을 마사지하여 두피로의 혈액 순환을 촉진시킨다. 또한, 정신적으로 마음에 안정과 평화를 주고, 에너지(氣)의 흐름에 조화를 맞춰줌으로서 스트레스 해소에 도움을 주며, 근육이완을 돕는다. 전신 및 우리 몸의 말단부위인 사지(손 · 발)를 풀어 어깨 경직의 이완과 함께 그 효과를 배가시키는 과정이다.

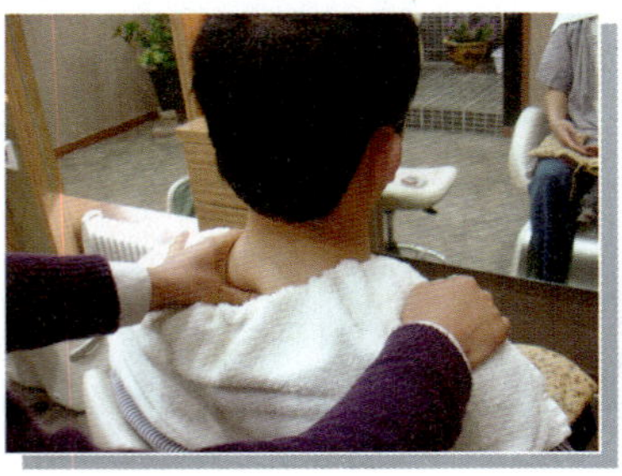

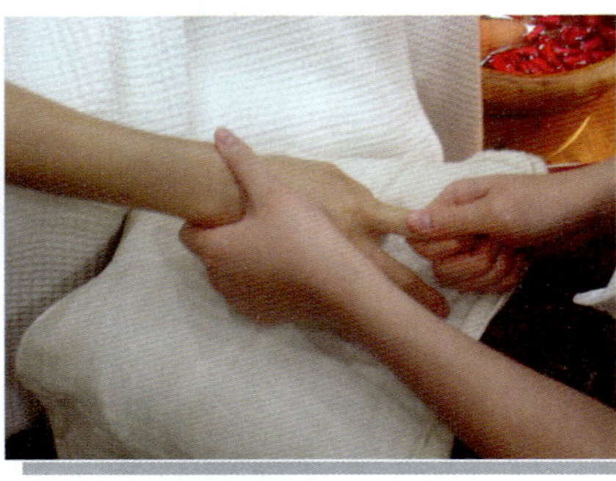

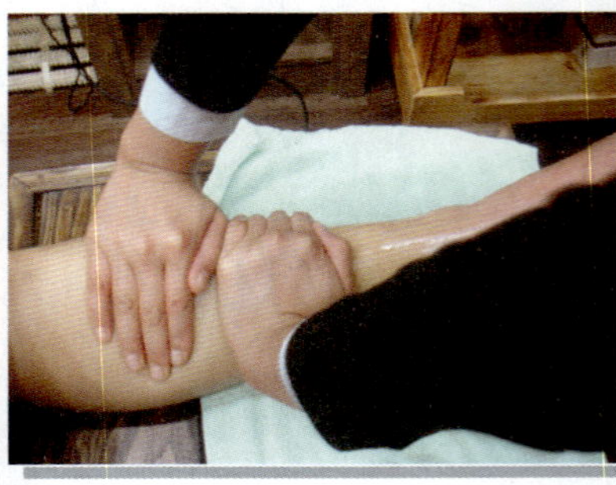

(4) 허브 스케일링

4 step : Eco-Mom Scalp Exfoliation
(두피 브러싱, 에어브러쉬(코튼스틱) & 미스트기)

두피에 과도한 자극 없이 노폐물을 효과적으로 배출시키기 위한 준비 단계로 허브 발효액과 EM 항산화물을 두피에 도포 한 후 수분을 미립자 형태로 두피에 공급한다.

두피에 쌓인 노폐물과 과산화지질은 모공을 막아 퇴화의 원인이 되며 과도한 피지 분비 또한 모공 속으로 역류하여 모발을 약화, 신생모의 발달을 저해하는 요인이 된다. 이를 효과적으로 제거하기위하여 정밀검사를 통히 결정된 최적 프로그램에 따라 모공속 노폐물과 노화각질 제거에 도움을 주는 기기(에어브러쉬와 미스트기)를 이용하여 기초 스케일링을 실시한다. 에어브러시와 면봉 스켈링, 석션을 이용하여 모낭 깊숙이 모발 성장을 저해하는 노폐물을 제거하고, 어깨 등 긴장된 근육을 이완시켜 릴렉싱시키는 기능이 있다.

- 두피 브러싱은 엉킨 모발을 풀어 주고 모발, 두피의 이물질들을 탈락시키며 두피 스캘링 전 자극에 자연스럽게 적응시켜 주기 위해 가볍게 두피 마사지를 해주는 과정이다. 두피의 혈행 장애와 과다한 피지선의 발달로 인한 피지 분비로 모공이 수축, 퇴화되어 모발의 탈락을 가져오는 문제성 두피어 개선을 위한 준비단계로 브러싱을 통해 미세 먼지와 노폐물을 제거하여 두피의 혈행을 원활하게 해준다.
- 에어스프레이는 모낭 깊숙이 산소를 공급해주고 영양성분의 흡수를 촉진시키며, 스켈링 시약으로 사용하고 있는 허브 발효 물질을 두피에 고르게 도포시켜준다.
- 면봉 스켈링은 두피의 항균 항취작용을 고루 돕고 두피 가려움과 노폐물을 효과적으로 제거하기 위하여 두피 전체를 고루 자극시켜준다.
- 미스트기는 두피에 적절한 수분 공급과 함께 가온에 의한 물 분자 운동의 활성화로 골고루 균일한 공급을 하여 스켈링의 효과를 증진시킬 수 있도록 도와주고, 미스트기의 마지막 쿨링 기능은 온도와 활성화된 분자 운동을 급격히 낮춰주어 두피를 진정시켜 청량감과 상쾌함을 준다.

  이때 사용하는 EM허브 스케일링제는 화학성분이 첨가된 다른 일반 스켈링제와는 달리 천연 유용 미생물 발효액의 부산물 덩어리라고 할 수 있어 부작용이 전혀 없으며, 두피 세정과 스켈링 및 두피 상태 교정, 두피의 살균 및 두피 상처 소독과 동시에 영양공급을 할 수 있다.

4 step에서는 두피브러싱과 함께 소독 및 항균작용에 좋은 허브 발효액 + EM항산화물을 에어브러쉬로 두피에 도포한 후 미스트기로 수분을 미립자 형태로 공급하

여 두피에 쌓인 각종 노폐물을 1차적으로 제거하고 샴푸와 두피마사지시 두피에 과도한 자극 없이 노폐물을 효과적으로 배출시키기 위한 준비 단계이다.

(5) 두피 샴푸

5 step : Eco-Mom Anti-Oxidation Shampoo(좌식샴푸 & 두피지압)

두피관리의 가장 중요한 부분으로 집중적인 두피 마사지가 실행되며 두피 환경을 깨끗하게 개선시켜 두피 기능을 정상적으로 회복시켜주는 과정이다.

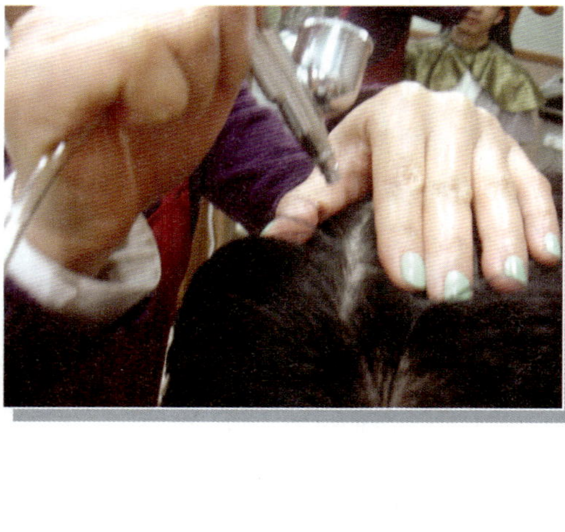

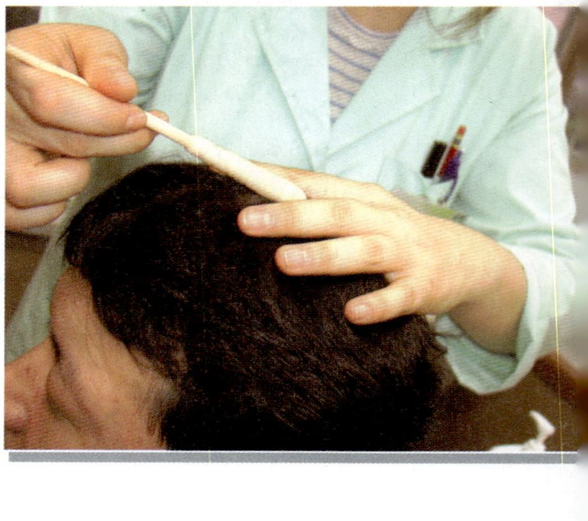

샴푸의 목적은 모발을 깨끗이 씻는 것과 동시에 땀샘이나 피지선의 분비물로 인한 세균증식과 외부 오염, 먼지, 모발 제품 등으로 저하된 모유두의 기능을 회복시켜서 모발의 성장을 촉진시킨다.

◆ 2차 스켈링 과정에서는 집중적인 두피샴푸 마사지가 들어가며, 좌식샴푸법과 함께 병행된다. 또한 어깨, 목, 두피를 이완시키며 두피의 노폐물을 제거하여 모근의 활성화를 돕는다. 좌식샴푸는 단순한 샴푸의 기능을 떠나 두피에 쌓인 피로와 스트레스를 풀어주는 두피 건강 샴푸법이라고 할 수 있다.

5 step, 2차 스켈링 과정에서는 집중적인 두피마사지가 좌식샴푸법과 함께 병행된다. 탈모의 주요 원인인 피지, 노폐물, 모낭충 배설물 등의 유해 환경으로부터 두피 환경을 깨끗하고 맑게 개선시켜 두피톤을 맑게 해주고 두피의 기능을 정상적으로 회복 시켜주어 다음 단계의 효과를 극대화시킨다.

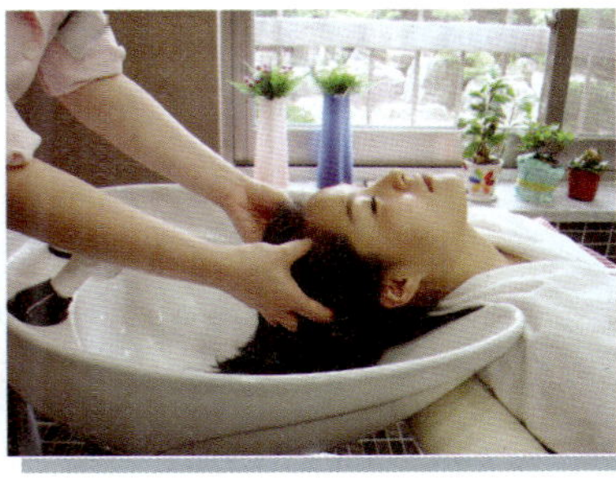

(6) 보석 테라피

6 step : Eco-Mom Anti-Oxidation Growth Tonic(토닉 & 보석 테라피)

두피에 영양을 공급하는 단계로 보습과 두피의 혈액 순환을 촉진시키고, 두피와 모낭의 활성화로 탈모 방지 및 육모 효과에 도움을 준다.

◆ EM 토닉 스프레이를 사용하여 살균과 진정을 돕고 피지 밸런스 조절 및 면역력을 강화시킨다. EM anti-oxidation growth tonic을 두상 전체에 골고루 뿌린 후 규칙적인 파동을 가진 수정 등의 천연광물로 만든 쥬얼리 스톤을 활용하여 두피마사지 효과와 함께 흡수를 용이하게 한다.

◆ 보석테라피란 보석치료 정도로 해석되는데, 아로마테라피와 마찬가지로 각 보석이 갖는 특별한 효능을 이용하여, 건강 유지 및 치료에 도움을 주는데 이용하는 것을 말한다. 물론 과학적으로 증명된 것도 있지만 과학적으로 증명되지 않은 것도 많다. 따라서 아로마테라피와 마찬가지로 의사의 치료를 요하는 치료에 이용한다기 보다는 일상생활에서 건강유지 및 치료에 조금이나마 도움을 받고자 이용하는 것이다.

보석치료를 역사적으로 보면, 이미 고대로부터 널리 알려져 왔다. 실제로 이집트인이나 로마, 그리스 시대의 민족들, 중국, 인도 등 유구한 역사를 자랑하는 민족들은 보석이 갖고 있는 에너지를 의식적으로 질병치유에 이용해 왔으며 현대에도 보석치료사라는 전문인들이 활동하고 있다.

돌과 보석이 갖는 효능을 이용한 민속요법은 이미 고대로부터 행해지고 있었으며, 보석은 인간사의 아주 오랜 옛날부터 마법용, 치료용, 호신용, 부적 또는 주물로 사용되어 왔다. 고대 이집트에서는 벽옥(자스퍼 jasper), 에메랄드, 녹옥수(크리소프라스 chrysoprase) 등이 의식의 도구로 사용되었으며, 심지어는 신이 보석에서 태어난 것으로 믿기도 했다. 자연과의 깊은 교감과 직감적 사고에 의존하던 고대의 이집트인과 그리스-로마 시대의 민족들, 중국, 인도, 티벳 등 유구한 역사를 자랑하는 동양의 민족들은 원석이 갖고 있는 에너지를 의식적으로 질병치료에 활용할 줄 알았다. 이렇게 인류는 고대로부터 원석을 자연치료의 도구로 사용해왔으며, 현대에는 보석치료사라는 전문인들이 활동하고 있다. 성서의 여러 부분에도 보석의 효험에 대해 언급하고 있으나, 그리스도교 신앙의 초창기에 보석은 쓸모 없는 장식물이라 거부하였다. 그러나 그 치료적 효능은 계속 활용하였다.

보석의 색은 사람의 눈을 통해 뇌에 작용하고 보석의 기는 몸을 보호하는데 특히, 수정은 고대로부터 병을 물리치고 힘을 불러오는 신비한 마법의 광물로 여겨져 왔으며 그 성분은 화석화된 물이다. 현대과학자들은 그 신비한 힘의 원천을 1초에 수백만회의 주파수로 정확한 전기신호를 발진하는 수정 자체의 고유한 힘이라고 밝히고 있다. 그 정확성은 쿼츠(Quartz)전자시계나 모든 정밀기계 등에 이용되고 있다.

인간의 몸은 자체의 순환과 리듬을 가진 생물학적인 시계와 같다. 우리 몸의 생물학적인 변화는 계절과 환경의 변화에 따라 영향 받게 되는데 인체의 생체전류가 불규칙하면 몸의 리듬이 깨져 다양한 질환이 생기게 된다. 깨어진 생체리듬을 회복시키는 방법으로 보석의 기운에 의해서 그 영향이 좌우되기도 하는데 규칙적인 파동 전류를 가진 수정을 인체에 접함으르 생체전류의 흐트러짐을 잡아주어 신체의 리듬을 안정되게 할 수 있다.

6 Step에서는 두피에 영양을 공급하는 단계로 EM Anti-Oxidation Growth-tonic과 보석 테라피를 통해 보습과 두피의 혈액순환을 촉진시키고, 두피와 모낭의 활성화로 탈모 방지 및 육모 효과에 도움을 준다.

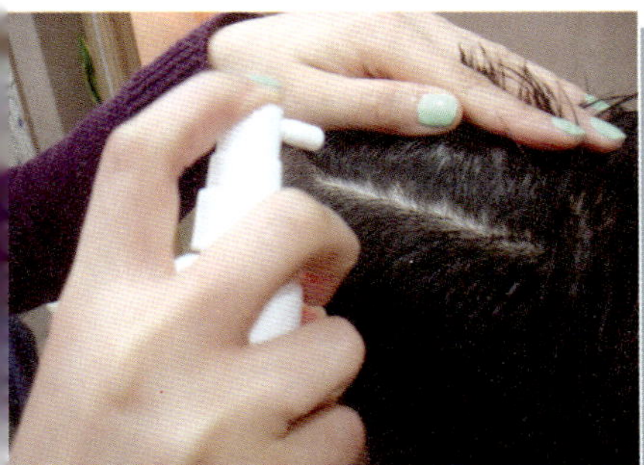

(7) Day care(홈 케어, 식이요법)

7 step : Eco-Mom Day Care(Home care, 식이요법)

두피관리 전문점에서 주기적인 두피관리를 받는다고 해도 효과를 유지하고 지속시키기 위해서는 올바른 Home care 제품 사용 방법을 숙지시켜 관리의 효용을 높이는 것도 중요하며 기타 건강에 문제가 되는 생활습관을 돌아보고 스트레스를 멀리하는등의 본인 스스로의 관리 원칙과 실천이 중요하다 할 수 있다.

- Home care 전용 육모 샴푸(美生毛) : 관리실에서 받는 전문 관리가 유지, 지속될 수 있도록 홈케어용품으로 구성된 두피 및 모발관리제품 사용을 안내한다.

- 식이요법 안내 : 식이요법의 사전적 의미는 “음식물의 품질, 분량 따위를 조절하여서 직접 질병을 치료하거나 예방하고 장기(臟器)를 보호하면서 전신의 영양을 완전하게 하는 방법”이다. 무조건 양만 줄여서 될 일이 아니라 영양상태와 몸의 건강까지 고려해야 하는 것이다. 오히려 그 동안 몸에 배어 있던 건강에 좋지 않은 식습관을 바꾼다고 보는 것이 더욱 바람직할 것이다.

  일시적인 증상 개선효과를 바탕으로 몸이 스스로 건강한 상태로 회복되는 것을 도와 체내의 자연치유력과 면역력을 증강시켜서 인체를 건강하고 아름답게 한다.

2.2. Eco-Mom Beauty Therapist의 자질과 자세

1) 기본 자질과 자세

에코맘 뷰티 테라피스트는 친환경 의식을 기본으로 보다 과학적이고 전문가 다운 지식을 갖추어야 한다. 그 이유는 고객들이 자신의 몸이나 두피 및 모발을 진단하는 관리사가 보다 전문적이고 정확한 설명을 해주기를 기대하기 때문이다. 고객들은 대중 매체와 인터넷을 통해 전문가 못지않게 관련 정보와 상식에 많이 개방되어 있다. 따라서 이들을 상대한 관리사는 고객들보다 더 전문적이고, 방대한 정보를 습득해야 한다. 이것은 고객을 상담할 때 단순이 "모발이 많이 손상되었어요", "제품 좀 써 주셔야 되겠군요!" 하는 식의 상담은 통하지가 않는다는 사실을 말해준다. 오히려 이러한 진단은 전문가의 모습이 아닌, 제품을 판매하고자 하는 세일즈 행위로 밖에 보이지 않는다.

고객으로 하여금 신뢰감을 주고 관리의 필요성에 대한 동기부여를 하기 위해서는 무엇보다도 전문적인 지식을 바탕으로 한 보다 세밀한 진단을 해주어야 한다. 다시 말해서 두피관리분야 하나에서만 보더라도 정확한 진단과 관리를 위해서는 우선적으로 두피 및 모발의 구조 및 생리적 특성을 이해하고, 이를 바탕으로 고객의 이상 두피, 손상 모발의 원인을 파악할 수 있어야 한다. 또한 고객의 두피나 모발의 상태에 맞는 전문 관리 제품에 대한 정보와 지식을 가지고서 필요한 제품과 기자재의 사용능력을 갖추어 활용할 수 있어야 한다. 에코맘 뷰티 테라피스트로서 갖추어야 할 기본적 자세는 다음과 같다.

- 청결함 : 손톱은 짧고 머리는 단정하게 하고 냄새 구취에 유의한다.
- 침착함과 친절한 태도로 대한다.
- 안정감을 줄 수 있는 주변의 정리정돈을 항상 유지 한다.
- 고객과의 상담 능력과 조언이 필요하다.
- 고객관리에 필요한 모든 미용시술과 제품, 기기 활용에서 고객의 건강을 해칠 수 있는 화학성분 사용이나 전자파의 유해 등이 염려되는 기기관리 등을 배제하고 친환경 재료 및 도구활용을 기본 원칙으로 한다.
- 미용테라피에 필요한 전문지식을 습득한다.
- 다양한 정보 수집을 통해 고객만족(다양한 테라피) 관리에 활용한다.

- 관리에 필요한 기기 및 제품 선택 및 사용 능력을 키운다.
  : 제품의 성분을 기본적으로 인지하여 적절한 제품을 선택할 수 있어야 한다.
- 전문 관리에 필요한 테크닉을 활용 할 수 있어야 한다.
- 고객에게 관리실 밖에서의 자기 관리 방법을 적절히 지도할 수 있어야 한다.

〈 미션과 비전(프로그램 운영의 기본 방침) 공유 〉

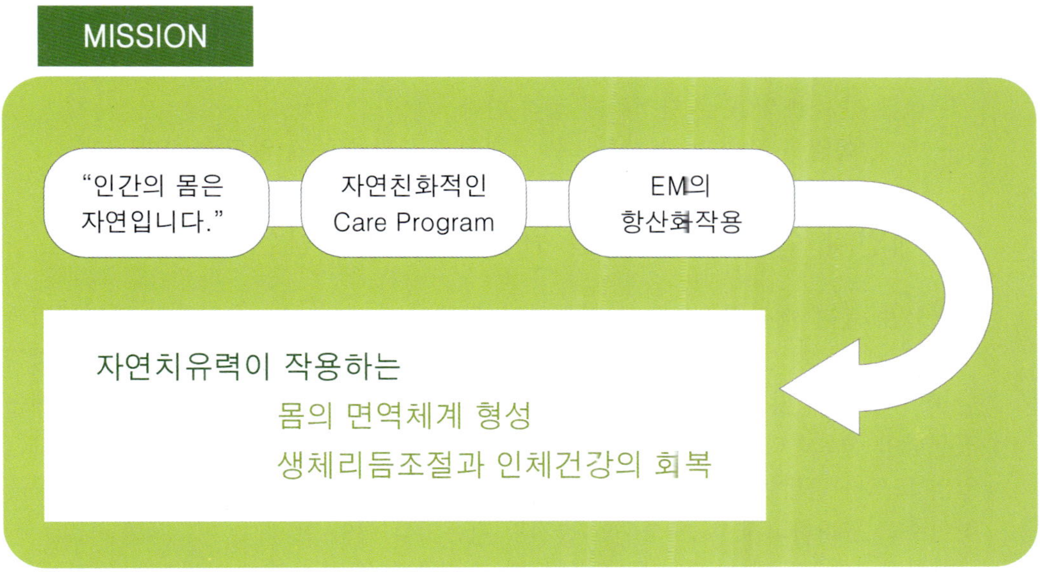

2) 복장 및 위생

미용 전문가로서 프로다운 모습을 가꾸기 위해서는 자신의 외모과 품행에 신경을 써야 한다.

- 자신의 관리를 철저히 하여 불쾌감을 주지 않도록 하여야 한다. (땀냄새, 입냄새, 금연 등)
- 자세가 나빠지지 않도록 언제나 균형 잡힌 자세를 취해야 한다.
- 손톱, 머리 상태, 복장을 깨끗하게 하여야 한다.
- 앉아 있을 때는 의자 뒤에 엉덩이를 붙여서 앉는다.
- 다리를 꼬고 앉지 말고 높은 굽의 구두 착용을 피한다.
- 시술시 불편하지 않도록 꼭끼는 옷의 착용를 삼가고 조금 통풍이 되는 복장을 한다.
- 너무 긴 소매의 옷은 단정하게 정리 한다.
- 반지, 목걸이 등의 보석 착용으로 고객에게 불편을 주지 않도록 한다.

3) 개인과 조직체의 성장을 위한 매일 수칙 실천하기

에코맘 뷰티 테라피스트로서 활동하기 위해서는 무엇보다 끊임없이 자기개발과 성장에 게으르지 않아야 하며 미래를 위해 학업이나 실력을 쌓아가는 과정의 바람직한 의미를 잊지 않아야 한다. 가장 먼저 '진(眞)' 의 단계로 어떤 일에든 그 시작에는 진실함이 중요하다. 이기적인 욕심이나, 나와 남을 속이며 영리(塋利)에만 편승하는 일의 도모나 출발이 아니어야 한다. 미용관리에 있어서도 고객의 건강과 아름다움을 찾아주고 관리하고자 하는 순수한 동기가 기본이 되어야 한다.

이어서 '성(誠)' 의 단계를 들 수 있는데 그 진실함을 성실하게 이어가는 정성이 담겨져야 한다. 그것은 시작한 일들이 잘 이루어지도록 늘 조심하고 삼가며, 처음의 순수한 열정이 잘 이어지도록 마음을 가다듬는 수련(修鍊)의 과정이라 할 수 있다. 늘 한결같은 정성과 좀더 효과적인 고객관리 매뉴얼 개발 등에도 꾸준하게 노력하며 고객과의 약속을 지켜가는 성실함이 중요하다.

다음으로는 거기에 '격(格)' 을 담는 것이다. 우리말에 '이왕이면' 이라는 말을 나는 참 좋아한다. 똑같은 일을 해도 단순히 그 일의 원칙적인 마무리로 끝내지 않고 이왕이면 좀 더 보기 좋고, 멋지게 되도록 살피고 다시 한 번 일의 선 · 후를 바로잡아 그 일의 모양새에 격조(格調)를 더 하는 것이다.

그리하면 사실 마지막 단계의 '달(達)'은 그냥 이루어지질 것이다. 나 자신과 더불어 내가 몸담고 있는 공동체 및 고객의 행복을 위해 굳게 다음을 먹고 시간과 정성을 다한 일에 통달(通達)해보는 그 쾌감이 곧 가장 완벽한 고객서비스의 정신이라 할 수 있다.

이를 위해 매일매일 자신과 공동체를 새롭게 발전시킬 수 있는 "CLINIC"운동이 필요하다.

◆ C(Clean): 아름다움과 건강의 가장 기본은 청결이다!
- 개인: 건강관리 철저, 용모 단정
- 공동: 정리 정돈(모든 물품은 제자리에, 필요한 곳에-)

◆ L(Leadership): 내가 대표이다!
- 개인: 모든 일에 창의적인 생각으로 접근하고 날마다 리더로 성장한다.
- 공동: 모든 일에 대표성을 가지고 임하며 명확한 책임의식을 갖는다.

◆ I(Industrious): 부지런하자!
- 개인: 자기관리 철저(출근 시간 엄수, 표정관리에도 프로)
- 공동: 주어진 일은 미루지 말고 즉시 실행한다.

◆ N(Nudge): 자극에 반응하자!
- 개인: 상사 및 고객의 넛지(nudge)에 긍정적인 태도로 반응한다.
- 공동: 주변을 끊임없이 환기시키고 공동체를 긍정적인 방향으로 유도한다.

◆ I(Interact): 소통하자!
- 개인: 스스로에게 진실하고 자신의 존재감을 정확히 파악한다.
- 공동: 공동체의 목표와 소통하고 고객의 필요욕구에 소통할 수 있도록 열린 마음을 갖는다.

◆ C(Competence): 매일매일 자신의 역량을 시험하자!
- 개인: 끊임없이 전문분야에 대한 실력을 키우고 업무에 합당한 모든 자격을 갖추고 자신의 한계상황을 극복한다.
- 공동: 소속한 팀과 공동체의 성장과 발전을 도모하는데 앞장선다.

제 3장

실전
Eco-Mom Care

제3장

실전 Eco-Mom care

3.1 Scalp & Hair care

3.1.1 온열테라피 (족욕 & EM 세라믹 온열팩 & 허브티)

① 원목 족욕통에 수질 개선을 돕는 입욕용 EM 세라믹 볼을 넣는다.

② 온수와 EM 활성액을 희석하여 종아리 중간 높이로 채운다. 이때, 희석농도는 물 4L 기준 EM 활성액 40mL 비율로 한다.

③ 온수의 온도는 온도계를 활용하여 38~41정도로 유지해 준다.

④ 고객의 발을 천천히 담그게 한 후 어깨에 EM 세라믹 온열팩을 올려드린 후 준비된 허브티를 드린다. EM 세라믹 온열팩은 천연 염색한 면천을 사용하고 EM 세라믹 250g과 팥 750g의 비율로 채워 만든 후 온장고에 보관하여 사용한다.

⑤ 무릎 덮개를 덮어드려 안정감을 드린 후 10~15분 족욕 타임을 갖게 한다. 이때, 족욕 시간은 고객의 상태에 따라 가감할 수 있다.

⑥ 시간이 지나면 족욕통 받침대 위에 발수건을 깔고 고객의 발을 올리게 한 후 꼼꼼하게 닦아 드린다.

⑦ EM 발효오일을 사용하여 발바닥의 반사구를 가볍게 자극해주고 종아리부위까지 자연스럽게 연결해 쓰다듬어준다.
⑧ 족욕순서를 정리해 드린 후 관리 의자로 안내한다.

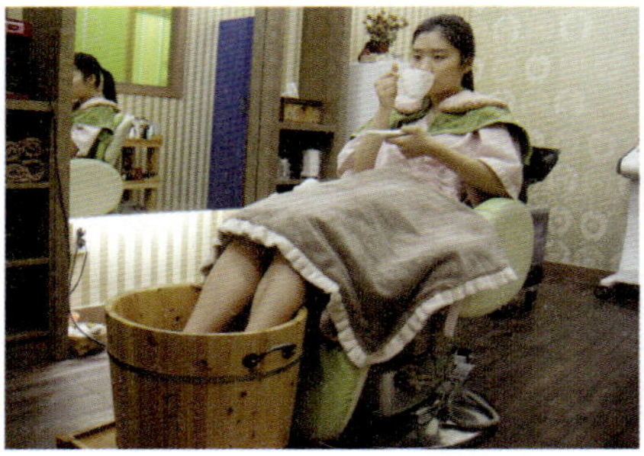

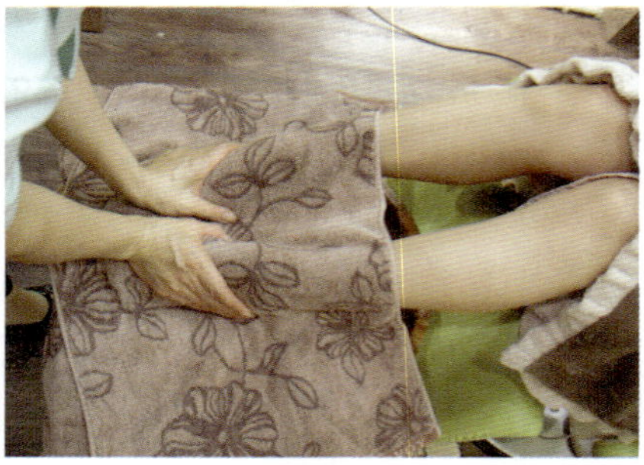

TIP 1~ 족욕시 주의할 점

- 충분히 큰 통을 준비해서 물이 소퇴부(대퇴부가 무릎 이상이라면, 대략 종아리 - 삼음교)반 이상이 잠길 정도가 되어야 한다.
- 시간은 20분 정도가 좋고, 물이 차가워지면 1~2회 온수를 추가한다.
- 족욕전에 물을 1컵 정도 마시는데, 이것은 신진대사를 촉진하고 체액을 보충하는 역할을 한다.
- 식후 1시간 내에는 피하는데 이는 식욕감퇴나 소화불량 등을 피하기 위함이다.
- 상처나 붉은색 종기가 있다면 상처를 악화할 가능성이 있으므로 피한다.
- 천식, 심장질환이 있다면 족욕 시간을 5분 정도로 단축하는 것이 좋다.
- 족욕하는 동안 땀이 많이 나면 닦아주고 외출하기 전 충분한 휴식을 취한다. (족욕하는 동안은 모세혈관이 확장되어 있으므로 이때 바깥 바람을 마시면 감기에 걸리기 쉽다.)
- 족욕시 물 온도가 45도를 넘어서면 피부 손상이 있을 수 있으니 지나치게 높은 온도를 피하는 것이 좋다.
- 직후나 병을 앓은 뒤 몸이 허약한 상태일 때는 족욕을 오래 하지 않아야 하고 체질적으로 열이 많은 경우도 장시간 좋지 않으므로 주의한다.
- 운동이나 식사와 음주 전후, 피부에 외상이나 피부 질환이 있을 때도 피하는 것이 좋다.

TIP 2~ 허브티 접대시 주의점

- 고객의 오른쪽으로 찻잔의 손잡이를 내어 드리며,
  "고객님 〈~ ~ 효능의 ○○○〉드리겠습니다. 맛있게 드세요"
- 뜨거운 차의 경우,
  " 차가 뜨겁습니다. 조심해서 드십시오." 라는 말을 건넨다.
- 차는 잔의 7~8부정도를 알맞게 채우며 부족하거나 넘치지 않게 성의를 보여 정성의 마음을 담는다.
- 찻잔을 놓을 때 탁자에 부딪쳐 소리가 나지 않게 주의하며 차 받침을 꼭 사용한다.
- 다양한 효능의 허브 차를 매주마다 선정하여 Weekly Tea로 소개하며, 이를 숙지하였다가 고객에게 간략히 설명하거나 정리된 자료를 보여드린다.

3.1.2 진단 및 상담

1) 고객 상담

고객의 두피 상태나 문제점을 진단하여 개선책을 간구 한다

2) 고객 상담 방법

(1) 1차 진단 (시진, 촉진, 문진)

① 시진

- 두피의 색상, 두피의 각질 상태, 두피의 피지 분비량의 여부, 모발에 묻어있는 피지상태, 모발의 손상여부를 육안을 통해 파악한다.

② 촉진

- 손에 만져지는 피지상태, 땀의 분비량, 긁어서 밀려나오는 각질여부와 두피의 탄력도, 두피의 경직 상태를 촉각으로 파악한다.

③ 문진

- 상담카드 및 진단카드를 작성하기 위한 여러 가지 체크사항을 통해 고객의 생활패턴을 파악한다.

*** 고객 상담 시 체크 내용 ***

〈 고객 상담 시 체크 내용 〉

- 결혼
- 생식기
- 내장기관
- 수면상태
- 질병여부
- 브러시
- 두피 문제점
- 유전성 및 탈모 시작시기
- 직업
- 식습관
- 흡연 및 음주
- 스트레스
- 샴푸, 트리트먼트
- 스타일링 제
- 모발의 문제점
- 관리 경험

〈 기타 체크 사항 〉

* 땀 분비량 : 두피청결도 파악
* 연령 : 노화정도 및 관리효과의 유 · 무
* 피부염여부: 아토피, 백선, 건선 피부염에 의한 두피문제 및 탈모 유 · 무
* 모발 굵기 : 사춘기 시절 모발의 굵기를 통한 모발의 굵기 변화도 파악
* 드라이여부: 모발 손상도 파악
* 헤어 시술 : 모발 손상도 및 두피 손상도 유추
* 체온 : 혈액순환 상태 유추 및 체질유추, 두상 온도 파악
* 생활 습관 : 모자 착용, 발모벽 여부, 린스 사용, 사우나 출입 여부 등

진단 카드 작성 시 특이사항

종 류	내 용
과거 두피, 모발 문제점	과거의 문제점에 대한 원인과 치료사항을 구체적으로 확인
병력과 징후	질병유무, 과거와 현재 건강상태 확인 (경우에 따라서는 관리를 유보할 수도 있다)
의약품	항생제, 수면제, 진통제 등과 같은 약물의 장기 복용 여부 및 호르몬에 영향을 주는 피임약 등의 복용 여부를 확인
기호 식품	카페인 함유 음식물의 섭취와 흡연 여부 파악 (자극적인 음식에 대한 빈도 체크)
음식 습관	일상적인 식생활 파악
생리주기와 상태	생리 무렵 피부 상태나 신경이 예민해진다.(두피타입 확인) 기혼자의 경우 출산 여부 확인
다이어트 여부, 소화기 상태	다이어트 시 단백질 부족으로 모낭의 영양결핍 현상이 나타날 수 있으며 모발이 가늘어지고 탈모가 진행되기도 한다.
운동량	혈액순환, 신진대사, 근육에 영향을 준다.(면역 영향)
냉,난방 노출 정도	각질층 수분 함유량과 연관성이 있다.(점막면역 관점) 각질층 탈수, 건조, 예민, 노화 현상 여부 확인
알레르기	특정 성분에 알레르기 여부 확인 관리 시 부작용 미리 예방(아로마, 금속 알러지)
스트레스	스트레스 원인 파악 (호르몬 분비와 피부 상태에 영향을 미친다)
사용하는 제품과 관리습관	현재 사용하는 홈 케어용 제품을 확인, 조언(성분과 사용법)

고객상담 예시

두피 또는 모발 관리를 받은 경험이 있습니까?		
현재 모발에 사용하고 있는 제품은?		
발모제나 기타 탈모 관련 제품을 사용해 본 적이 있습니까?		
모자를 자주 착용하십니까?		
현재 사용하고 있는 샴푸의 종류는?		
술은 일주일에 몇 회 정도 마십니까?		
현재의 건강상태는 어떻습니까?		
현재 복용하고 있는 약품과 가족력은?		
일주일 동안 샴푸 횟수와 자세는?		
샴푸 시 헹구는 횟수는?		
샴푸하는 시간은 언제입니까?		
린스 사용시 적용 범위는?		
비듬의 유 · 무는?		
식생활 습관은?		
하루 수면 시간은?		
주된 활동 시간은 언제 입니까?		
염색이나 퍼머는 얼마나 자주 하십니까?		
가족 중 탈모증을 가진 사람이 있습니까?		
유전적으로 백발 현상이 있습니까?		
어깨 주위의 경화 정도는 어떠십니까?		
스트레스가 있다면 그 원인은 어떤 것입니까?		

Tip ~~ 두상 외관으로 진단하는 시진법

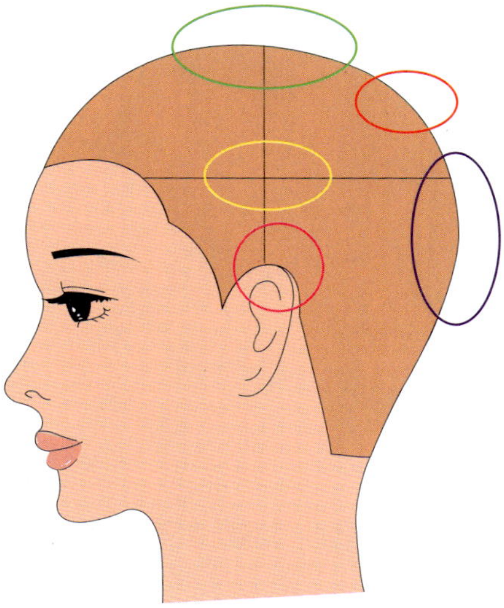

- 백회 주위 : 전체적 건강균형, 냄새 날 땐 주의
- 대장, 하복부 건강 관련
- 후두부 : 폐 호흡기
- 백회 양쪽 측두부 : 골반기능
- 오른쪽 측두부 : 간, 담
  왼쪽 측두부 : 위 기능

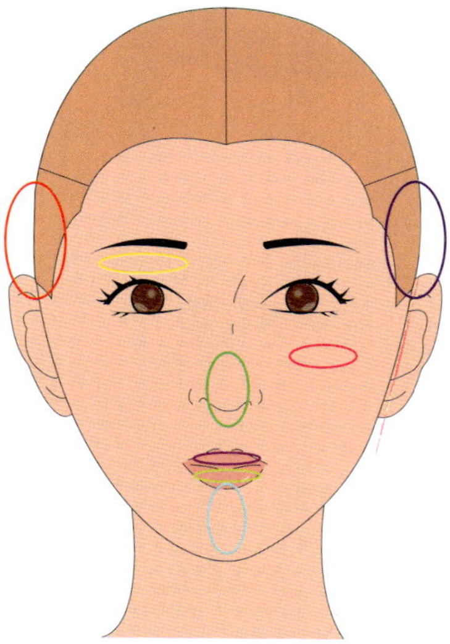

- 폐
- 오른쪽 측면 : 간, 담
- 왼쪽 측면 : 위
- 비장
- 콩팥
- 윗입술 : 위
- 아랫입술 : 대장
- 혀 : 심장, 소장

두상의 측면이 약하면 -다리 힘이 부실하고, 당뇨 가능성이 높다.

(2) 2차 진단 : 두피 진단기로 측정

① 모발의 밀집도
② 모발의 굵기
③ 모발의 손상도
④ 두상 피부의 색상
⑤ 두상 피부의 예민도 및 문제성
⑥ 두상 피부의 피지량 및 땀의 분비량
⑦ 모공 상태 및 과 각질상태

〈 두피 진단기 사용 방법 〉

* 프로그램명 - HDM ㈜ Borntech Electro

① 화면의 프로그램을 클릭하여 시작 화면을 띄운다. 〈진단하기〉를 클릭한다.

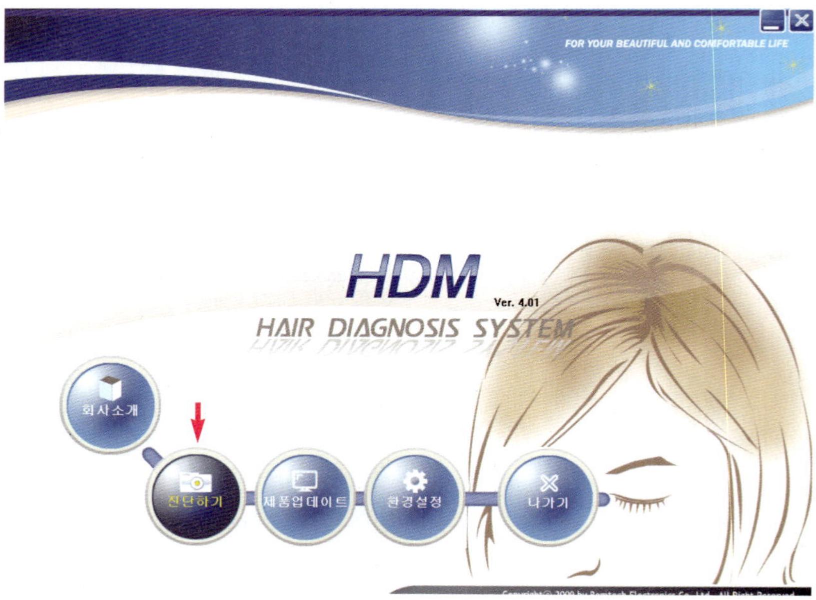

② 시작 화면이 뜨면 우측의 〈고객정보〉를 클릭한다.

③ 〈고객 등록〉을 누르고 고객의 주요 기록 사항을 입력한 후 〈저장〉을 누른다.

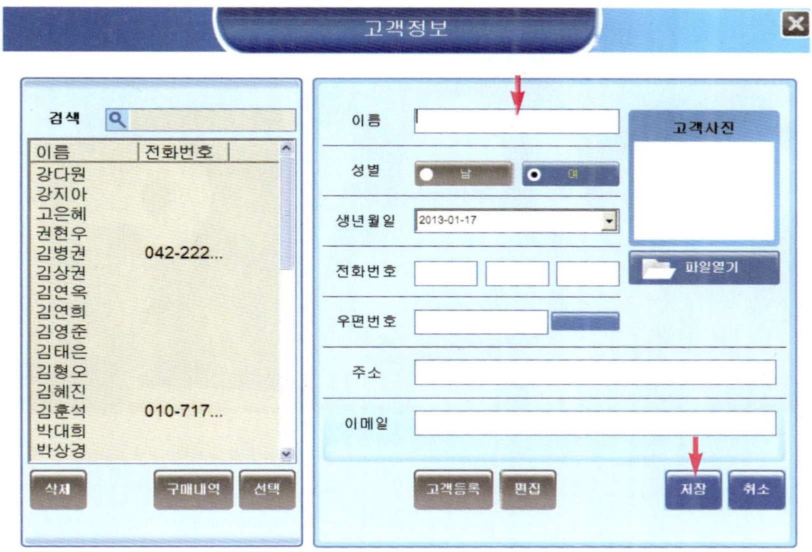

④ 좌측 명단에서 입력한 고객명을 클릭한 후 〈선택〉을 누른다.

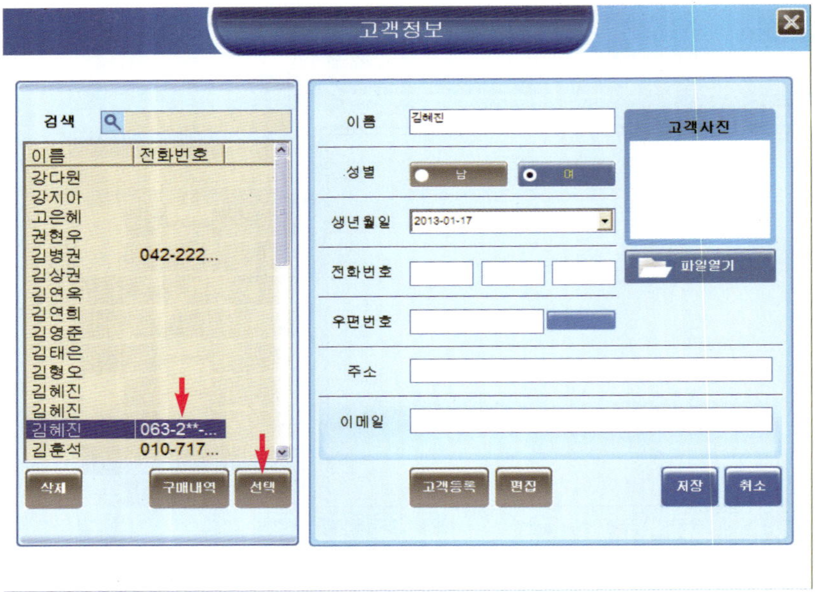

⑤ 진단기 손잡이 쪽의 버튼을 눌러 〈ON〉 시키고 X80 배율 렌즈를 끼운 후 기기 윗면의 MODE를 누른다. 이때, 조명이 들어와야 정상 작동이다.

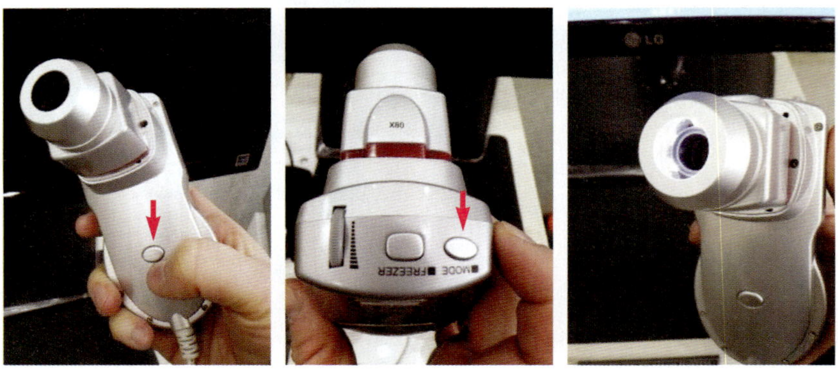

⑥ 우측 상담의 〈 진단하기 〉를 누른다.

⑦ 화면 하단의 샴푸, 색, 땀의 상태와 진단 부위를 체크한 후 우측 상단의 〈유분〉 화면을 눌러 진단 준비를 한다.

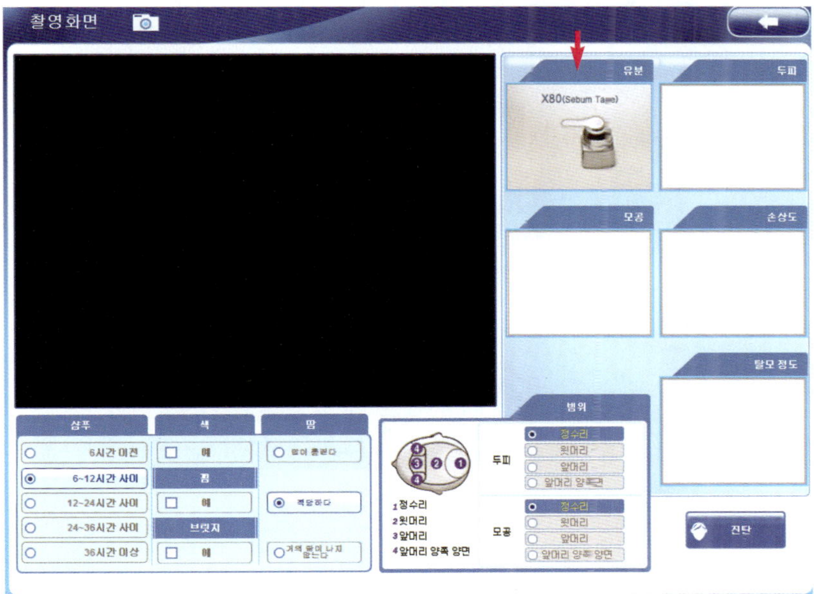

⑧ 유분 진단지를 두상의 두정부 두피에 대고 지그시 누른다.

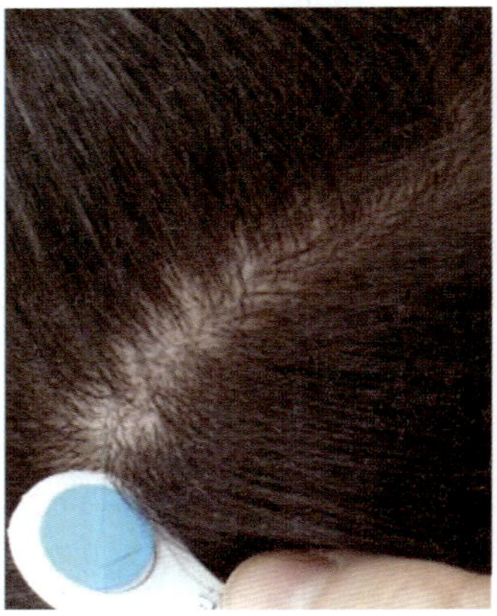

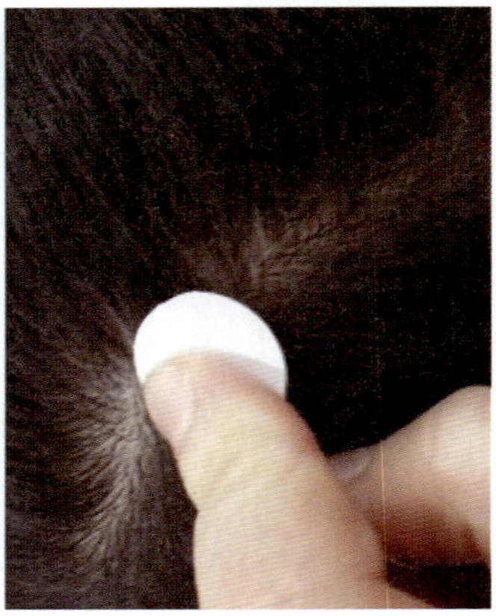

⑨ 유분 진단지를 진단기의 홀에 맞춘 뒤 진단기 좌측의 레버로 초점을 조율한다.

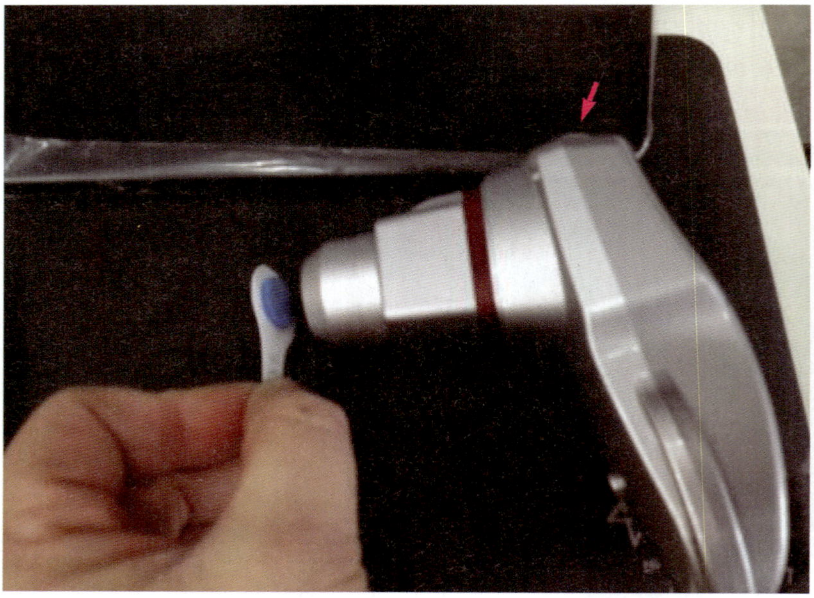

⑩ X80 배율 렌즈로 두피의 유분량을 진단 한다.

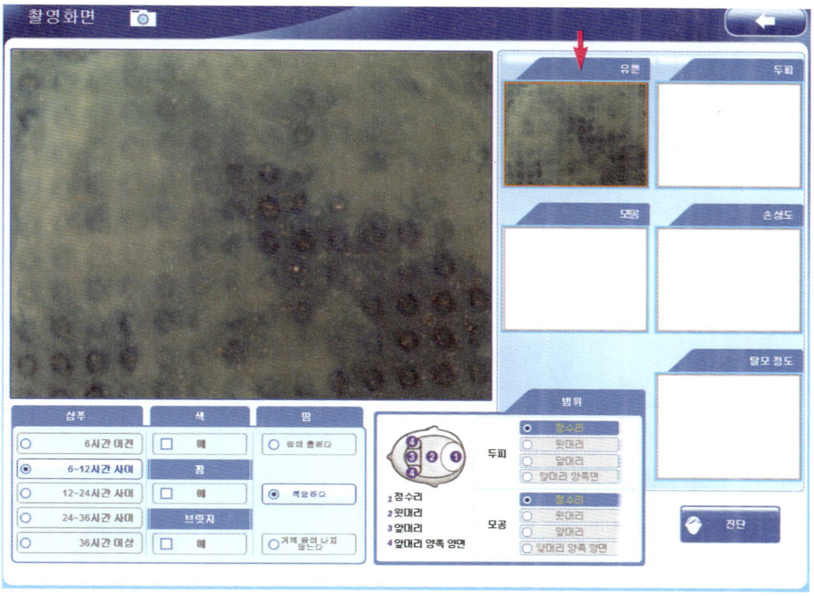

⑪ 동일한 X80 배율 렌즈로 두피 및 모발 밀도 진단을 한다.

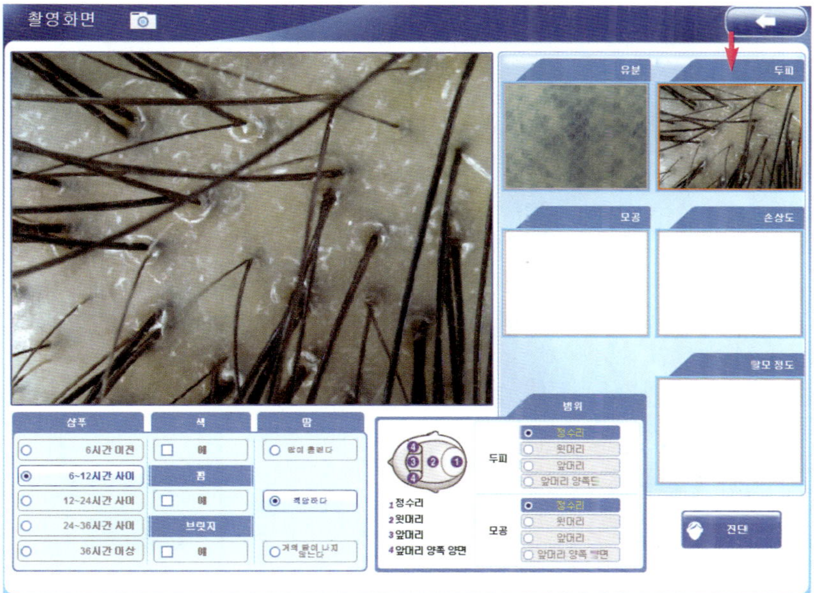

⑫ X250 배율 렌즈로 두피 및 모공 상태를 진단한다.

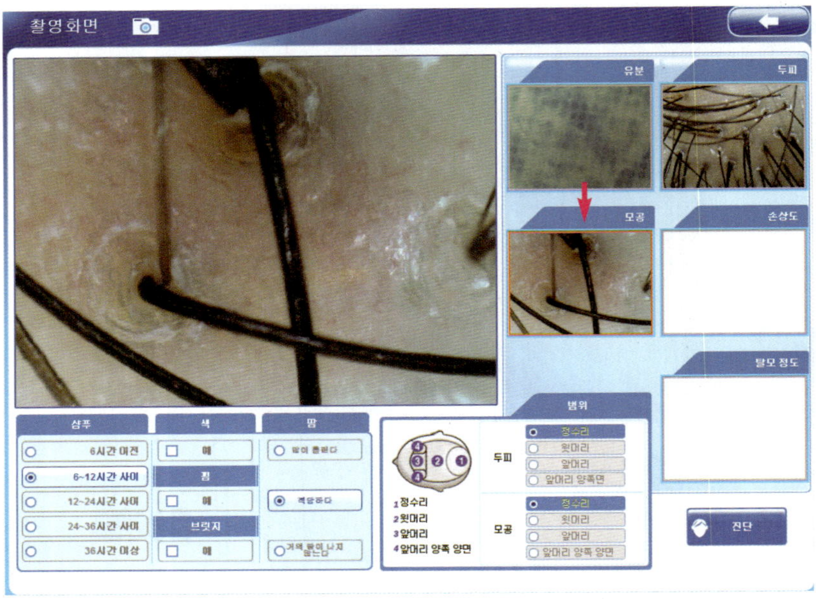

⑬ X800 배율 렌즈로 모발의 손상도를 진단한다.

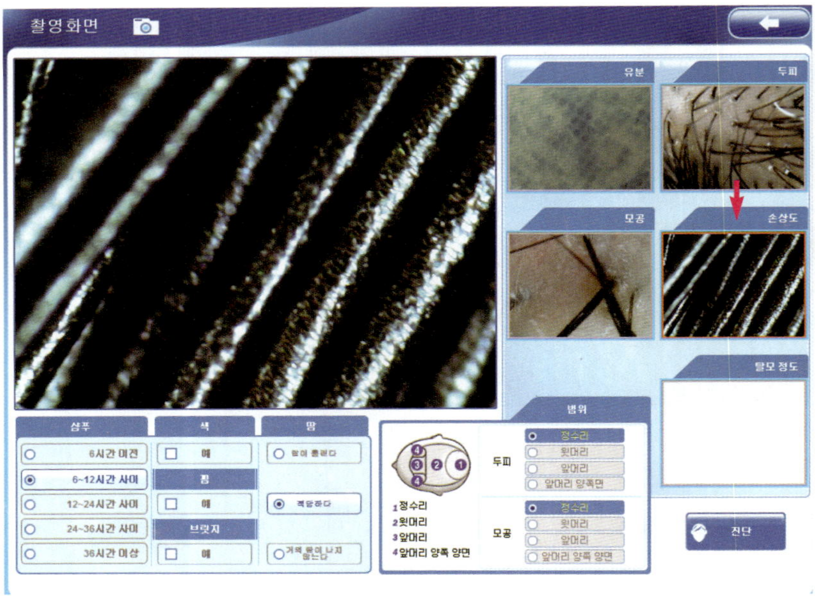

⑭ X1 배율 렌즈로 탈모 정도를 진단한다.
시진과 동일하며 이때는 진단기에 조명이 들어오지 않는다.
진단 사진 찍기가 다 끝나면 화면 하단의 〈진단〉을 누른다.

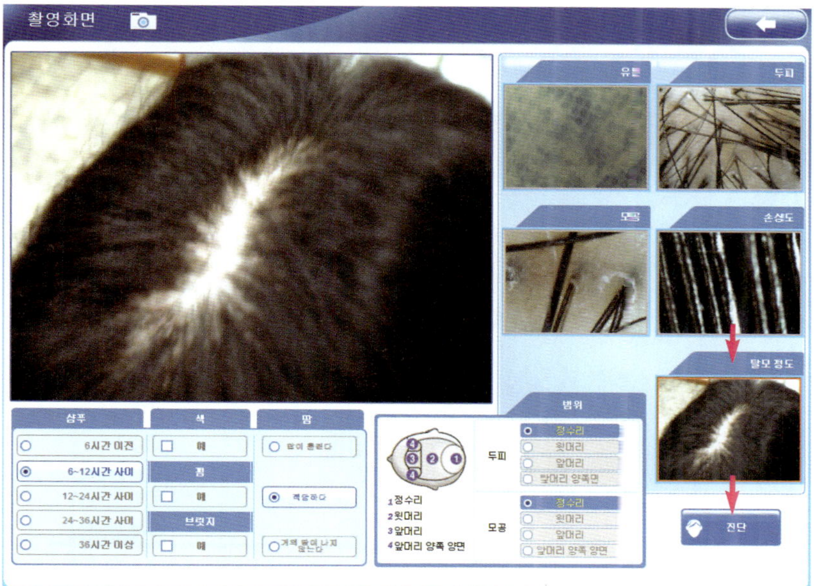

⑮ 유분량과 두피 타입을 진단한다.

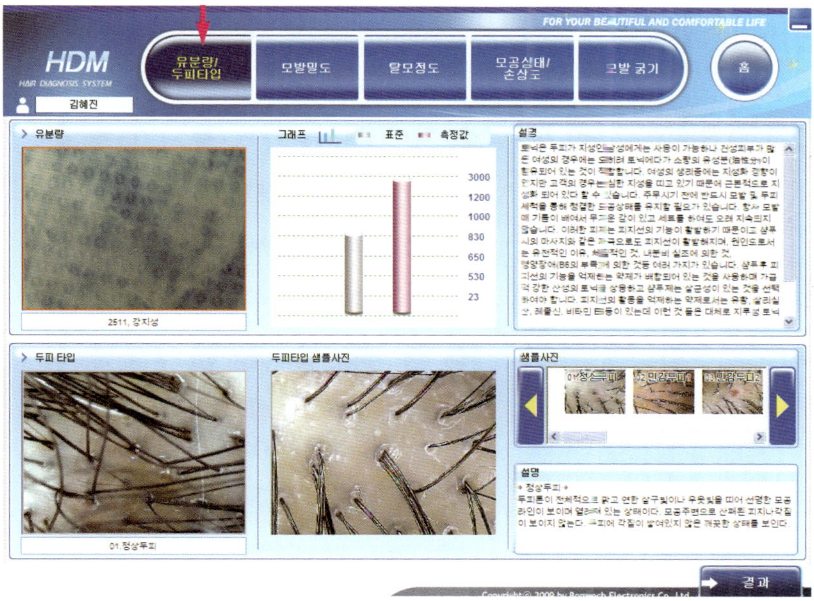

⑯ 모발 밀도 화면을 클릭한 후 화면의 +, - 기호를 사용하여 모발수를 세고 밀도를 진단한다.

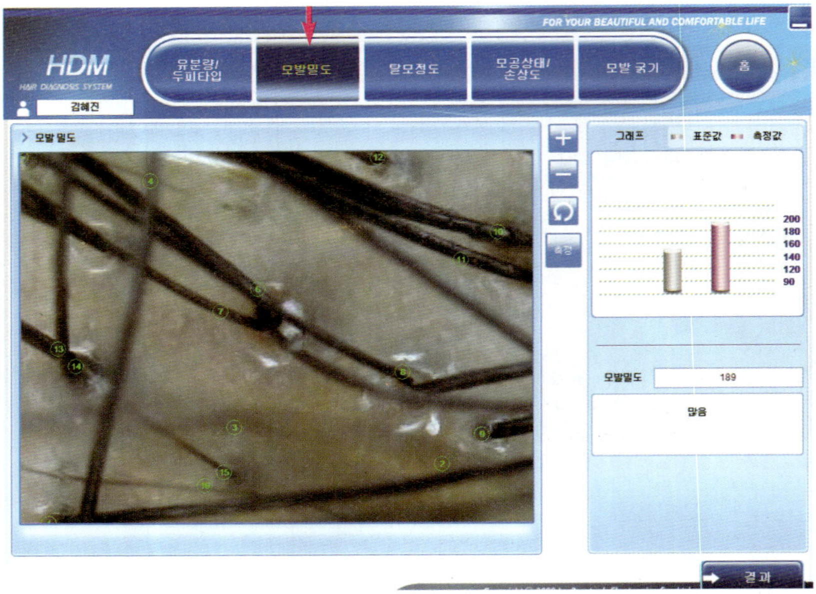

⑰ 탈모 유형과 비교하여 탈모 정도를 진단한다.

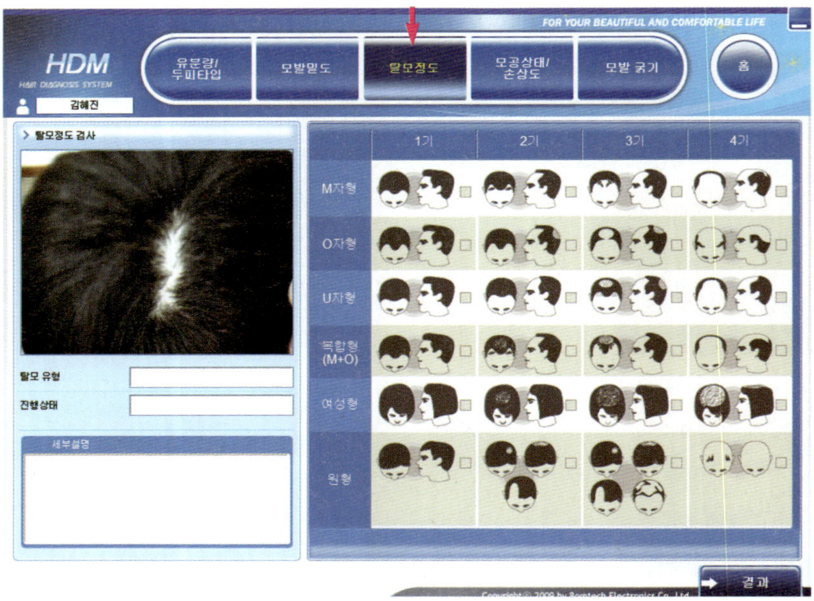

⑱ 우측의 샘플 사진을 활용하여 모공 상태와 손상도를 진단한다.

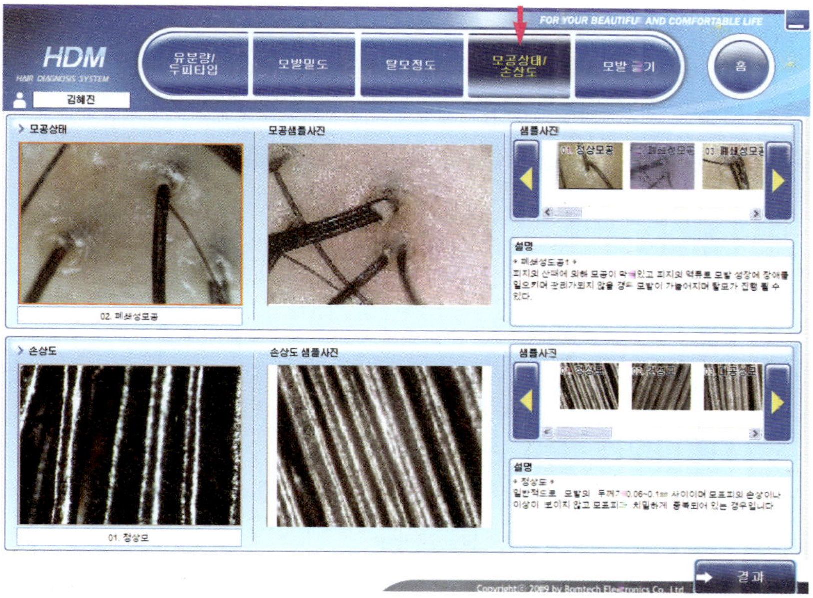

⑲ 모발 굵기를 진단한다. 화면에 커서를 누르고 드레그 하면 폭이 재어진다. 마무리되면 화면 하단의 〈결과〉를 누른다.

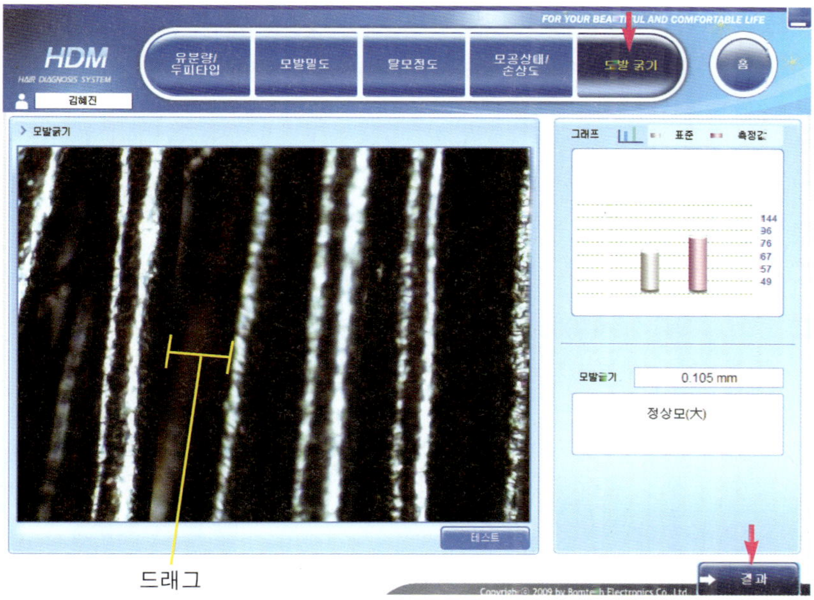

⑳ 결과 화면이 나타난다.

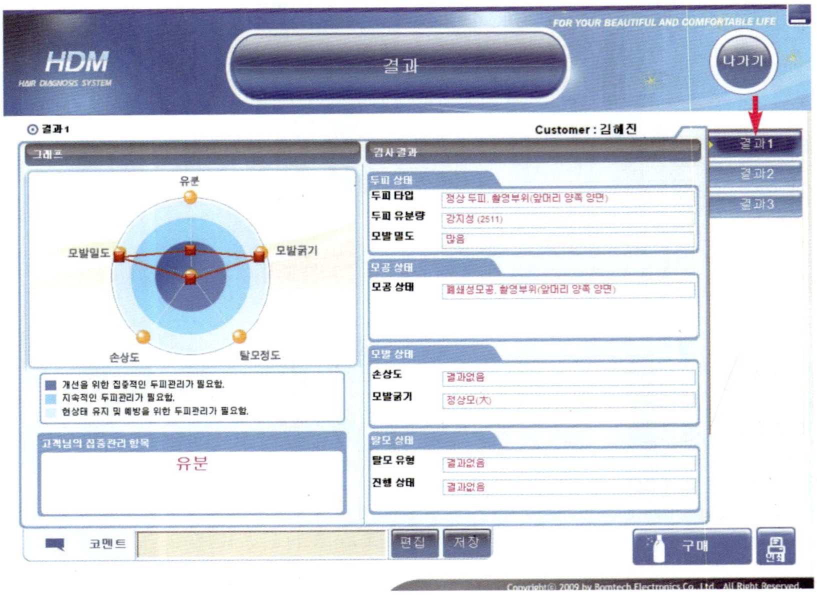

㉑ 결과 1, 2, 3를 차례대로 확인한 뒤 화면 하단의 인쇄를 눌러 출력한다.

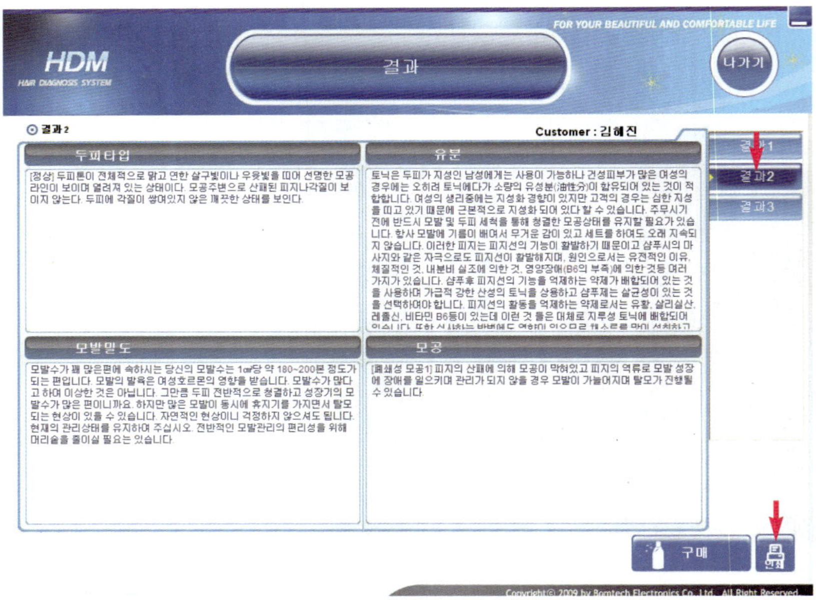

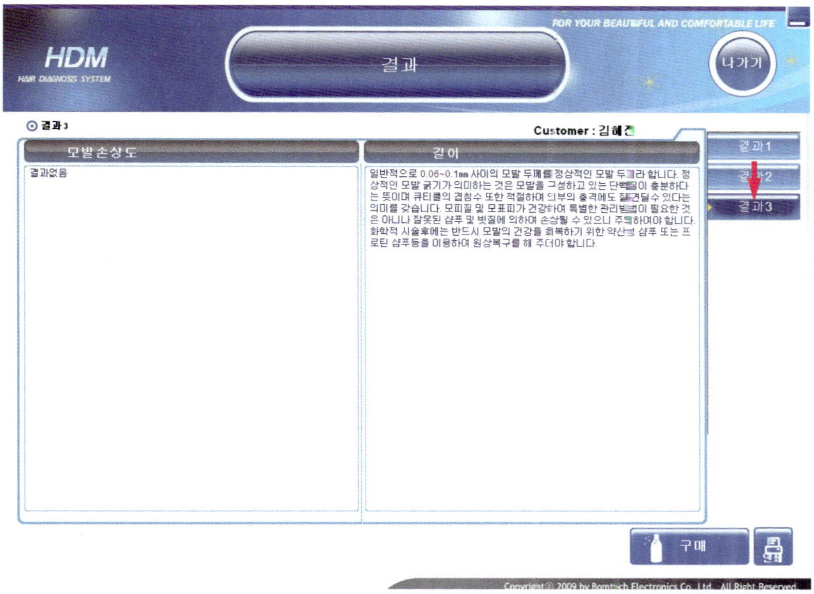

㉒ 〈나가기〉를 누르고 프로그램을 종료 한다.

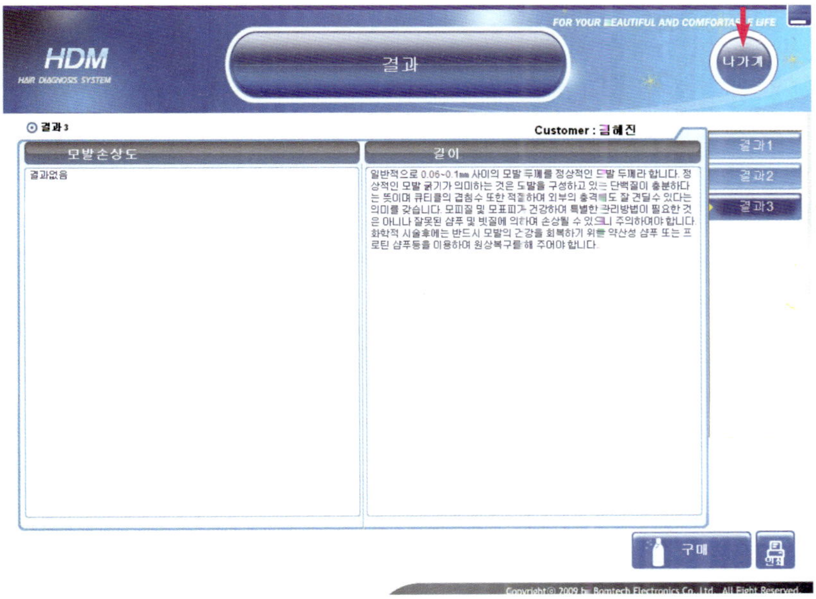

3.1.3 Eco-Mom Relaxing Massage (손, 팔, 어깨, 목, 전신)

1) 손 · 팔 마사지

① 관리자의 무릎에 마른 타올을 깐 후 고객의 손바닥이 위로 향하게 하고 가운의 팔부위를 깔끔하게 상박부위까지 말아 올린 후 온수포로 팔과 손을 감싸 지긋이 누르며 릴렉싱 시킨다.
② 팔의 위부터 천천히 닦아주며 온수포를 내리고 손가락 등도 꼼꼼히 닦는다.
③ 적당량의 오일을 관리자 손바닥에 덜어 가볍게 문질러 온도를 높힌 후 고객의 팔과 손에 고르게 바른다.
④ 손가락 끝에 힘을 주어 팔 전체를 릴렉스하게 쓸어 올려준다. 이때, 다른 손은 손목을 가볍게 잡아준다.
⑤ 손목부위부터 팔의 안쪽 좌 · 우, 바깥쪽 좌 · 우를 힘 있게 쓸어 올리고 가볍게 훑어 내려준다. 팔꿈치 부위는 힘을 살짝 빼고 지나간다.
⑥ 손등이 위로 오게 손을 돌린 후 양 엄지손가락을 사용하여 손목부위를 교차하여 문지른다.
⑦ 손 등의 중수골을 고르게 훑어 내려준다.
⑧ 손가락 사이를 압주어 훑어 준다.
⑨ 손가락의 상, 하, 측면, 대각선을 부드럽게 문질러주며 손끝으로 이동하고 손톱 양 옆을 지긋이 눌러준다.
⑩ 손바닥을 위로 오게 한 후 안쪽 손목부위를 양 엄지손가락으로 교차하여 문지른다.
⑪ 손바닥을 고루 문지른다.
⑫ 손가락 연결 부위부터 지긋이 누르며 훑어 손가락 끝으로 뺀다.
⑬ 손가락을 걸어 천천히 뒤로 젖혀준다.
⑭ 손의 양 측면을 잡고 엄지손가락으로 손목부분에서 손바닥 가운데까지 문지르며 팔을 가볍게 올렸다 내림을 2회 반복한다.
⑮ 손을 가볍게 당겨주고 팔 전체를 가볍게 쓸어 올려 준 후 상박부위부터 감싸 눌러주며 내려 온다.
⑯ 깔고 있던 타올로 팔 전체를 감싸 가볍게 닦아준다.
⑰ EM 핸드 크림을 고르게 발라 준 후 가운을 정리하고 어깨의 앞 · 뒤 (견우, 견료) 자리를 눌러준다.
⑱ 수삼리 자리를 가볍게 눌러준 후 가볍게 손을 훑고 고객의 무릎 위에 내려 놓는다.

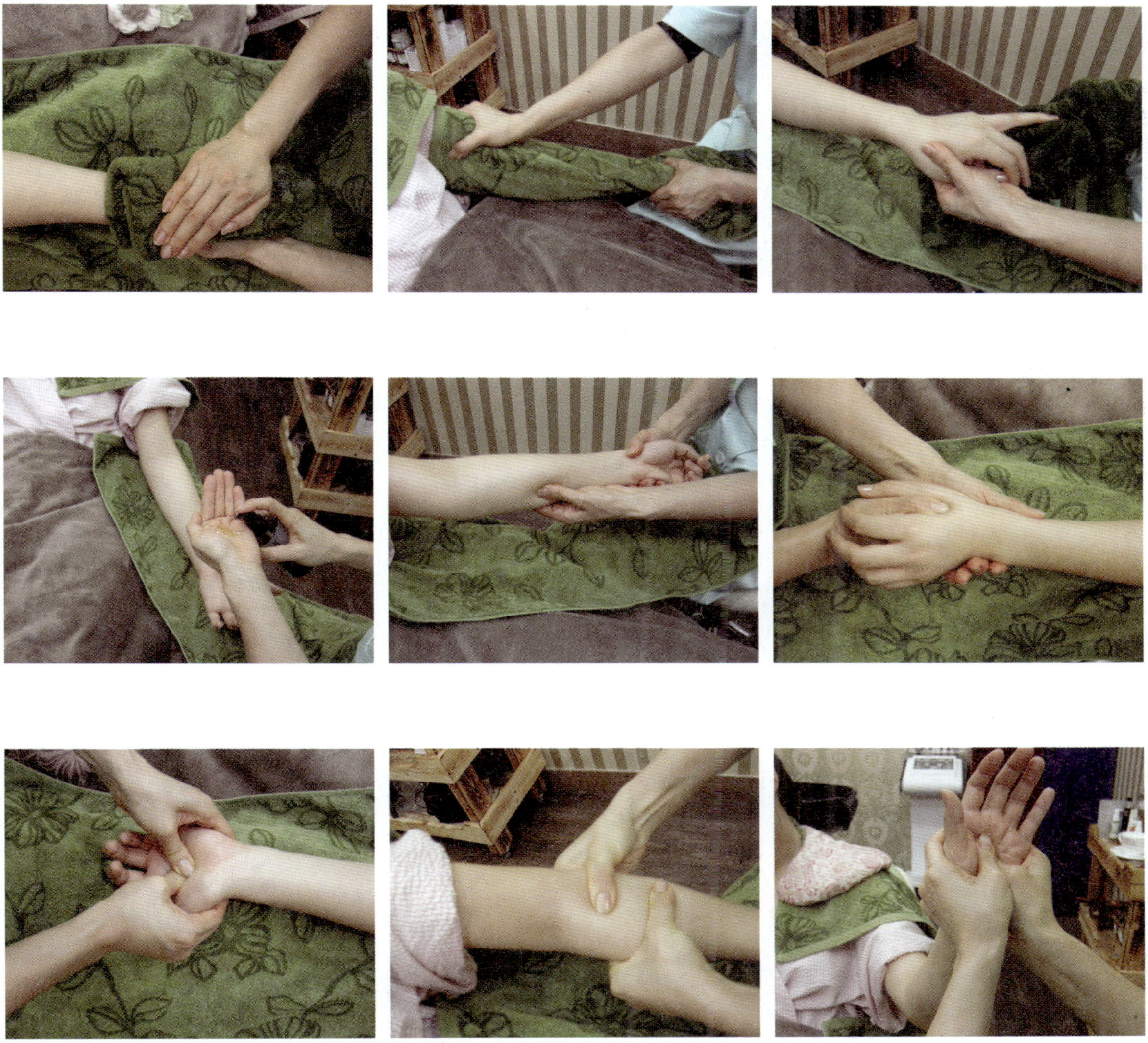

Hand Massage

TIP 1 ~~ 팔/핸드마사지와 반사구

- 팔바깥쪽 안: 폐경(폐): 호흡기 관련, 감기, 탈수
  밖: 대장경(대장): 변비, 설사, 독소배출
- 팔안쪽 안: 심경(심장): 정신관련, 히스테리, 망상
  밖: 소장경(소장): 영양상태, 음식 분류섭취
- 팔안쪽 가운데 심포경: 순환기 경락 , 보호기능, 심장통증, 흉부 팽만감
- 손목 안(태연,신문) / 밖(양계): 가슴통증, 두통, 손목통증
- 손등 중수골: 척추, 요추 통증

TIP 2 ~~ 핸드마사지와 건강체크

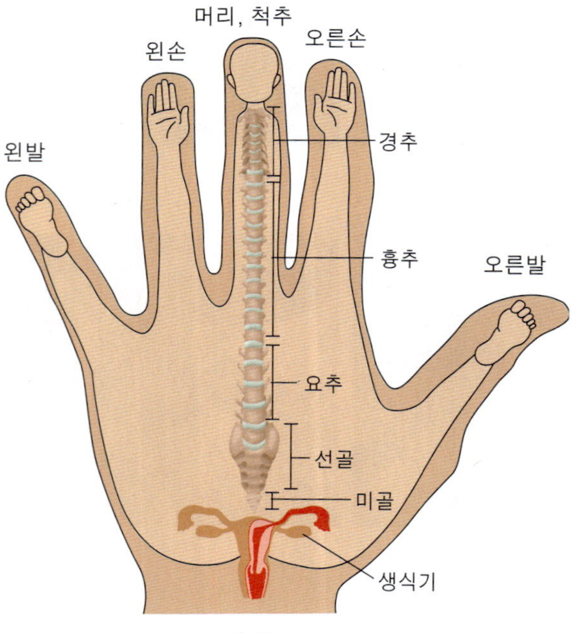

〈 손등 〉

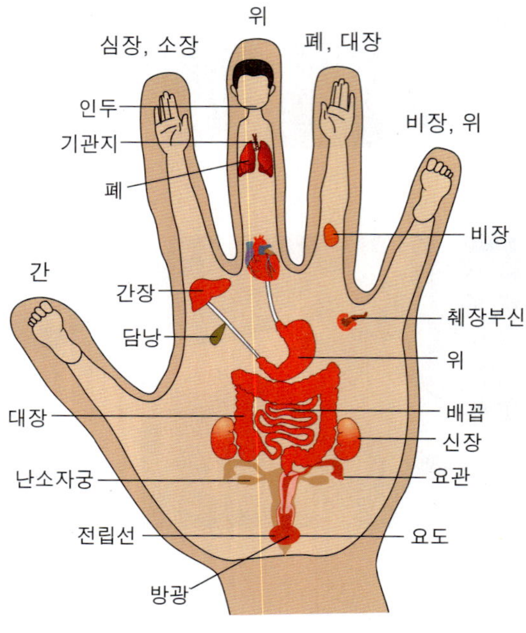

〈 손바닥 〉

2) 어깨와 목 마사지

① 손에 오일을 묻혀 목과 어깨에 고루 도포한다 .
② 양 엄지손가락으로 대추혈 자리를 문지른다.
③ 양쪽 견중유, 견외유, 견정을 차례로 지그시 눌러준다 .
④ 손끝에 힘을 주어 견갑골 주위를 C-커브 형태로 短(단),中(중),長(장)의 길이로 체중을 실어 부드럽고 리듬감 있게 천천히 쓸어 내려준다. 한쪽씩 실행한다.
⑤ 가볍게 주먹을 쥐고 지과면으로 견갑골 주위를 훑어준다 .
⑥ 엄지손가락을 이용하여 척추 1~2cm 양 옆을 위에서 아래로 훑어준다.
⑦ 견갑골과 척추 사이를 주먹으로 부채살 모양으로 펴듯이 문지르며 어깨쪽으로 올라온다.
⑧ 가볍게 주먹을 쥐고 견정부터 어깨선을 타고 완골까지 끌어 올린다. 한쪽 어깨씩 하고 반대손으로 두상을 지지해 준다.
⑨ 양 주먹으로 목 부위부터 완골 부위까지 쓸어 올려준다.
⑩ 고객의 옆으로 서서 한 손은 이마 부위를 지탱하고 목 뒷부분을 가볍게 잡고 헤어라인까지 끌어 올리듯이 문지른다.
⑪ 뒷 목라인의 아문, 천주, 풍지, 완골을 엄지손가락으로 지그시 누른다.
⑫ 다시 한번 뒷목을 문질러 준다.
⑬ 양 주먹으로 목 부위부터 완골 부위까지 쓸어 올려준다.
⑭ 가볍게 주먹을 쥐고 어깨 부위를 고르게 두드려준다.
⑮ 손바닥으로 어깨와 견갑골 주위를 가볍게 문지르며 마사지를 마무리한다.
⑯ 온수포를 뒷목에 가져다대고 3초 정도 힘주어 잡아준다. 살짝 떼었다 다시 누르는 방식으로 3회 실시하되 고객이 너무 뜨겁지 않게 온도 체크에 주의한다.
⑰ 온수포를 펴서 어깨와 등, 목을 고루 잘 닦는다.
⑱ 마른 수건으로 다시 한번 닦아내고 고객의 가운을 정돈해 드린다.

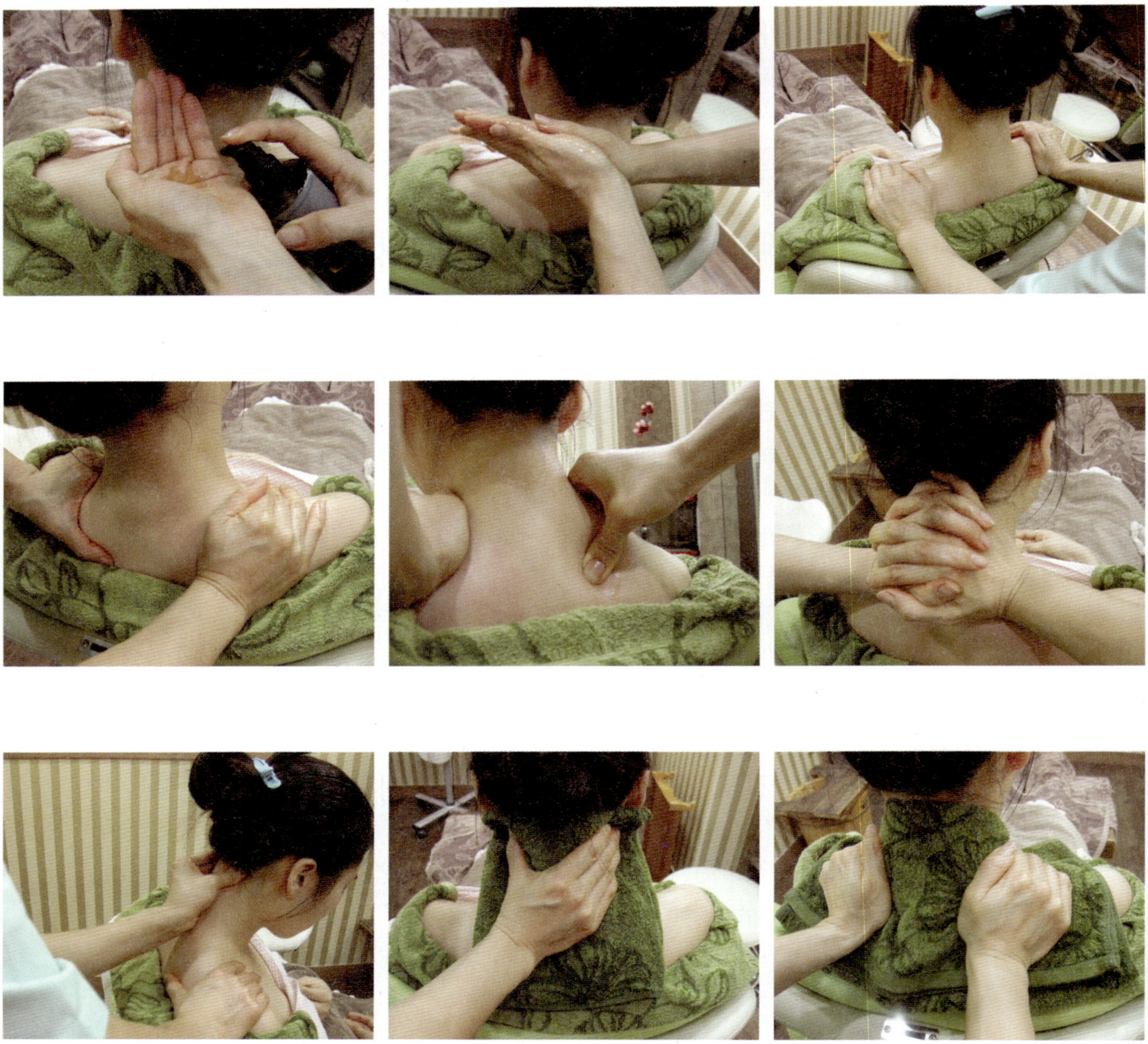

Shoulder & Neck Massage

TIP 1~~ 어깨마사지와 건강체크

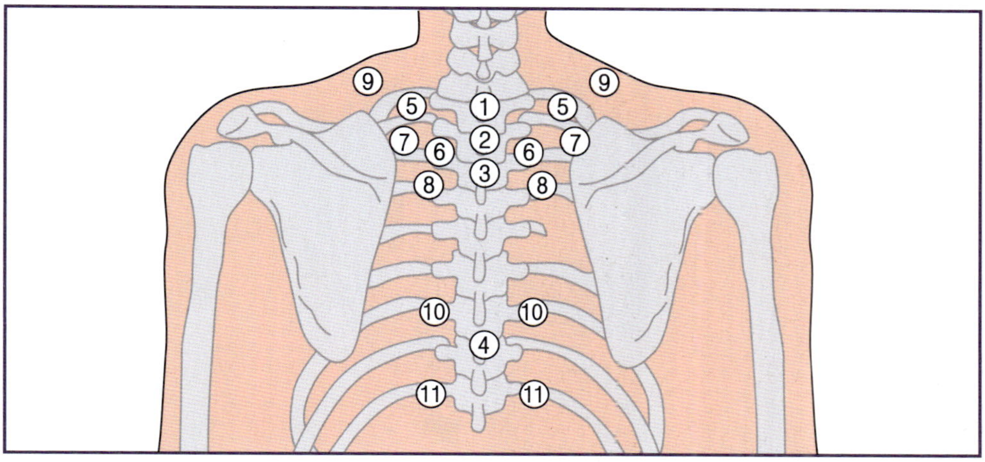

< 주요 위치 찾기 >

- **대추혈 (7C와 1T 사이)** 호흡기 관련(감기, 천식, 목의 경직)
- **견정(목 근처 어깨 맨 위)** 혈압, 목의 경직, 어깨통증, 요통관련
- **견중유(대추혈에서 2촌)** 어깨통증, 기관지염
- **흉추1~7 순서** 손목, 손가락, 팔꿈치, 폐, 쓸개, 위, 췌장
- **천종 (견갑골 중간지점)** 어깨 및 견갑골 부위 통증, 팔의 마비

① 대추: 두통, 상기도염(감기, 인통, 발열)
② 도도: 두통, 항배통
③ 신주: 신경질환, 호흡기 질환, 감기
④ 지양: 위통, 간염, 기관지천식, 흉막염, 두통, 늑간신경통
⑤ 견중유: 어깨결림, 목의 통증
⑥ 대저: 인통, 발열, 기관지염, 기관지천식
⑦ 견외유: 어깨결림, 견관절주위염, 경골완통
⑧ 풍문: 감기의 예방과 치료 어깨결림, 호흡기질환, 비질환
⑨ 견정: 견배통, 두통, 경견완통, 견관절주의염
⑩ 독유: 해수, 피부소양
⑪ 간유: 간질환(간염, 담석), 겨드랑이 통증, 안과질환, 요통, 불면증

TIP2~~ 목(후두부)마사지와 건강체크

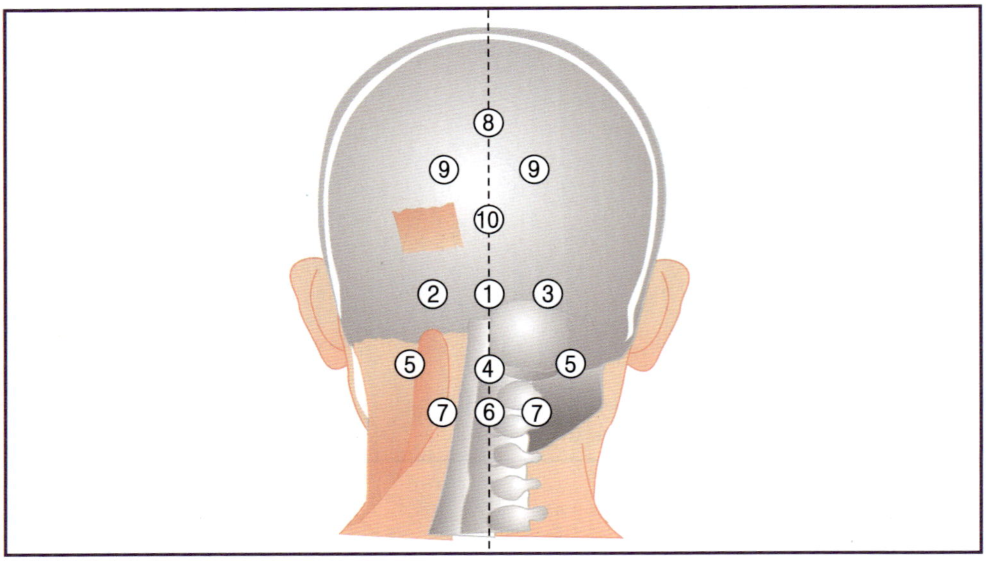

① 뇌호: 두향통
② 뇌공: 두통, 후두신경통
③ 옥침: 안통, 두통, 후두신경통
④ 풍부: 감기, 비염, 부비강염, 신경질환
⑤ 풍지: 두통, 현훈, 감기, 불면, 시력장애, 향배통
⑥ 아문: 언어장애, 두통
⑦ 천주: 어깨결림, 비질환, 고혈압증, 두통, 신경쇠약, 안저출혈, 시력감퇴
⑧ 후정: 두통, 현훈, 불면, 향강
⑨ 승령: 편두통, 상지통
⑩ 강간: 두통, 불면

3) 전신 Touch 마사지

① 발가락 끝에 관리사의 손을 올리고 발을 좌 · 우 흔들며 가볍게 이완시킨다. 이때 고객의 팔은 손바닥이 위로 놓이게 한다.
② 발뒤꿈치를 한 손으로 받히고 다른 손으로 발을 잡은 뒤 몸에 힘을 실어 발목을 앞 · 뒤로 스트레칭한다 .
③ 몸의 사관(四關)을 열기 위해 발의 태충과 손의 합곡을 지그시 3회 눌러준다.
④ 엄지와 검지를 사용해 발가락을 3-1-4-2-5 (상극순서)의 순서로 발가락 뿌리 연결 부위부터 끝 쪽으로 위, 아래, 옆, 대각선 측면(좌 · 우)을 눌러준다.
⑤ 발가락을 1-2-3-4-5 (상생순서)로 눌러준다.
⑥ 뒷 발목을 눌러준다.
⑦ 삼음교를 누른다.
⑧ 종아리 바깥쪽 3등분하여 누른다.
⑨ 족삼리 누른다.
⑩ 허벅지 측면 누른다.
⑪ 서혜부를 끌어 올리듯 3회 눌러준다 .
⑫ 고객의 날숨에 맞춰 배꼽을 깊이 3회 누른다.
⑬ 중완-전중-천돌 순으로 가볍게 눌러주며 위쪽으로 올라온다.
⑭ 견정을 누르고 어깨를 주무른다.
⑮ 손가락으로 뒷목의 아문, 천주, 풍지, 완골 자리를 눌러준다.
⑯ 좌,우 고개를 돌려 귀와 귀 주위를 지압한다.
⑰ 헤어라인이 시작되는 신정부터 백회의 순서로 두상의 정중선을 누른다.
⑱ 신정부터 45도 각도로 두상을 눌러준다.
⑲ 헤어라인을 따라 눌러주고 귀 뒤 완골에서 마무리한다.
⑳ 얼굴부위는 찬죽-청명-동자료-영향-거료-수구-승장의 순으로 지압한다.
㉑ 뒷목을 다시 한번 풀어준다.
㉒ 고객을 돌아 눕게 한 후 양손을 겹쳐 이마를 올리게 한 후 척추혈을 가볍게 흔든다.
㉓ 뒷면 두상을 눌러주고 어깨와 견갑골 주위를 풀어준다.
㉔ 양쪽 팔을 눌러 내려 주며 합곡을 누르고 마무리 한다.
㉕ 몸에 힘을 실어 어깨와 등을 눌러준다. 이때, 척추를 중심으로 좌,우 나누어 실시한다.

㉖ 요추부위를 가볍게 문지른다.
㉗ 엉치부위를 팔 하박을 이용해 사선방향으로 굴리며 문질러준다.
㉘ 다리 중심부를 따라 주요 혈자리를 누르며 발쪽으로 내려온다.
㉙ 발끔치와 발바닥의 중심 용천을 누른 뒤 마무리한다.
㉚ 전신을 스트레칭 해주고 마무리한다.

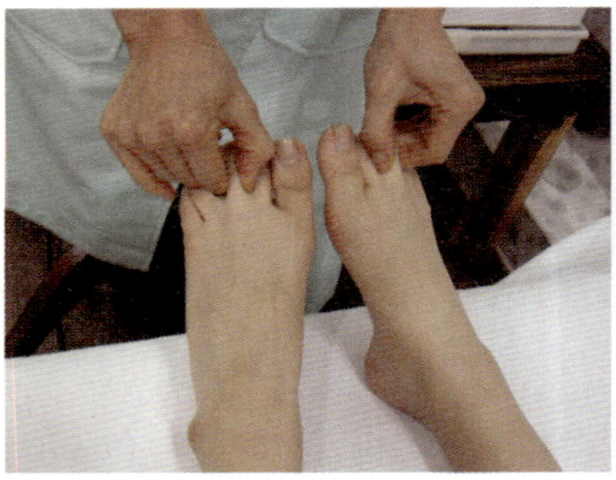
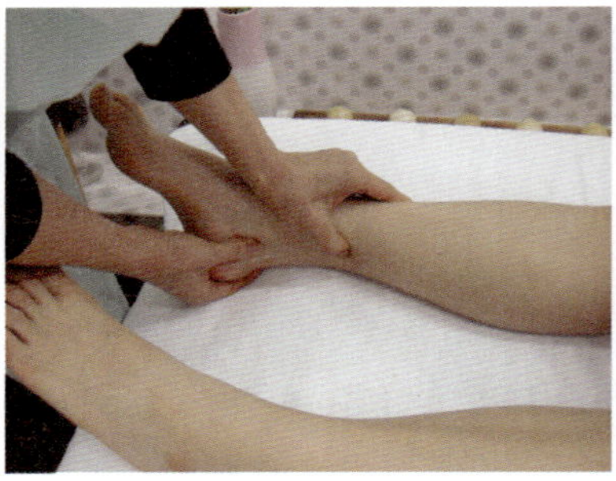
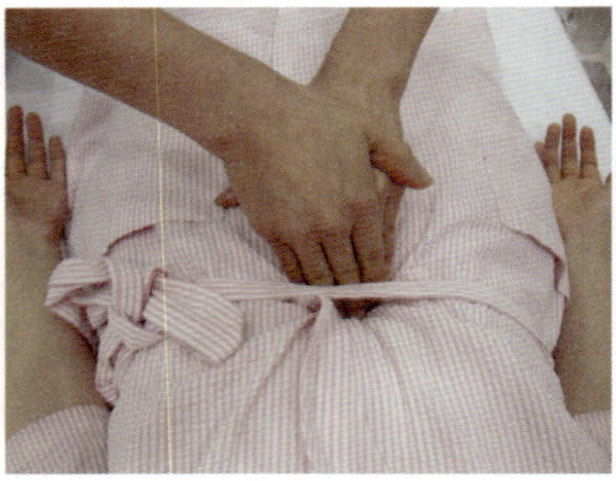
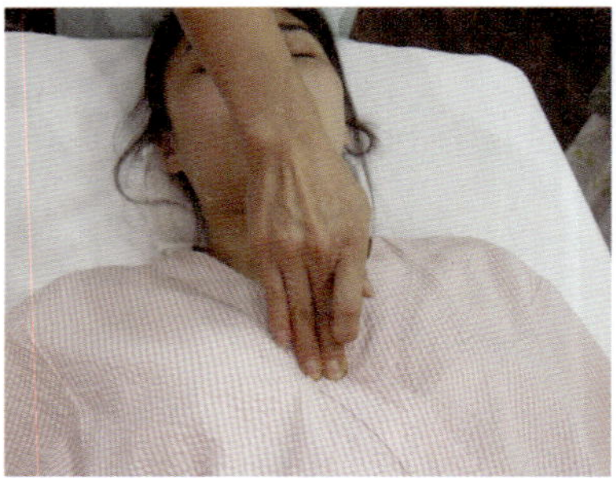
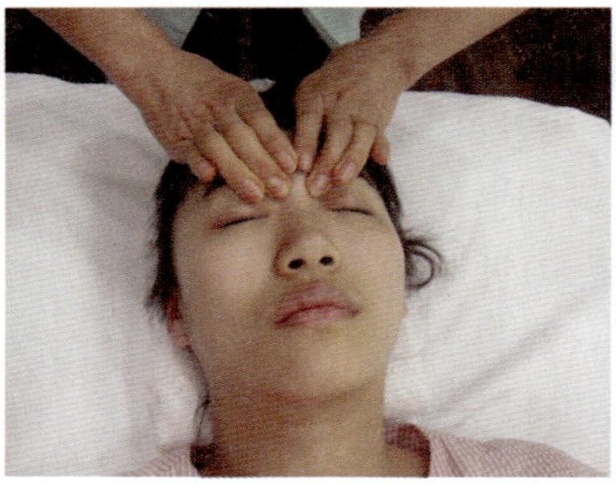
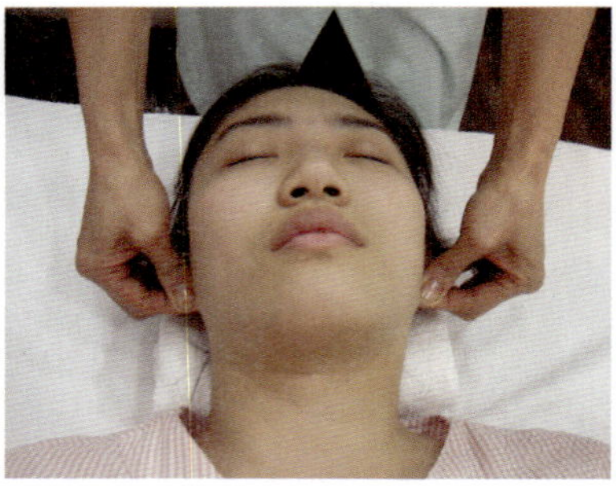

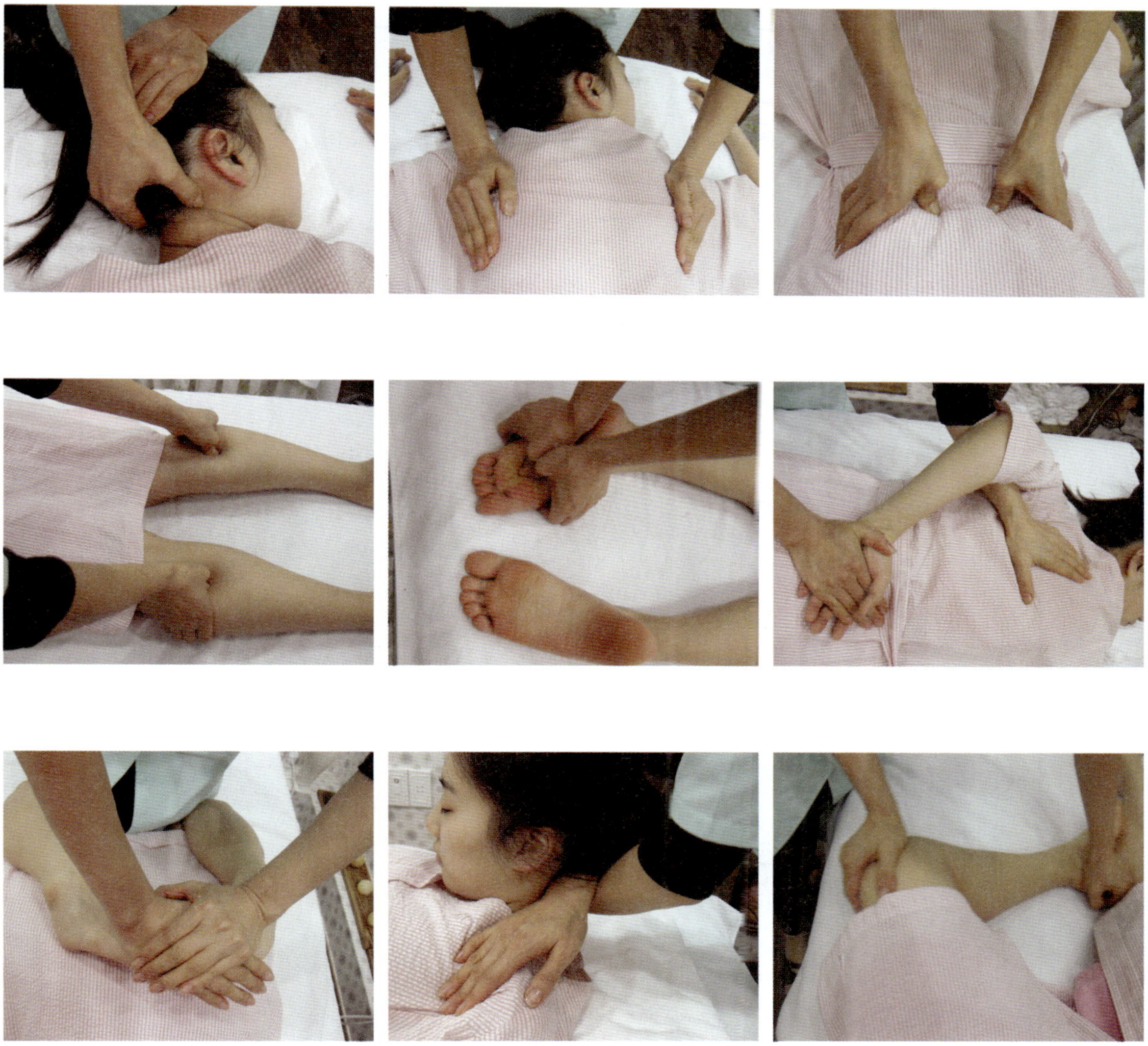

Body Touch Massage

TIP~~ 전신 터치 순서와 위치 익히기

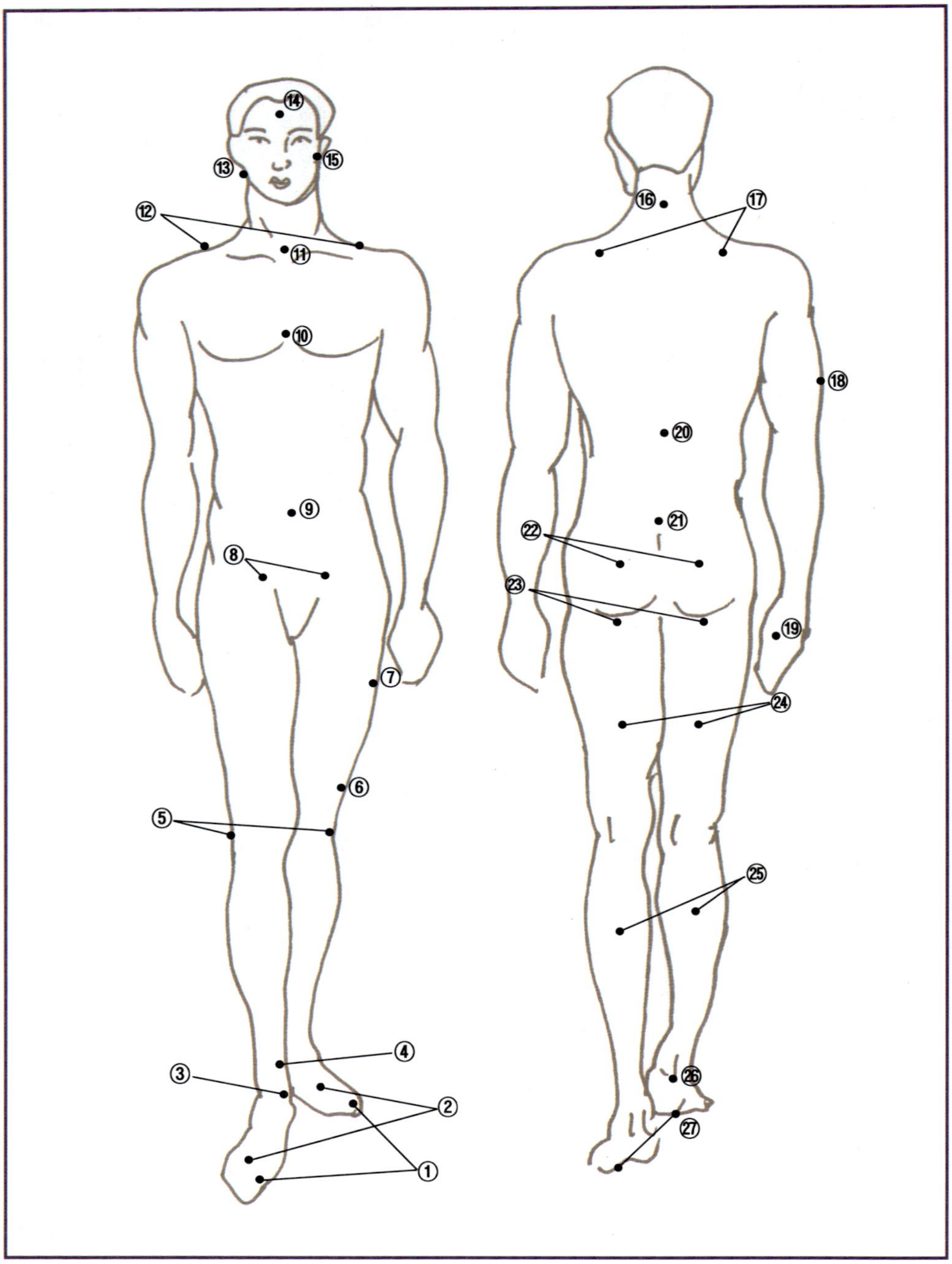

① 발가락(3.1.4.2.5/1.2.3.4.5)
② 태충
③ 태종(바깥금문)
④ 삼음교
⑤ 족삼리
⑥ 양능천(위중)
⑦ 풍시
⑧ 서혜부(급맥)
⑨ 관원
⑩ 전중
⑪ 천돌
⑫ 견록, 견우
⑬ 목뒤(풍지, 아문, 완골, 풍부, 천주)
⑭ 얼굴(찬죽, 정명, 영양, 상악, 승장, 염천)
⑮ 귀(각손, 노식, 계명, 예풍, 이문)
⑯ 목(경추, 대추혈)
⑰ 어깨(견중유, 견외유)
⑱ 팔(곡지, 수삼리)
⑲ 합곡
⑳ 중추(지양, 외유)
㉑ 신유(상료)
㉒ 포황
㉓ 승부
㉔ 은문
㉕ 위중
㉖ 곤륜
㉗ 용천

3.1.4 Eco-Mom 허브 스케일링

1) 브러싱

① 고객의 머리끝 엉킴이 없는지 확인하고 엉킴이 있을시 헤어 오일을 가볍게 발라 정돈 한다.
② 손가락들을 두피에 밀착 시킨 후 ear point를 시작으로 두상 옆면을 S자를 그리며 백회(정수리)까지 훑어준다. 좌 · 우 따로 3회씩 실시 한다.
③ 페이스쪽 헵라인부터 손가락 (2.3.4번)들을 두피에 밀착시켜 지그재그로 문지르며 백회부위까지 끌어올린다. 두상의 헵라인에 따라 진행한다.
④ 양손으로 두상을 넓게 감싸 쥐고 살짝 쥐어 짜듯이 아래부터 위로 누른다.
⑤ Wood 브러쉬로 이마쪽에서 백회로, 측두부에서 백회로, 목덜미부위에서 백회쪽으로 빗어 올린다. 처음엔 약하고 가볍게 빗고, 두 번째는 살짝 힘을 실어 빗어 올린다.
⑥ 손목의 스넵을 이용하여 두상을 가볍게 두드려준다.
⑦ 동작을 크게 하여 시원하게 빗어 내려 마무리한다.

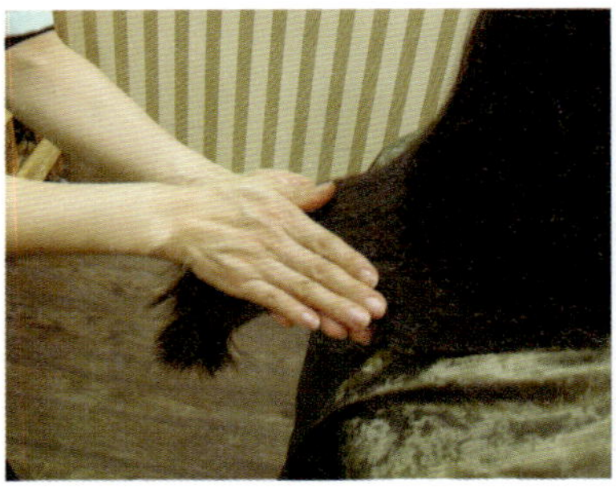
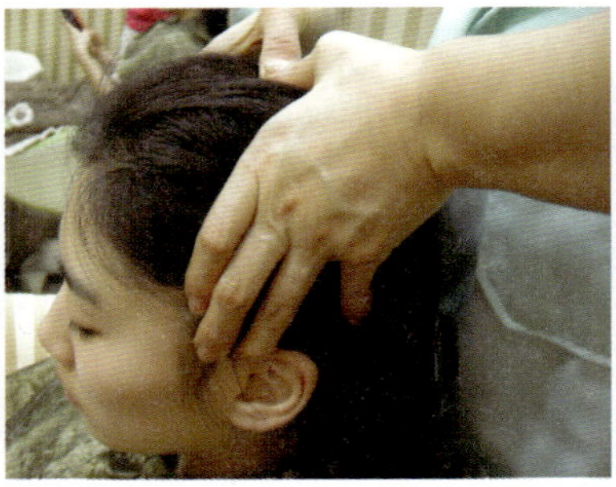
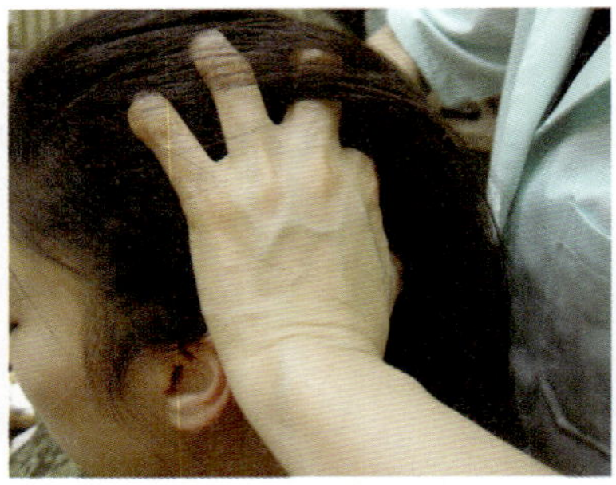
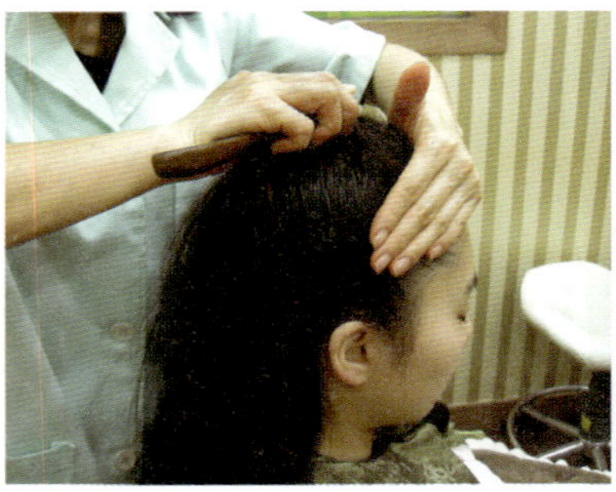

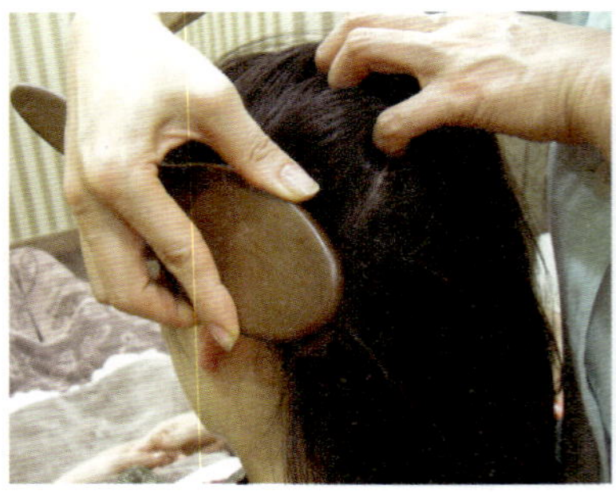

TIP~~ 두피브러싱 효과와 방법

- 경락 경로를 자극하기 쉬운 장점이 있으나 포인트에 대한 섬세한 적용이 어렵다
- 두피와 두개골사이에 쿠션감을 주어 효과적으로 산소와 영양분이 공급 될 수있도록 돕는다.
- 준비단계로 백회 주위부터 시작하여 통증 부위로 옮겨가며 두드린다.
- 브러쉬는 정전기발생을 주의하여 천연 재료를 선택한다.
- Oneway brusing : 한방향으로 모두 쓸어 백회혈로 브러싱하는 형태.
- Twoway brusing : 양 방향에서 백회혈로 브러싱 하는 형태 (긴 머리 용이함)

2) Air Spray 스켈링

① Air 건에 EM 허브 발효 스켈링제를 따른다.
② 1cm 정도 간격으로 모발을 슬라이스 한 후 에어건을 두피에 45도 정도로 세워 두피에 약간 띄워 분사한다.
③ 분사는 speed 있게 하고 귓가에 분사할 경우 소리에 유의하여 거리 조절에 신경 쓴다.
④ 긴 머리인 경우 가볍게 틀어 올려 핀셋으로 고정 한다.

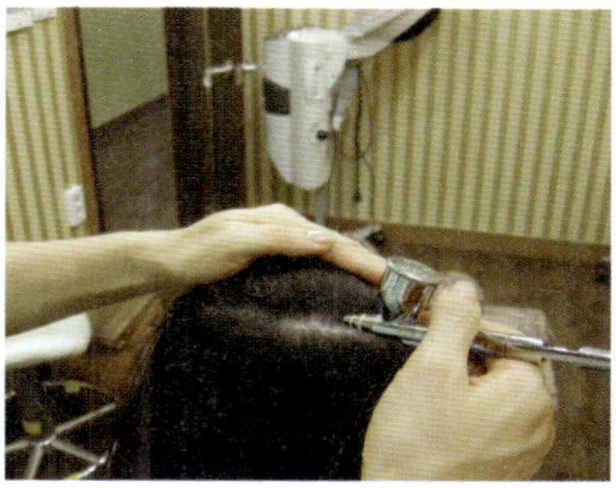

TIP~~ 두피스케일링 순서 및 주의사항

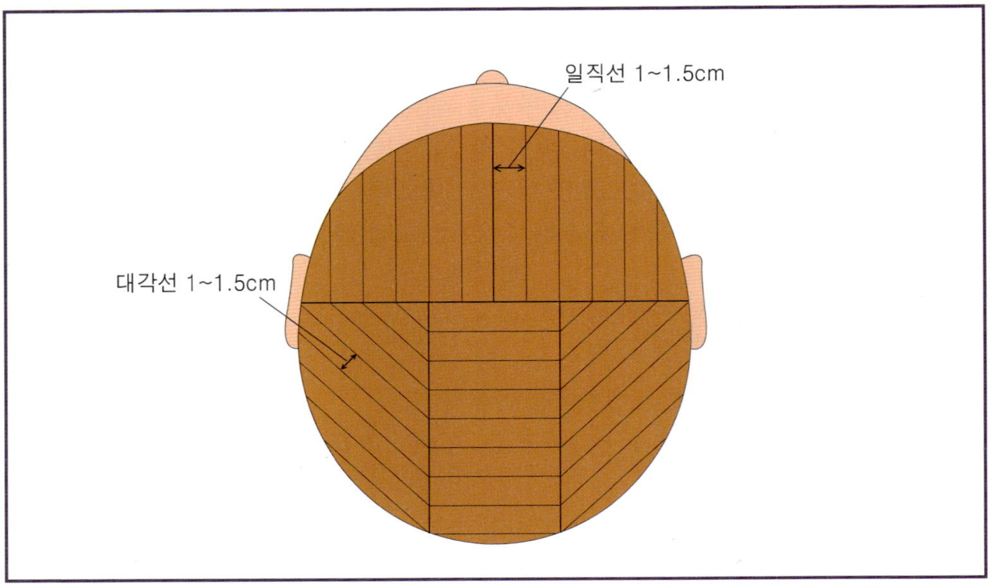

1. 스케일링 들어가기전 두피, 모발의 이상 유 · 무를 점검하고 악세서리 등은 제거한다.
2. 스케일링하기 용이하게 모발이 향하는 반대방향으로 부드럽게 빗질한다.
3. 두부를 그림과 같이 5등분으로 나눈다.
4. 전두부 좌 · 우, 정수리를 시작으로 후두부 중앙, 측두부 좌 · 우 순서로 1~1.5cm간격을 유지하여 스케일링 한다.
5. 나머지 헤어라인을 마지막으로 스케일링 한다.
6. 스케일링이 끝난후 헝클어진 모발을 가지런히 정리한다.

※ 정확한 섹션, 모발엉킴 주의, 스케일링액이 얼굴에 흐르는 것 주의, 고객안면으로 모발이 넘어가지 않도록 주의, 시술전 · 후 도구의 소독과 위생관리 주의

3) 두피 코튼바 스케일링

① 두상을 5등분 한다.

② EM 허브 발효 스켈링 액에 적신 코튼바를 엄지와 검지로 가볍게 주고 나머지 손가락으로 스틱을 지탱한 후 두피를 문지른다. 두상의 측면부터 시작하고 모발은 1cm 간격으로 슬라이스 한다. 이때 페이스쪽에서 정수리쪽으로 진행해야 얼굴 흐름을 방지할 수 있다.

③ 후두부는 살짝 사선으로 슬라이스를 뜨면 편리하다.

④ 두상을 꼼꼼히 마쳤으면 헵라인 전체를 코튼바로 다시 한 번 닦아준다.

⑤ 긴 머리인 경우 가볍게 틀어 올려 핀셋으로 고정한다.

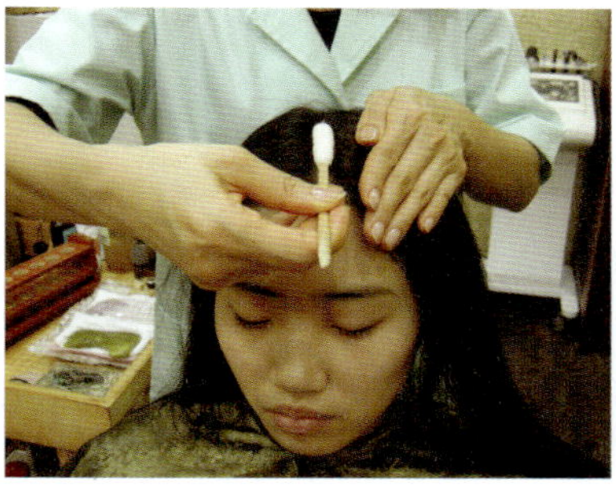
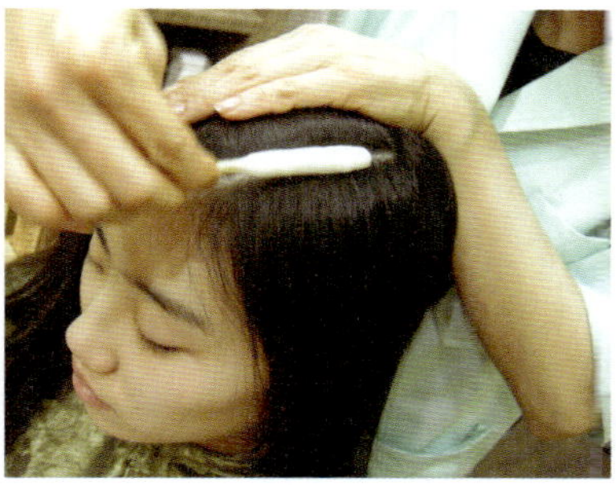
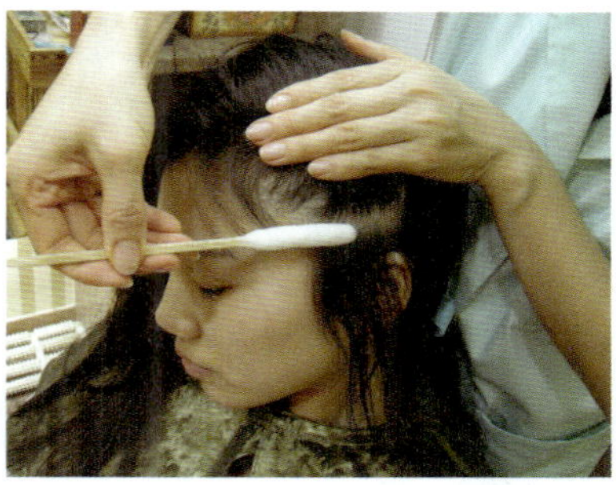

4) 미스트기

① 헤어밴드의 접합 부위가 앞 이마에 모발을 피해서 잘 부착되도록 한다.
② 고객이 편안하게 의자를 잘 조절한다.
③ 미스트기의 목 받침대가 헤어밴드 부분에 닿도록 하고 고객이 원하는 높이에서 각도를 고정한다.
④ 안쪽의 천 후드를 머리둘레에 맞춰 잘 고정한다. 이때, 바깥으로 나오는 모발이 없도록 유의한다.
⑤ 미스트 분사구가 막히지 않게 모발을 잘 정리한 후 케이스를 닫는다.
⑥ 적정 시간과 온도, 미스트량을 조절한 후 start버튼을 누른다.
⑦ 마지막의 쿨링(cooling)기능에 대해 설명 드리고 미스트가 분사 됨을 확인한 후 고객이 쉴 수 있도록 배려한다.
⑧ 작동 시간이 끝나면 전원을 끄고 케이스를 연다.
⑨ 천 후드를 천천히 벗기고 미스트기를 빼낸다.
⑩ 뉘었던 의자를 세워 고객의 자세를 바로 잡는다.

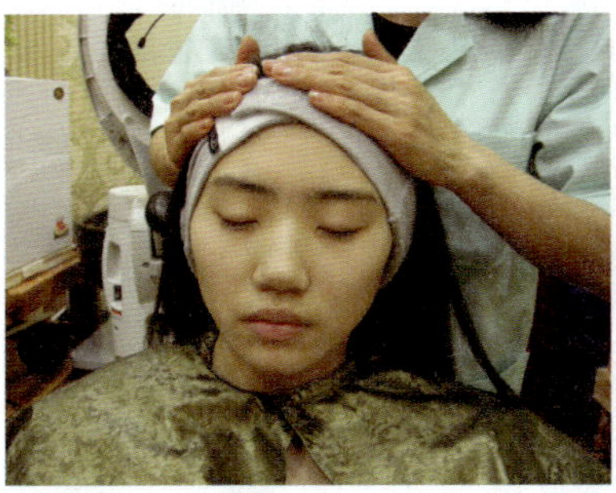

TIP~~ 미스트기 사용법 숙지

-컨트롤 판넬 (기기 조작 판 보기)-

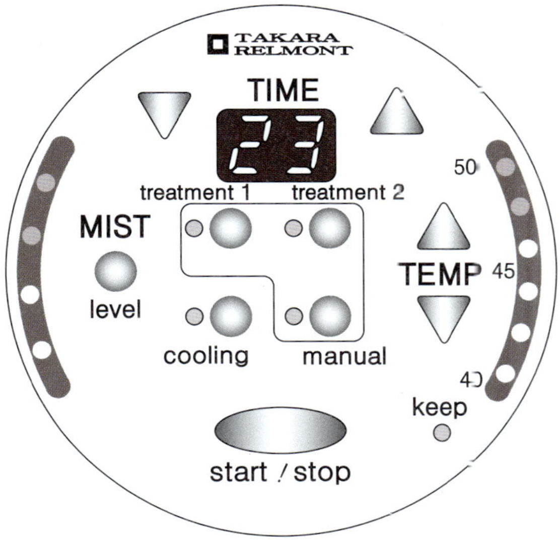

* Treatment 2단계를 작동시켜 10분에서 시작.
* TIME: 시간 설정버튼 Up 과 Down 모두 1회에 1분식 세팅.
* MIST level : 버튼을 사용하여 미스트의 양을 조절하며 미스트 레벨이 낮은 경우(1,2) 운전 개시 후 잠시 동안은 미스트가 눈으로 확인되지 않으나 실제로는 미스트를 포함한 바람 분사.
* Start, Stop버튼
* TEMP: tempture 온도조정버튼, 너무 높은 온도로 세팅 되지 않도록 주의관찰.
* Cooling버튼: 미스트 종료 후 약 2분간 차가운 바람이 분사 되며 고객이 놀라지 않도록 미리 고지하여 양해를 구함.

3.1.5 Eco-Mom Anti-Oxidation 좌식샴푸

① 샴푸에 EM 활성액과 물을 1 : 1의 비율로 넣은 후 고루 섞는다.
(샴푸 2회 펌핑 기준시 물 10mL + 활성액 10mL)
② 고객의 어깨에 수건을 두르고 다시 샴푸 케이프를 두른다.
③ 샴푸 희석액이 두피에 고루 묻도록 슬라이싱하고 흐르거나 튀지 않게 유의한다.
④ 샴푸 희석액이 두피에 고루 묻었으면 손을 이용하여 백회부터 둥글게 원을 그리며 문지른다.
⑤ Face line에서 시작해서 Top 부위까지 가볍게 손의 지문부위를 활용하여 지그재그로 문지른다.
⑥ 한 손으로 두상을 고정하고 다른 한 손으로 두상의 측면을 지그재그로 문지른다.
⑦ 충분한 거품을 유지하며 후두부를 양 손 엄지 손가락을 이용해 교차하며 문지른다.
⑧ 모류의 반대방향으로 진행하여 시원함을 더해준다.
⑨ 빠진 곳이 없도록 두상 전체를 고루 문지른다.
⑩ 가볍지만 고르게 두상을 지압 한다.
⑪ 고객을 샴푸대로 이동시켜 자리에 앉히고 목 뒷부분을 손으로 받히며 편안하게 뉘인다.
⑫ 발판 부분의 레버를 당겨 다리 받침대를 올려드린다.
⑬ 물의 온도를 손목 안쪽으로 확인하여 맞춘다.
⑭ 얼굴, 귀 등에 물이 흐르지 않도록 주의하며 모발을 헹군다.
⑮ 두피에 손가락이 닿도록 신경 써서 헹구고 페이스라인과 뒷목, 귀 주변도 신경 써서 헹군다.
⑯ 헹굼이 끝나면 워터펀치를 이용하여 수압으로 두피를 마사지 해주고 혹시 남아 있을 수 있는 샴푸 잔여물을 깨끗하게 제거한다.
⑰ 신정, 백회를 시작으로 햅라인을 따라 지그시 지압하고 귀 뒤로 손을 돌려 풍지, 아문 자리를 눌러 당기며 마무리 한다.
⑱ 수건으로 귀의 물기를 먼저 제거해주고 두피와 모발의 수분을 닦아낸다.
⑲ 수건으로 두상을 잘 감싼다.
⑳ 샴푸가 끝났음을 알리고 고객의 어깨를 받쳐 세워드린 후 다리 받침대를 내린다.
㉑ 뒷목과 어깨를 가볍게 풀어주고 등을 살살 두드려 불편함을 없앤다.
㉒ 자리로 안내한다.

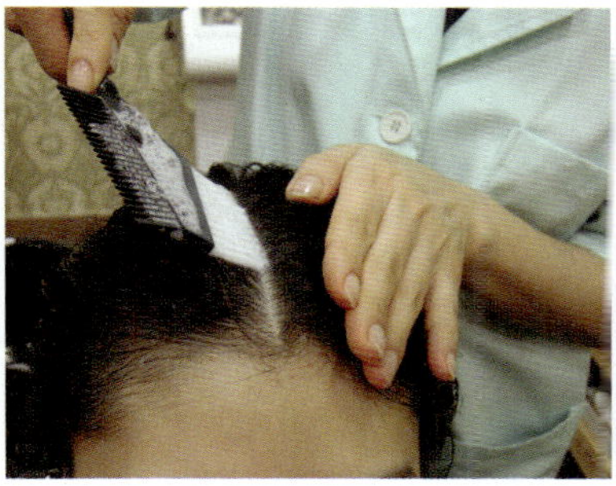

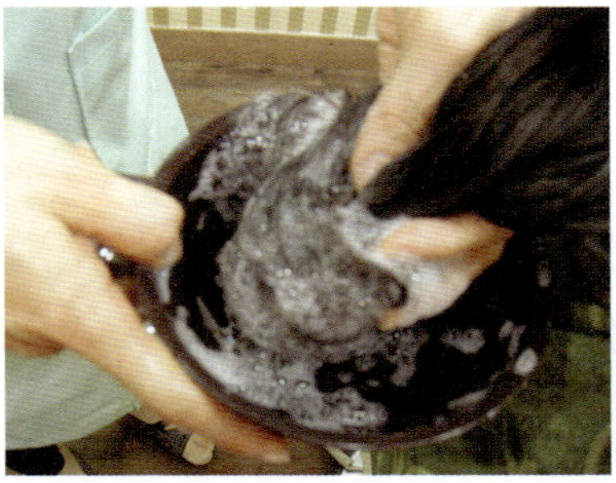

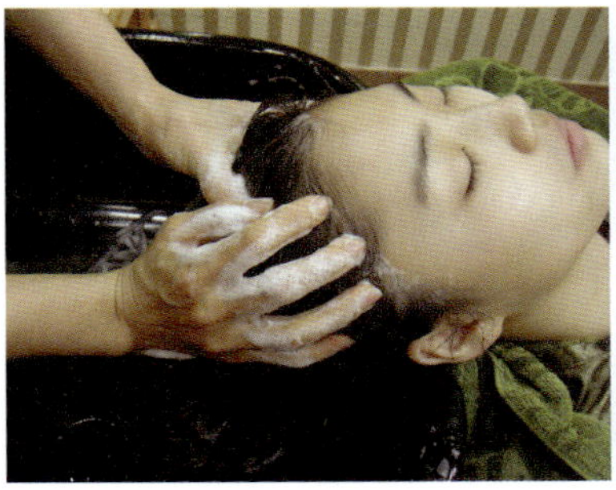
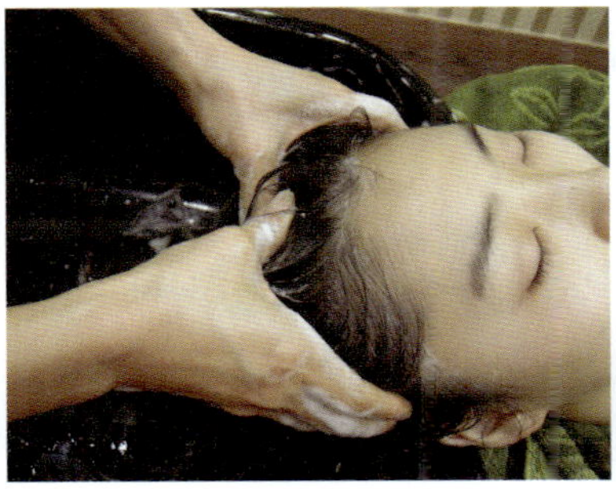
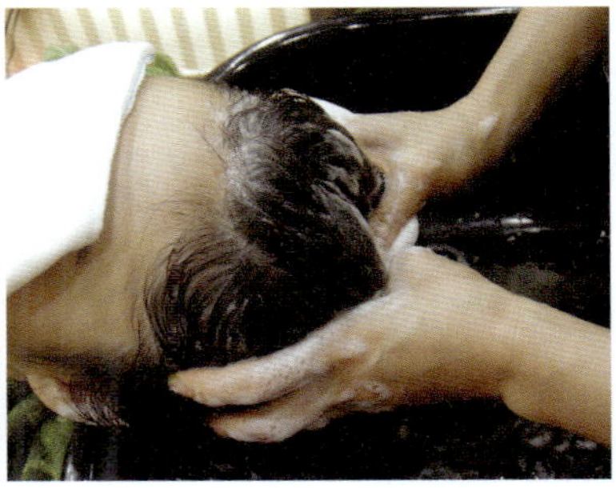

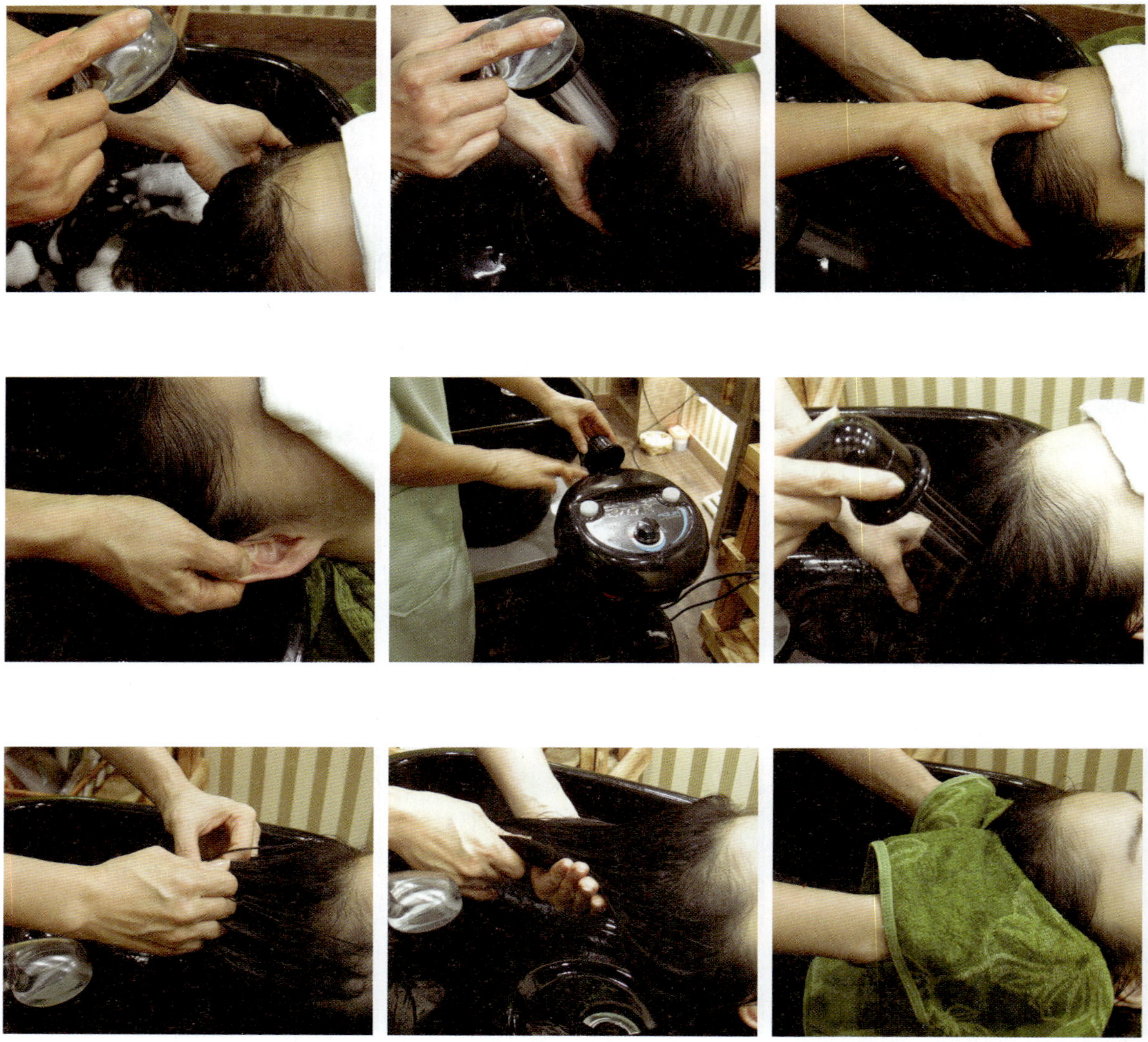

Shampoo

TIP~~ 아쿠아펀치 사용법 및 주의사항

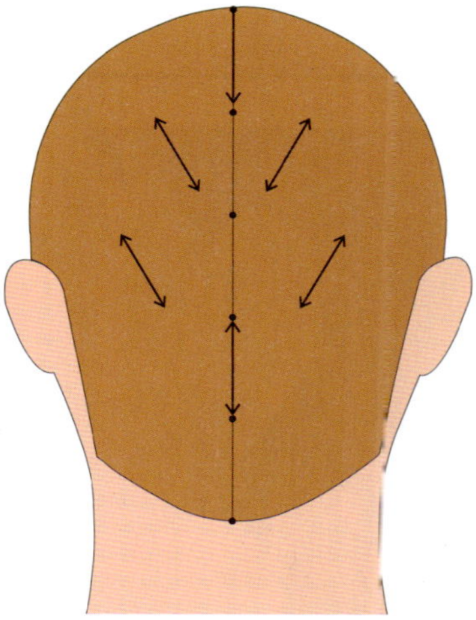

1. 사용 전 스위치를 확인하여 물 온도를 미리 조절한다.
2. 모발과 두피를 가볍게 샴푸한다.
3. 워터펀치 브러시를 두피에 밀착시킨 후 start 버튼을 클릭하고 강약조절 버튼을 사용하여 수압을 조절한다.

※ 수압마사지와 맥동자극효과로 두피에 남아있는 피지 잔여물과 오래된 각질제거를 해주며 두피트러블 예방과 관리, 육모기능 강화에 도움.

- 사용환경에 맞게 이동식 및 부착형을 적절히 활용.

TIP~~ 샴푸시 마무리와 귀마사지

* 귀에는 혈이 집중되어 귀 전체를 자극하여 줌으로 질병을 예방하고 모든 기능을 활성화 하는데 도움

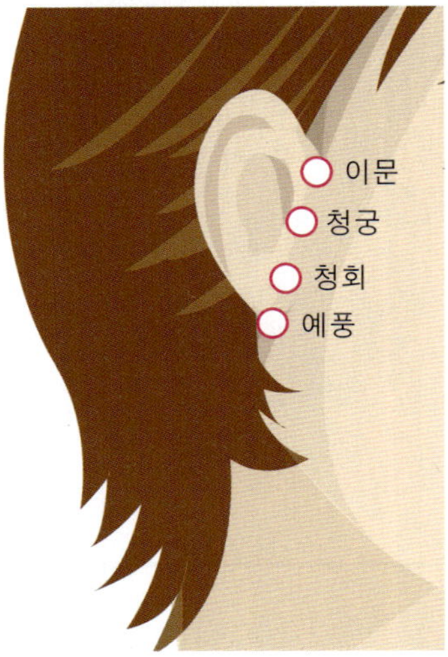

- 귀 잡고 당기기: 귀를 양 손으로 잡아 위 아래, 앞 뒤로 잡아 당긴다.
- 귀를 앞으로 지그시 눌러준다.
- 귀를 반으로 접는다(이 때 고통스러워하는 고객은 잘못된 자세에 의해 척추와 골반이 틀어진 상태). 너무 심한 자극을 주의하면서 귀를 전체적으로 눌러주며 경직된 부위를 풀어준다.

3.1.6 Eco-Mom Anti-Oxidation Growth Tonic

① 타올 드라이 한 후 고객의 두피에 growth tonic을 뿌려준다.
② 온열 처리된 수정을 뒷목 대추혈에 10초 정도 대고 있는다.
③ 귀의 앞 부위를 위, 아래로 훑어준다.
④ 수정의 곡선을 이용하여 턱선을 끌어 올리듯 당겨준다.
⑤ 수정을 두상에서 떨어지지 않게 동작을 연결하여 귀 뒤로 넘겨 목선의 림프를 따라 적당한 압으로 눌러주며 내려주고 반대쪽도 동일하게 진행한다.
⑥ 뒷목 중앙 아문부터 오른쪽 헤어라인을 지그시 누르며 신정까지 진행한다.
⑦ 뒷목 중앙 아문부터 왼쪽 헤어라인을 지그시 누르며 신정까지 진행한다. 오른쪽부터 시작하여 왼쪽으로 3회씩 진행한다.
⑧ 아문부터 시작해 두상의 정중앙선을 따라 백회까지 올라간다.
⑨ 신정에서 백회까지 정중선을 눌러준다. 3회씩 반복하여 진행한다.
⑩ 두상의 측면 귀부터 백회까지 눌러준다.
⑪ 두상의 나머지 부분을 세심하게 나누어 눌러준다.
⑫ 수정을 가로로 뉘어 정중앙선을 따라 가볍게 지그재그로 진동을 주며 백회로 올라간다.
⑬ 두상의 다른 라인도 동일한 방법으로 눌러준다.
⑭ 수정을 세로로 세워 다시 한번 진동을 전달한다.
⑮ 좌,우 귀 주변을 지그시 누르며 뒷목으로 이동시켜 천주, 풍부, 아문부위를 지긋이 눌러준다. 오른쪽부터 시작하여 왼쪽을 3회씩 진행한다.수정을 백회에 잠시 대고 기(氣)를 정리한 후 동작을 마무리 한다.

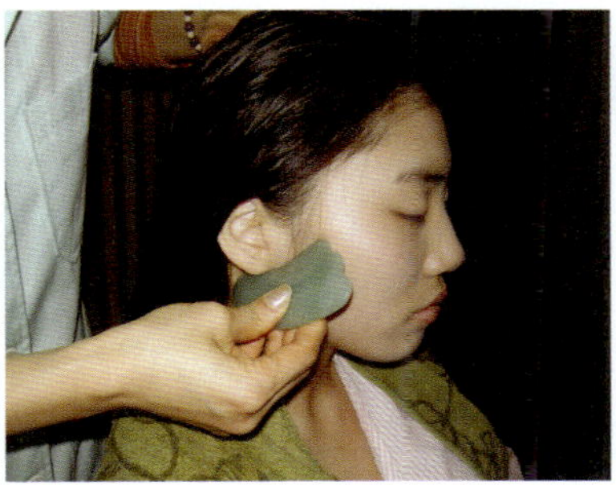
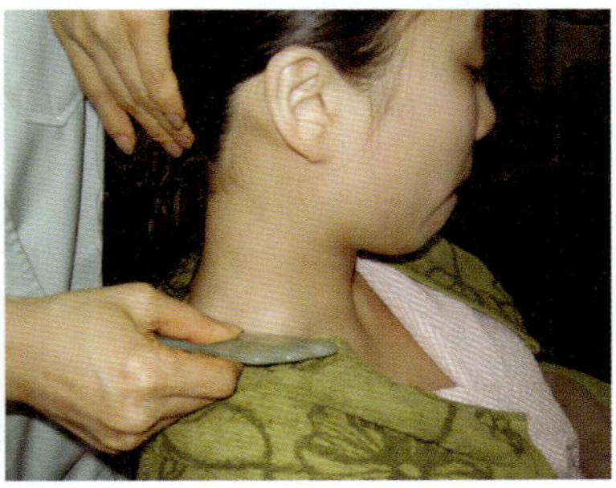

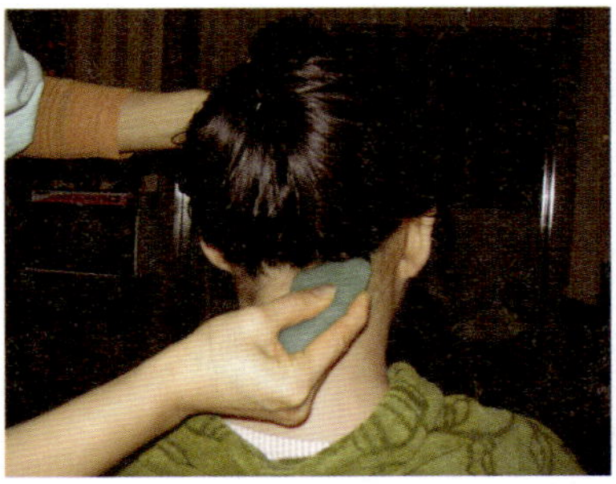
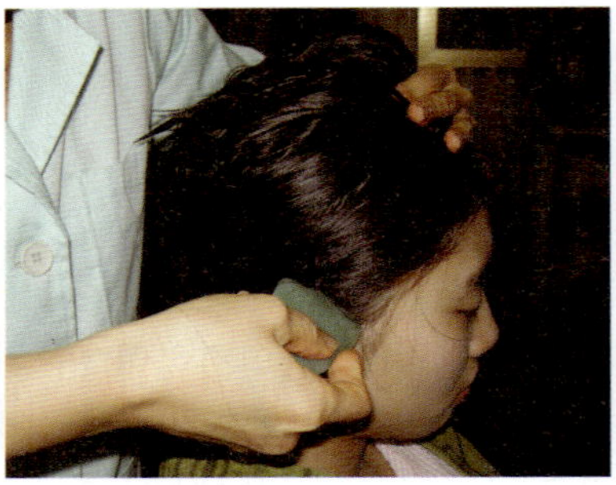
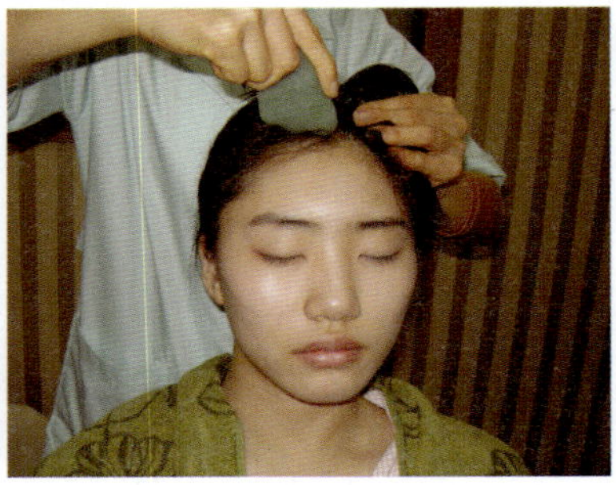

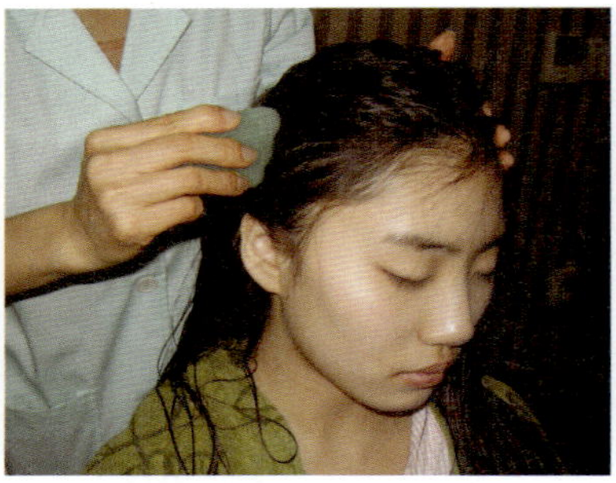
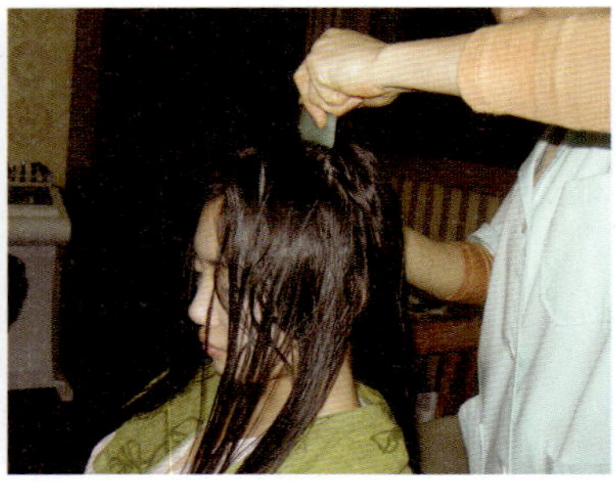

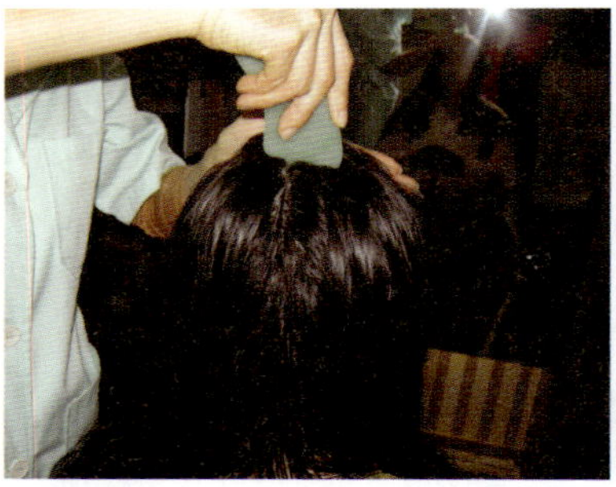
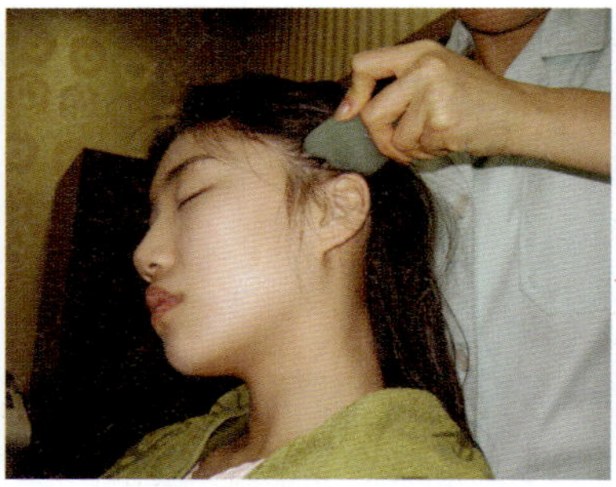
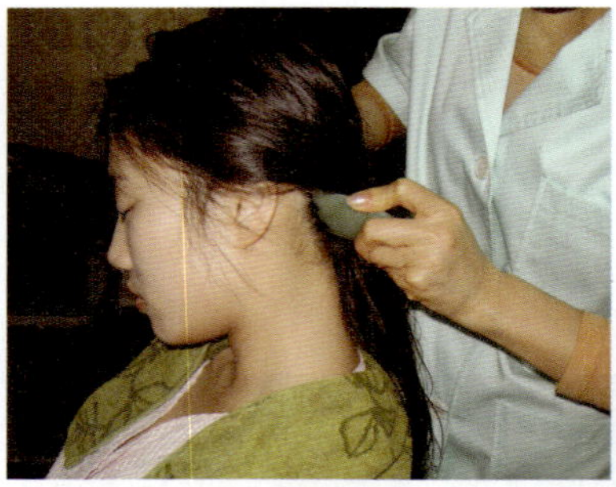

Eco-Mom Anti-Oxidation Growth Tonic

TIP~~ 보석 정화법

• 사용한 사람의 독소를 제거하고 천연기운의 회복과 유지를 위해 사용한 보석은 반드시 정화과정을 거친다.

- 흐르는 물로 맑게 헹군 후(20초정도) 자연 건조
- 향기로 훈증해주기
- 아침해나 달빛에 정화하기
- 천연 소금속에 묻어 두기
- 수정 클러스터 (원석)에 올려놓기
- 수정 6각 기둥 활용하기

3.3.7 Eco-Mom Day care

전문 관리실에서의 관리도 중요하나 올바른 홈케어와 식습관도 중요하다. 특히 우리 몸은 항상 몸의 균형된 상태인 생체 항상성을 유지하려 하며, 항상성을 유지하기 위해 여러 가지 영양소를 필요로 한다. 모발은 신체의 부속물이므로 건강한 모발을 생성하고 유지하기 위해서는 모발이 생겨나는 두피가 건강해야 한다. 건강한 두피를 유지하기 위해 두피와 모발에 필요한 여러가지 양양소들을 골고루 공급해 줘야 하기 때문에 올바른 식습관 및 건강유지에 필요한 가벼운 운동관리 등의 안내가 중요하다.

1) 두피건강에 이로운 음식과 해로운 음식

*** 두피건강에 이로운 음식 ***

(1) 하루 2.5리터의 물

- 물이 필요량보다 적게 섭취될 경우 두피가 얇아져 혈액순환이 저하되고 두피 건강이 나빠지면서 탈모가 심해진다.
- 물을 적게 마시는 사람은 지성과 건성두피로 비듬이 많이 생기게 된다.

(2) 녹차

- 녹차에는 비타민A 와 C가 많아 피부, 두피, 모발을 건강하게 해준다. 또한 녹차의 카페인은 중추신경의 작용을 활발하게 하고 정신기능을 증진시켜 사고력을 향상 시키고 피로를 풀어 준다.

(3) 두피의 말초 미세혈관을 열어주어 각종 영양분을 공급하는 식품

- 각종 잡곡류와 녹색 · 황색 채소, 현미 등

(4) 두발의 성장촉진에 좋은 식품

- 조개류, 육류, 생선류, 마늘, 양파, 고추, 계란, 시금치, 과일종류 등

(5) 두발의 성장을 촉진하고 두피의 각질을 줄여주는 식품

- 시금치, 당근. 호박, 토마토. 계란, 우유, 각종 잡곡류와 육류 등

* 두피건강에 해로운 음식 *

(1) 가열한 기름에 튀긴 음식

- 혈중 과산화지질을 증가시키고, 인체를 산화시킨다.
- 튀김 요리, 치킨 등

(2) 과도한 지방과 탄수화물의 섭취

- 동물성 단백질 식품을 많이 섭취하면 동물성 지방이나 탄수화물의 섭취량도 따라서 증가된다는 것이다. 이는 무엇보다 비만과 성인병의 급증과 밀접한 관계가 있기 때문이다

(3) 커피, 담배

- 커피 등에 많이 들어 있는 카페인이 혈압을 올리고 스트레스를 촉진하는 요인으로 작용하며 혈액부족을 유발시키기 쉽다. 흡연은 비타민의 부족현상을 불러일으키며 탈모를 가속시킬 수 있다. 또한 과도한 흡연은 체온을 떨어뜨려 모발에 나쁜 영향을 주기도 한다. 그러므로 담배의 니코틴은 혈액순환을 방해하고 폐의 기능을 저하시켜 두피 건강에 백해무익 하다.

(4) 고소한 음식

- 남성호르몬을 미량 함유하고 있는 밀눈, 땅콩, 효모 등을 많이 섭취하면 모발 건강에 좋지 않다. 일반적으로 고소한 음식은 남성호르몬과 유사한 작용을 하는 물질을 함유하고 있기 때문에 탈모로 고민하는 분들은 이러한 음식은 피하는게 좋다.

2) 탈모를 늦추고 싶다면 생활습관을 바꿔라.

– 탈모 예방 식생활 3원칙

규칙적인 식생활 습관, 영양 밸런스 유지

몸에 좋은 것은 머리에도 좋다. 1일 3식, 정해진 시간에 균형 잡힌 식사를 하자.

두피 및 모발건강을 저해하는 식습관 버리기

기름진 음식들은 혈액을 걸쭉하게 만들어서 두피의 혈행을 나쁘게 한다. 육류 등은 가능한 줄이도록 하자.

과음이나 흡연은 머리에 악영향

음주 그 자체는 머리에는 영향이 없지만, 과음은 몸의 기능을 저하시킨다. 또 담배도 혈행을 나쁘게 하기 때문에 피한다.

– 생활 습관 개선

아침 샴푸는 머리에 필요한 유분까지 씻어내 버린다.

아침 샴푸로 머리를 보호하는 유분이 씻겨진 채로 외출을 하면, 자외선에 의해 두피 손상을 받기 쉽다. 가급적 저녁에 샴푸하는 것이 좋다.

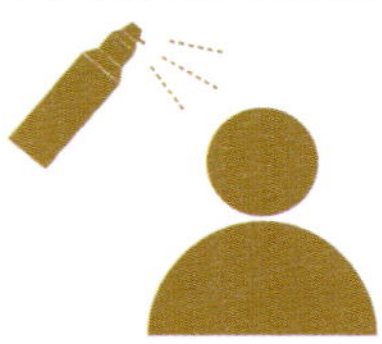

염색은 머리카락과 두피를 상처 입힌다.

몇 번이나 반복되는 염색은 머리카락과 두피를 손상시키기 때문에 탈모로 이어진다. 염색을 했을 때는 더욱 신경 써서 트리트먼트를 한다.

지나친 고민은 탈모를 촉진한다.

지나치게 스트레스가 쌓이면 근육이 수축하고, 혈행 불량이 되어 탈모가 진행되니 주의한다. 마음에 여유를 갖고 가급적 스트레스를 받지 않도록 하자.

육류 중심인 식사는 탈모의 원인이 된다.

육류 중심의 식생활을 계속하면 혈행이 나쁘게 되고, 두피에 피지가 쉽게 쌓이기 때문에 탈모의 원인이 된다.

운동 부족은 머리카락에 악영향을 준다.

운동이 부족하면 혈액의 산소량이 줄어 머리로 영양 공급이 잘되지 않게 된다. 적당한 운동은 필수임을 명심하자.

담배는 혈행 불량을 초래하기 때문에 삼가자.

담배를 피면 혈관이 수축하고, 머리에 산소를 공급하고 있는 혈액의 흐름이 나빠져 탈모의 원인이 된다. 건강에도 좋지 않으니 담배는 삼가자.

밤에 자고 있는 사이에 머리카락은 성장한다.

머리카락도 세포 재생이 활발한 밤 10시부터 새벽 2시 사이에 성장한다. 가급적 이 시간에는 깨어 있지 말고 숙면을 청하도록 한다.

자외선은 머리카락이 뚝뚝 끊어지거나 탈모의 원인이 된다.

자외선을 받으면 머리의 큐티클과 두피에 손상을 주기 때문에 탈모를 일으키는 경우도 있다. 직사광선을 피하도록 하자.

3) 탈모예방을 위한 목 스트레칭 익히기

* 목 돌리기
목을 좌우로 천천히 돌려준다.

* 림프 열어주기
좌우로 목을 당겨 림프 열어준다.

* 목 숙이고 젖히기
앞으로 목을 충분히 숙여 준 다음 뒤로 젖혀준다.

* 목 버티기
손동작과 반대로 힘을 주어 목을 버텨 준다.

* 직각 돌리기
몸통은 정면위치에서 목만 좌우 직각으로 돌려준다.

* 머리 두드려주기
손가락에 힘을 주고 머리를 골고루 두드린다. 가볍게 쳐주면서 부드럽게 마무리한다.

* 머리 쓸어주기
손가락을 세워 머리를 빗질 하듯이 뒤로 쓸어 넘긴다.

* 두피 지압하기
손가락으로 두피를 잡았다 놓았다 하면서 자극을 준다. 이 동작을 두피 전체에 반복한다.

3.2 Total body care

3.2.1 Face care(데콜테포함)

1) Eco-Mom Pre-Stretching(얼굴관리 전 스트레칭)

- 엄지를 이용하여 독맥, 방광경, 담경라인을 부드럽게 지압해준다.
- 목 후면 부위를 엄지와 네 손가락을 이용하여 반죽하듯이 부드럽게 주물러 준 다음 후발제 부위를 부드럽게 지압해준다.
- 고개를 옆으로 돌린 다음 한손으로 귀 부위를 잡아주고 다른 한손으로 어깨를 밀어주어 목과 어깨근육을 이완시켜준다(반대편도 같은 방법으로 실시한다).
- 귀 부위를 엄지와 네 손가락을 이용하여 귓불, 귓바퀴를 문지르기 한다.

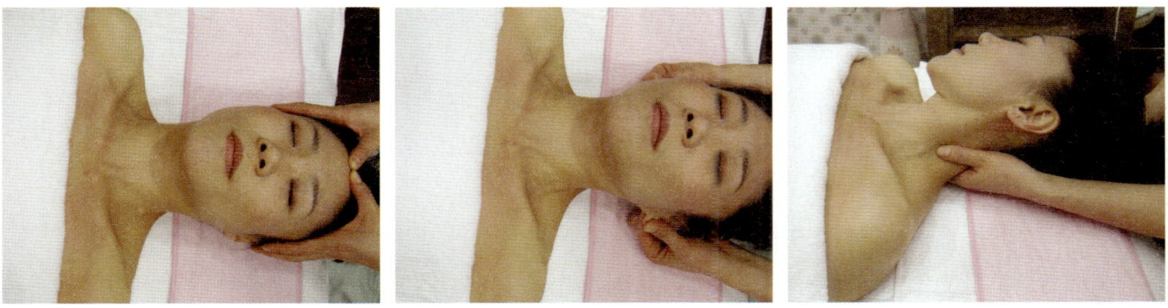

2) Facial Cleansing(안면 클렌징)

- **포인트 메이크업 클렌징(Point make-up cleansing)**

화장솜에 아이메이크업 리무버를 묻힌 다음 눈과 입술위에 올려놓는다.
섀도우-눈썹-아이라인-마스카라-입술 순으로 지운다.

- **클렌징(Cleansing) 기본순서**

① 도포동작

손바닥에 클렌징제를 덜어 비벼준 다음 양손으로 턱을 쓰다듬고 턱에서 관자놀이, 코, 이마를 문지르기 하면서 내려간 후 목에서 앞가슴까지 펴 바른다.

② 앞가슴 쓰다듬기

양손바닥을 이용하여 앞가슴을 쓰다듬는다.

③ 앞가슴 문지르기

양손바닥을 이용하여 가슴중앙에서 시작하여 액와 부위까지 문지르기를 한다.

④ 목 쓰다듬기

목을 아래에서 위로 쓸어 올린다.

⑤ 턱 쓰다듬기

양손을 하악각에 고정시킨 후 좌우 교대로 턱 쓰다듬기를 한다.

⑥ 세 부위로 나누어 문지르기

양 볼을 네 손가락을 이용하여 승장에서 하악각, 지창에서 귀중앙, 영향에서 관자놀이까지 문지르기 한다.

⑦ 입술주위 원 그리기

네 손가락은 턱 밑에 고정시키고 양 엄지로 입술 주위를 쓰다듬는다.

⑧ 코 문지르기

양손 중지로 콧등, 콧망울, 코벽을 문지르기 한다.

⑨ 이마 문지르기

네 손가락을 이용하여 이마중앙에서 시작하여 관자놀이까지 2등분으로 나누어 문지르기를 한다.

- **티슈로 얼굴 닦기 → 앞가슴 닦기**
- **해면(Sponge)**

- 양손으로 코벽 타고 와서 눈 전체를 관자놀이까지 닦는다.
- 다시 코벽 타고 와서 눈썹을 닦는다.

- 이마 정중앙을 왔다갔다 닦은 후 이마중앙에서 관자놀이까지 닦고 헤어라인을 다시 닦는다.
- (해면을 아래로 바꾼 뒤) 콧등과 코벽, 콧망울을 닦는다.
- 인중, 승장부위를 왔다 갔다 하면서 닦는다.
- (해면을 뒤집어서)승장에서 하악각, 지창에서 귀중앙, 영향에서 관자놀이까지 닦는다.
- (해면을 아래로 바꾼 뒤) 왔다 갔다 하면서 목, 앞가슴을 닦는다.
- 앞가슴에서 어깨를 감싸면서 목뒤까지 닦고 나오면서 귀 닦는다.

• **온습포사용하기**

- 온습포를 반으로 접고 팔 안쪽에 온도체크를 한 후 인중에 얹고 삼각모양으로 접는다.
- 눈, 이마, 볼, 입주위 등 지압점을 차례로 압을 해준다.
- 해면과 같은 방식으로 눈, 눈썹, 이마, 코벽, 콧망울, 인중, 볼, 목, 앞가슴, 귀 순으로 닦아낸다.

• **화장수 바르기**

- 이마, 눈, 코, 볼, 목, 앞가슴 순으로 닦아낸다.

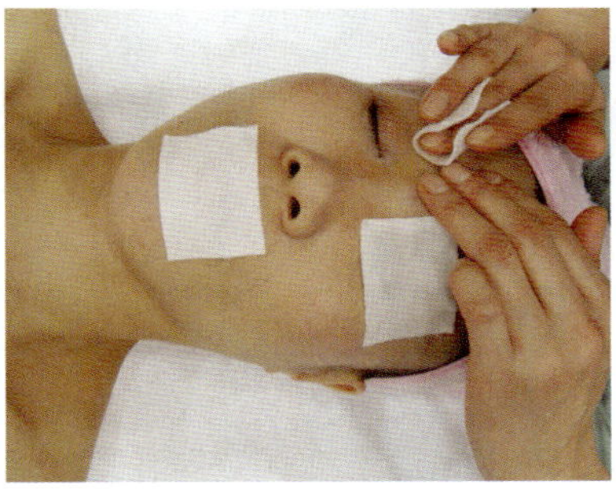
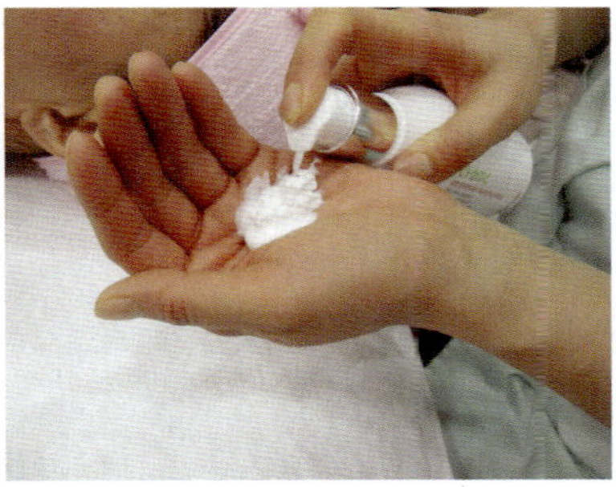
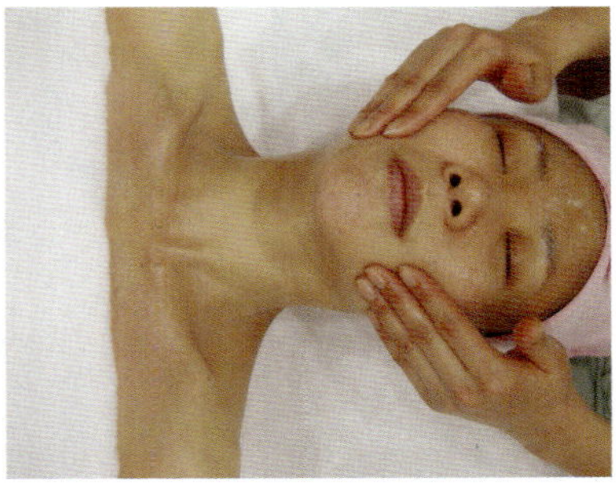
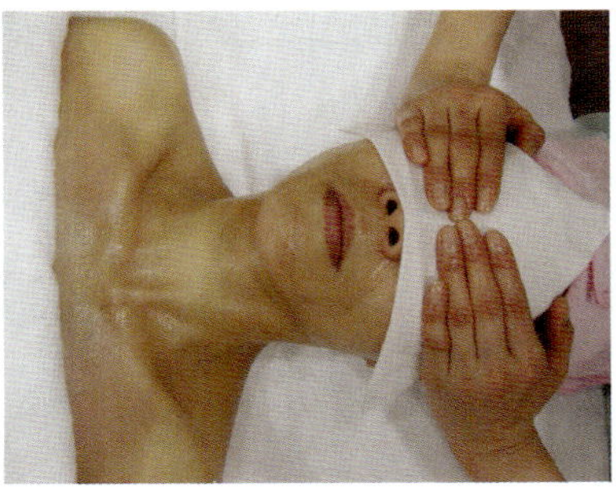
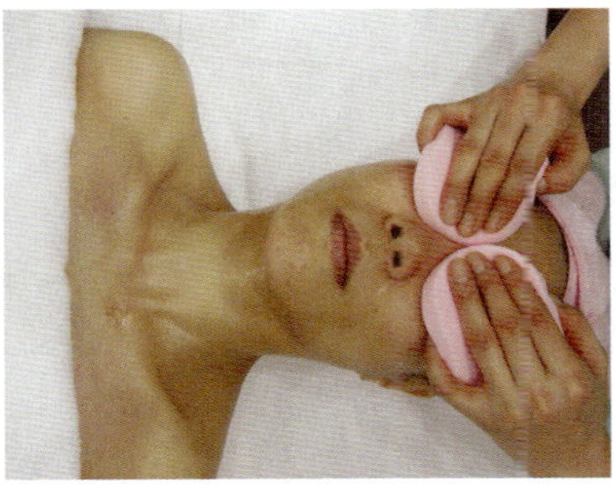
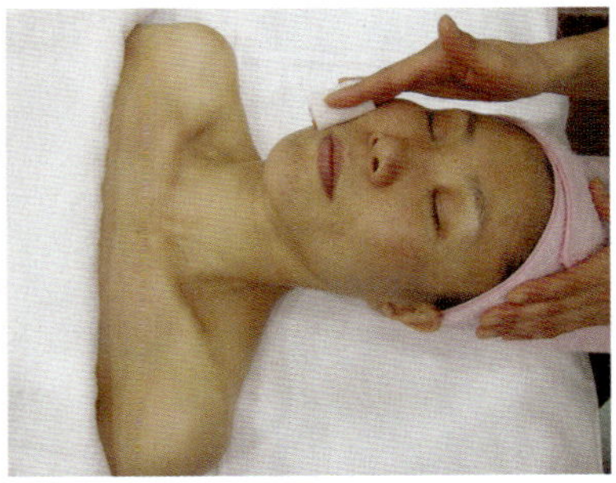

3) Deep Cleaning(곡물 스크럽)

① EM 곡물팩 도포하기(곡물 2 : 물 1 : 활성액 1)
② 거즈 올리기
③ EM 곡물팩 재 도포하기
④ 온습포 올리기
⑤ 온습포 제거하기
⑥ 거즈 제거하기
⑦ 곡물 스크럽 물로 러빙 해주기
⑧ 해면으로 곡물 닦아내기
⑨ 온습포로 닦아내기
⑩ 화장수 바르기

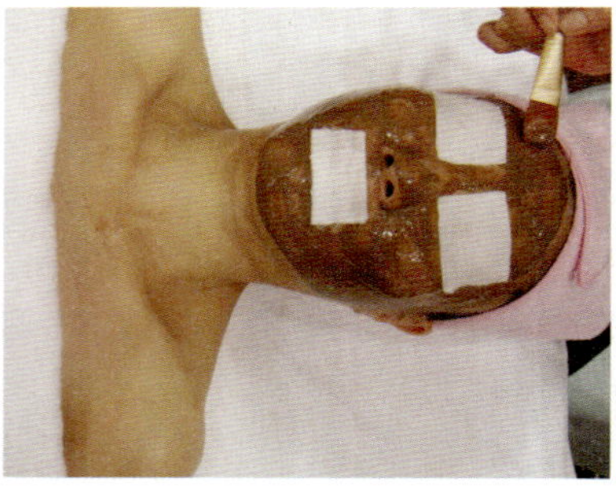
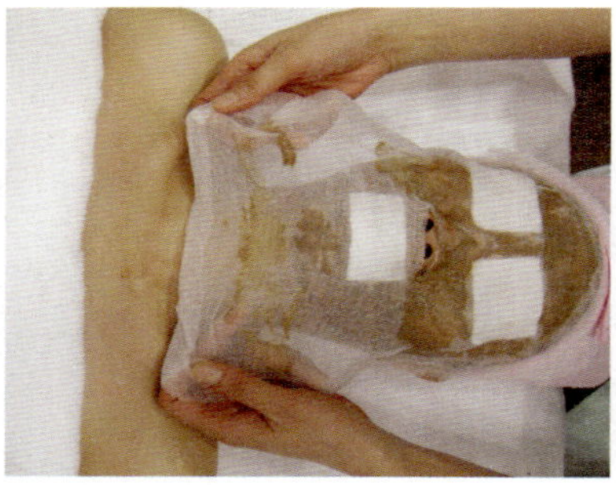

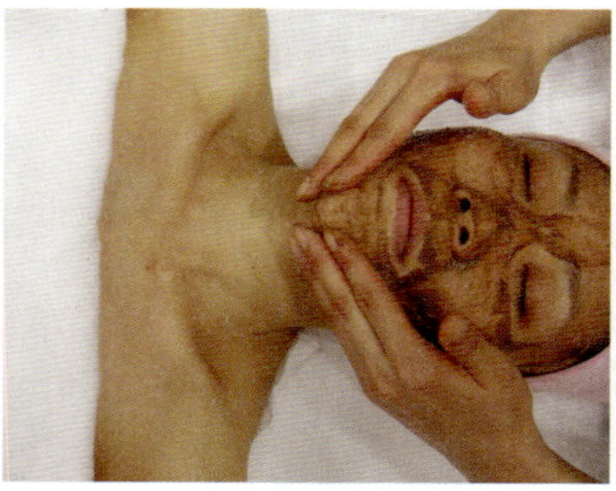
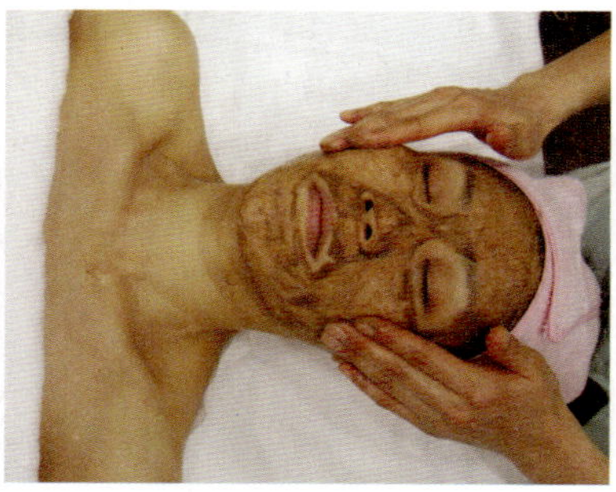
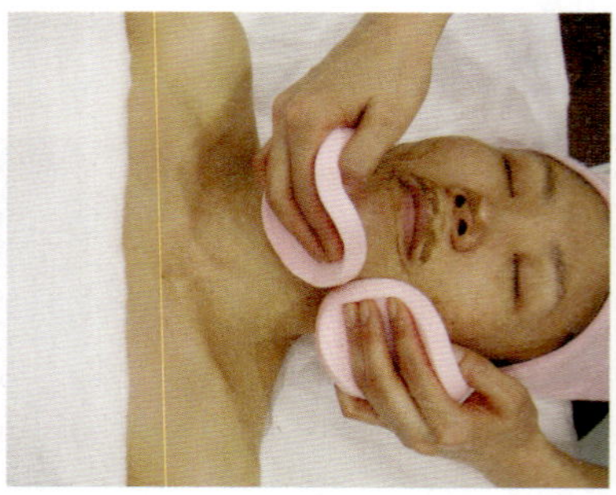

4) Eco-Mom Facial Massage(매뉴얼 마사지)

① 호호바오일도포

손에 오일을 적당량 덜어 문지른 후 얼굴과 목 전체에 펴바른다.

② 이마 쓰다듬기

양손을 관자놀이에 고정시킨 후 네 손가락으로 이마를 쓰다듬는다.

③ 이마 문지르기

네 손가락을 이용하여 이마중앙에서 시작하여 관자놀이까지 2등분으로 나누어 문지르기를 한다.

④ 눈 주위 원 그리기

중지로 눈 주위 원을 그린다.

⑤ 눈썹 집어주기

중지로 눈 밑을 돌아 눈썹머리에서 꼬리까지 엄지와 중지를 이용하여 집어준다.

⑥ 눈 밑 지압하기

엄지로 눈 밑을 쓰다듬어 준 후 눈 밑을 지압한다.

⑦ 눈 옆 8자 그리기

눈 꼬리 부위를 중지와 약지를 이용하여 8자를 그린다.

⑧ 코 문지르기

양손 중지로 콧등, 콧망울, 코벽을 문지르기 한다.

⑨ 입술주위 원 그리기

네 손가락은 턱 밑에 고정시키고 양 엄지로 입술 주위를 쓰다듬는다.

⑩ 턱과 입술 엇갈리기

턱 끝을 검지와 중지사이에 끼우고 양손 교대로 쓰다듬은 다음 입술을 검지와 중지사이에 끼우고 양손 교대로 쓰다듬는다.

⑪ 입술 옆 8자 그리기

입 꼬리 부위를 중지와 약지를 이용하여 8자를 그린다.

⑫ 턱 쓰다듬기

양손을 하악각에 고정하고 양손을 교대로 턱을 쓰다듬는다.

⑬ 세 부위 문지르기

양 볼을 네 손가락을 이용하여 승장에서 하악각, 지창에서 귀중앙, 영향에서 관자놀이까지 문지르기 한다.

⑭ 턱 문지르기

지과면으로 턱 중앙에서 시작하여 턱 부위를 문지르기 한다.

⑮ 턱 진동하기

양손 네 손가락을 이용하여 양 볼을 탄력 있게 진동하기를 한다.

⑯ 두드리기

네 손가락 끝을 이용하여 얼굴 전체를 부드럽게 두드리기를 한다.

⑰ 얼굴 전체 쓰다듬기

양 손바닥을 이용하여 승장에서 하악각, 지창에서 귀중앙, 영향에서 관자놀이까지 쓰다듬은 다음 중지로 코벽을 타고 이마로 올라와 네 손가락으로 이마를 쓰다듬고 하악각으로 부드럽게 내려온다.

⑱ 목 쓰다듬기

양 손바닥을 이용하여 목 전체를 좌우 번갈아가며 쓰다듬기 한 다음 목 쓸어 올려준다.

⑲ 목 측면 마찰하기

지과면을 이용하여 목 측면을 위아래로 마찰한 다음 목 후면을 마찰한다.

⑳ 어깨 감싸주며 네 손가락 끝을 이용하여 후발제 부위를 부드럽게 지압 해주며 잠시 멈춘 후 살짝 빼준다.

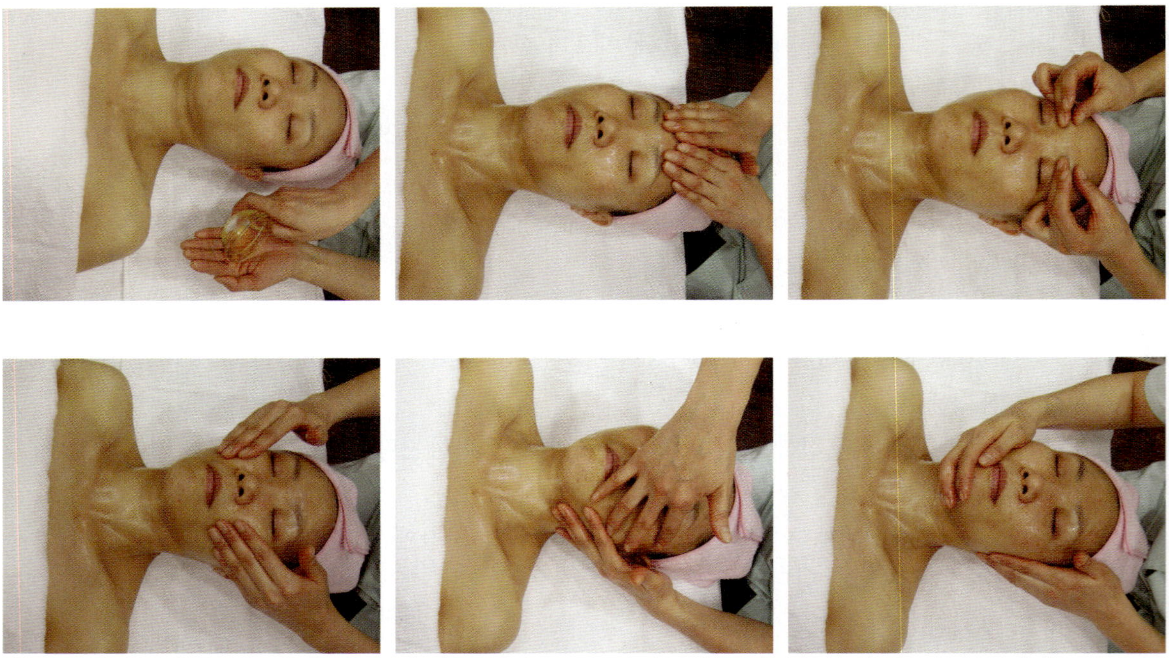

TIP~~ 메뉴얼 마사지

- 안면부위에 분포된 경혈을 자극함으로써 안색이나 얼굴의 균형을 조화롭게 만들어 줌.

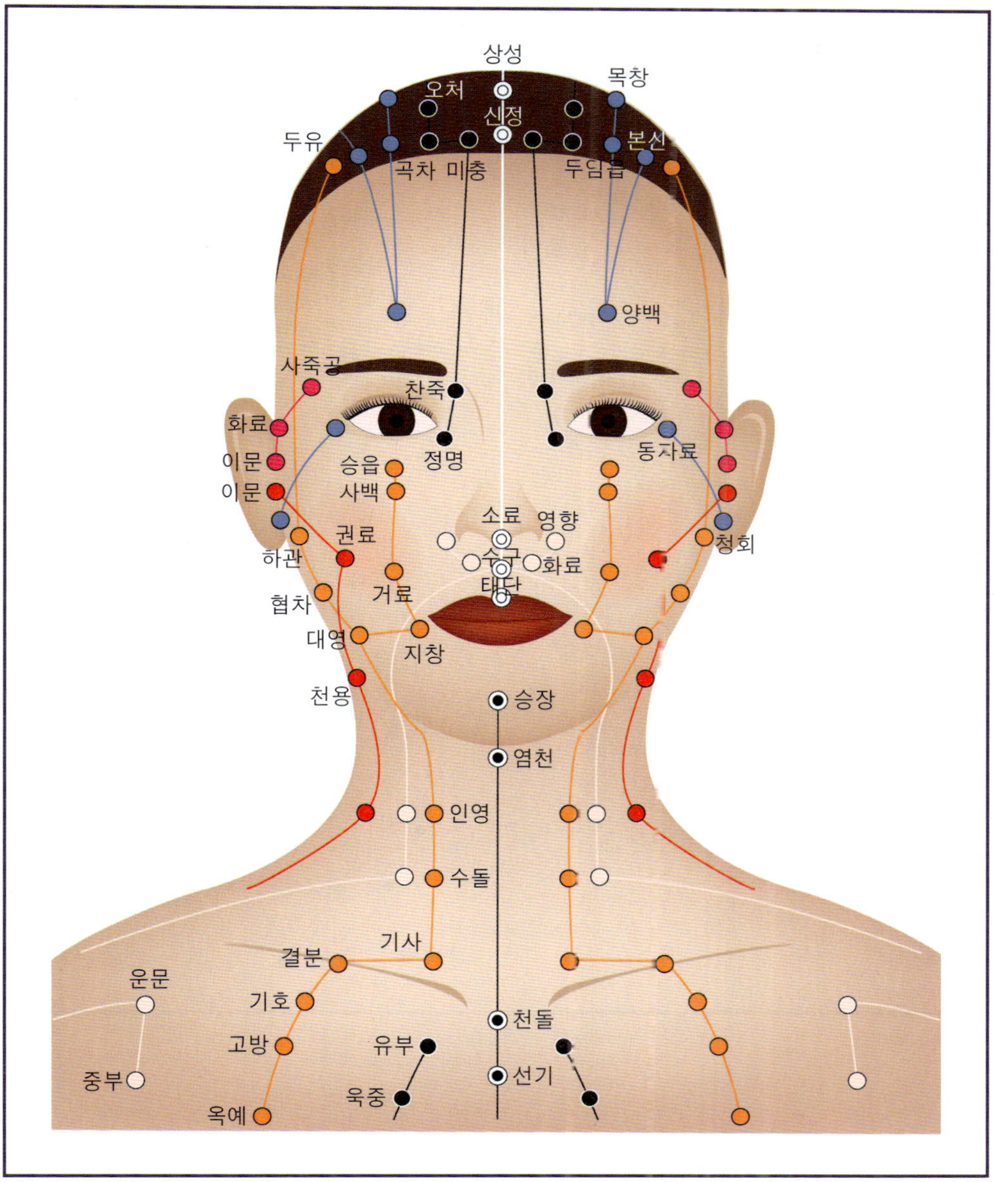

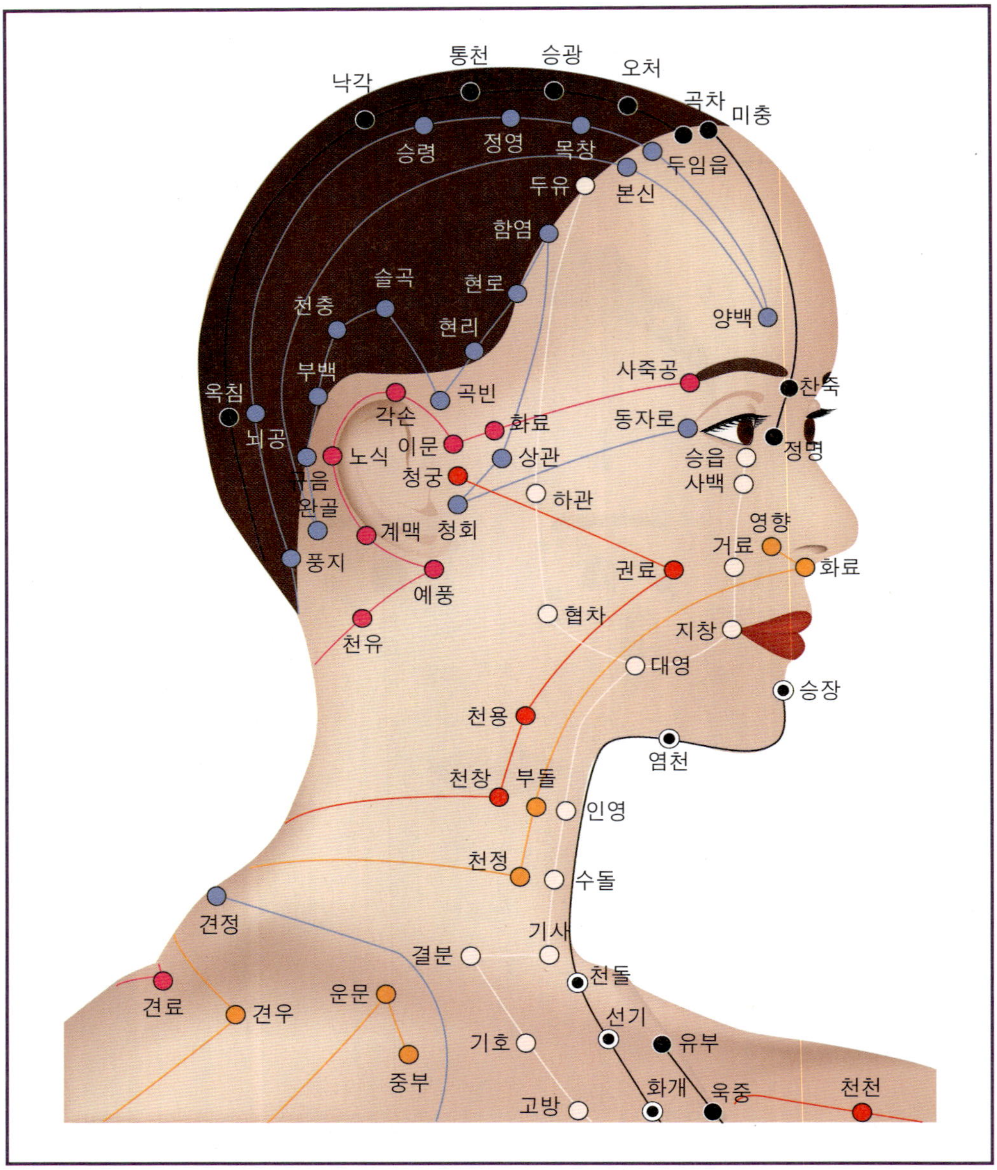

낙각
통천
승광
오처
곡차
미충
승령
정영
목창
두임읍
두유
본신
함염
슬곡
현로
천충
현리
양백
부백
사죽공
찬죽
옥침
곡빈
각손
화료
동자로
뇌공
노식
이문
상관
승읍
정명
사백
청궁
하관
완골
계맥
청회
영향
거료
화료
권료
풍지
예풍
협차
지창
천유
대영
승장
천용
염천
천창
부돌
인영
천정
수돌
견정
기사
결분
천돌
견료
견우
운문
선기
유부
기호
중부
화개
욱중
천천
고방

5) Eco-Mom Facial Jewelry Therapy(안면보석요법)

① 보석 대칭 원 그리기
링수정을 양 엄지에 끼운 상태에서 얼굴위에 대칭으로 원 그리기를 해준다.

② 이마 쓰다듬기
이마중앙에서 시작하여 관자놀이까지 쓰다듬기를 해준다.

③ 이마 문지르기
이마부위를 지그재그로 문지르기를 해준다.

④ 이마 전발제 부위 압주기
전발제 부위를 지긋이 부드럽게 압을 해준다.

⑤ 눈 주위 원 그리기
코벽을 타고 올라와서 눈 밑을 부드럽게 돌면서 눈 주의에 원을 그려준다.

⑥ 눈썹 지압하기
눈썹 앞머리부터 눈썹 꼬리 방향으로 지긋이 부드럽게 압을 해준다.

⑦ 관자놀이와 눈 밑 자극하기
관자놀이 부위에 압을 해준 다음 눈 밑 부위를 지긋이 부드럽게 압을 해준다.

⑧ 코 문지르기
양손으로 콧망울과 코벽 부위에 문지르기를 해준다.

⑨ 양볼 쓰다듬기
양 볼을 지긋이 쓰다듬기를 해준다.

⑩ 양볼 압해주기
양 볼을 지긋이 부드럽게 압을 해준 다음 쓰다듬기를 해준다.

⑪ 입술 주위 쓰다듬기
입술 주위를 원을 그리면서 쓰다듬기를 해준다.

⑫ 턱 엇갈려 쓰다듬기
양손가락에 낀 링수정을 턱 부위를 왔다 갔다 하면서 쓰다듬기를 해준다.

⑬ 입술 옆 8자 그리기
입술 옆 부위에 8자 모양으로 문지르기를 해준다.

⑭ 턱 쓰다듬기
턱 중앙에서 시작하여 아래에서 위로 쓰다듬기를 해준다.

⑮ 세 부위 문지르기
승장에서 하악각, 지창에서 귀중앙, 영향에서 관자놀이까지 세 부위로 나누어 문지르기를 해준다.

⑯ 세 부위 압 해주기

승장에서 하악각, 지창에서 귀중앙, 영향에서 관자놀이까지 세 부위로 나누어 지긋이 부드럽게 압을 해준다.

⑰ 후발제 부위 압 해주기

후발제 부위를 지긋이 부드럽게 압을 해준다.

⑱ 보석 대칭 원 그리기

링수정을 양 엄지에 끼운 상태에서 얼굴위에 대칭으로 원 그리기를 해준다.

⑲ 얼굴 전체 감싸주기

이마부위를 손바닥으로 감싸고 눈 위를 가볍게 손바닥으로 감싸고 영향에서 관자놀이, 지창에서 귀중앙, 승장에서 하악각을 순서대로 가볍게 손바닥으로 감싼 다음 목 부위, 앞가슴 부위를 가볍게 손바닥으로 감싸면서 어깨부위를 감싸준 다음 네 손가락 끝을 이용하여 후발제 부위를 부드럽게 압을 해주며 잠시 멈춘 후 살짝 빼준다.

• 티슈로 얼굴 닦기 → 앞가슴 닦기 온습포사용하기

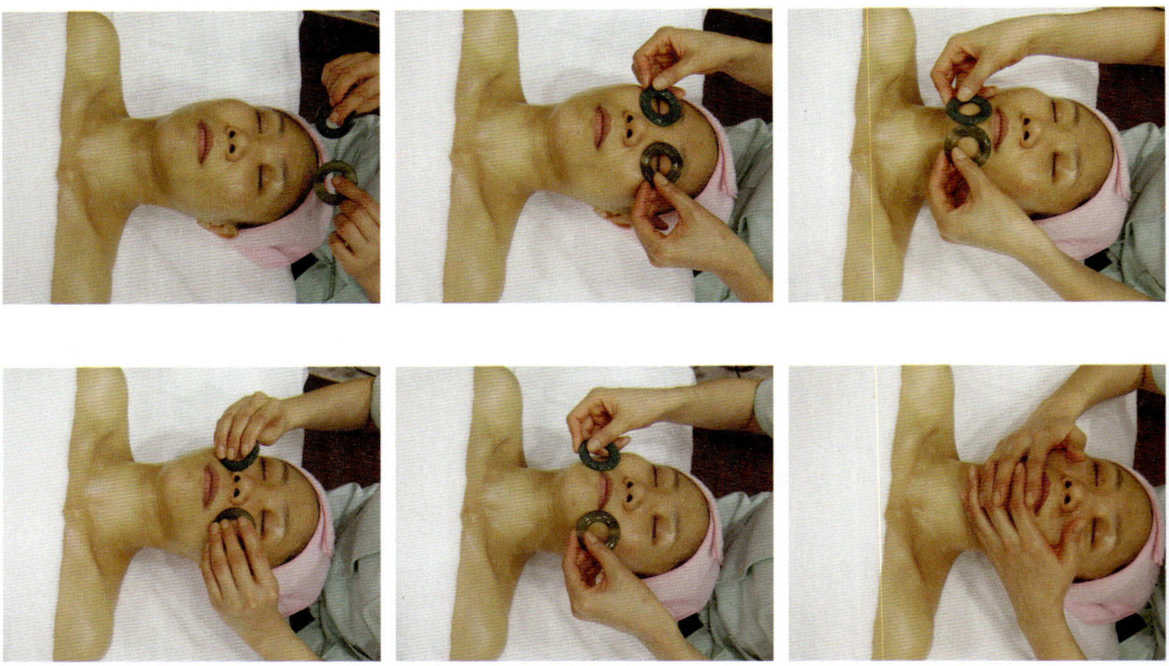

6) Decollete Massage(앞가슴 마사지)

① 아몬드 오일 도포
손바닥에 오일을 덜어 문지른 후 앞가슴과 승모근 부위에 펴바른다.

② 앞가슴 쓰다듬기
양손바닥을 이용하여 앞가슴 부위를 양손 교대로 쓰다듬기를 해준다.

③ 앞가슴 문지르기
양손바닥을 이용하여 가슴중앙에서 시작하여 액와 부위까지 문지르기를 한다.

④ 대흉근 쓸어주기
지과면으로 대흉근을 자극한 후 액와 부위로 빼준다.

⑤ 목 측면 마찰하기
지과면을 이용하여 목 측면을 위아래로 마찰한 다음 목 후면을 마찰한다.

⑥ 승모근 마찰하기
지과를 이용하여 승모근을 마찰하기 해준다.

⑦ 승모근 반죽하기
엄지와 네 손가락을 이용하여 승모근 부위를 반죽하듯이 주무른다(반대편도 같은 방법으로 실시한다).

⑧ 승모근 자극하기
엄지를 이용하여 승모근 부위를 왔다갔다 해주면서 자극해준다.

⑨ 견갑골 쓰다듬기
한손으로 어깨를 살짝 누르고 다른 손으로 견갑골 부위를 쓰다듬기 해준다(반대편도 같은 방법으로 실시한다).

⑩ 척추기립근 쓰다듬기
양손바닥으로 등 전체를 3등분으로 나누어 부드럽게 쓰다듬기 해준 다음 중지로 척추기립근을 쓸어주고 온 다음 네 손가락 끝을 이용해 후발제 부위를 부드럽게 압을 해주며 잠시 멈춘 후 살짝 빼준다.

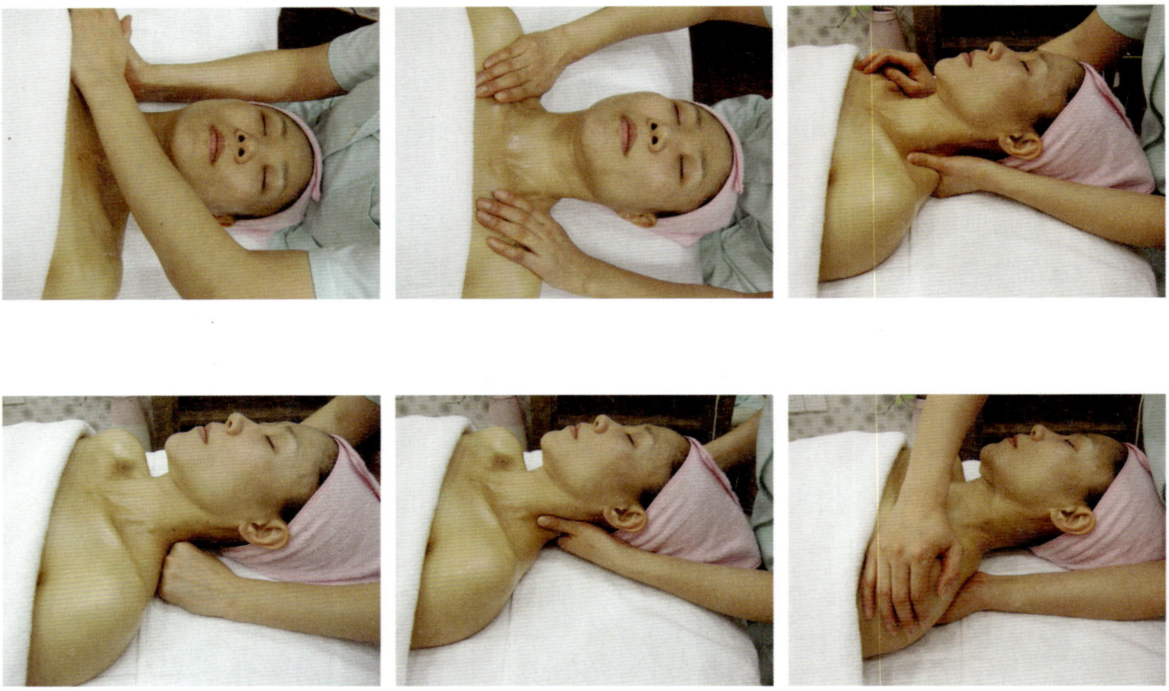

7) Eco-Mom Facial Pack(안면 팩)

① 화장수 바르기
② 안면팩 올리기(팩은 피부의 상태에 따라 다양하게 응용할 수 있으며 방치시간은 20~30분)
③ 해면으로 닦아낸 후 냉습포 처리한다.

마무리 관리 (Protective)

화장수 - 에센스 - 수분크림 - 아이크림 - 자외선 차단제 - BB크림

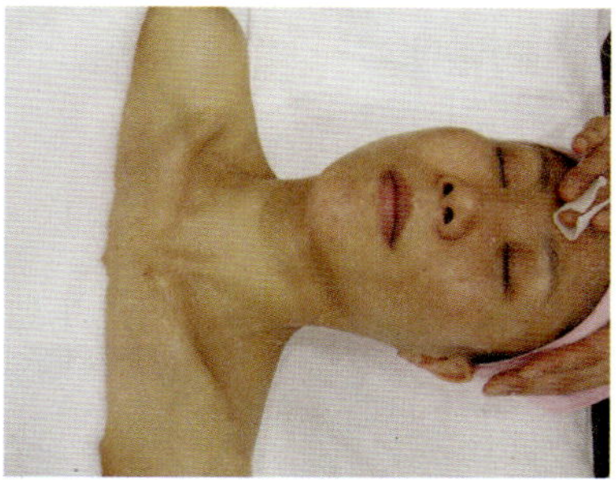
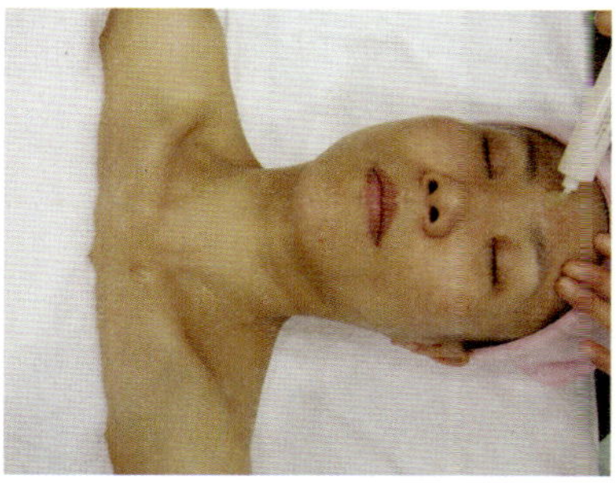
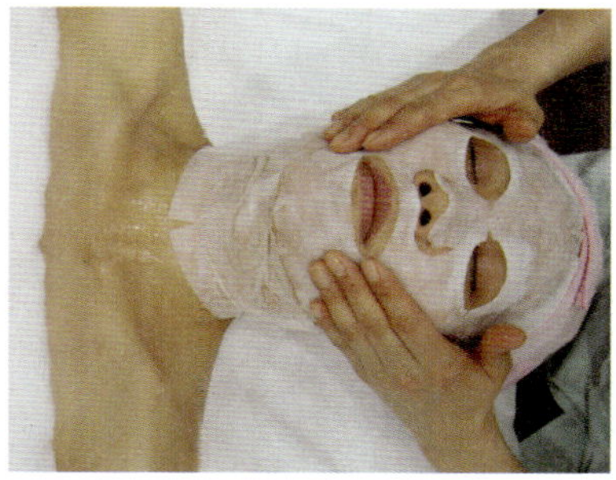
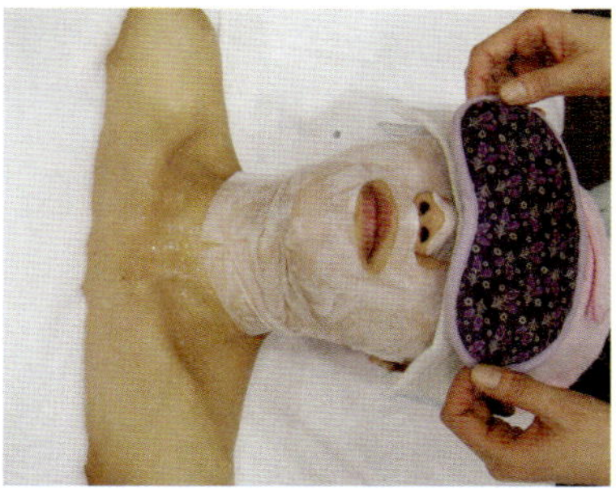
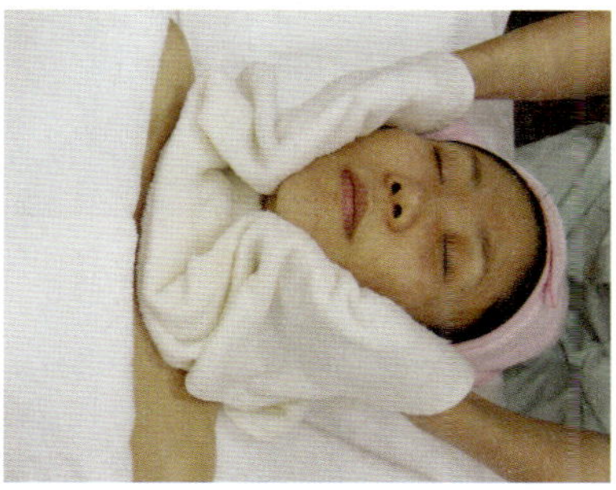
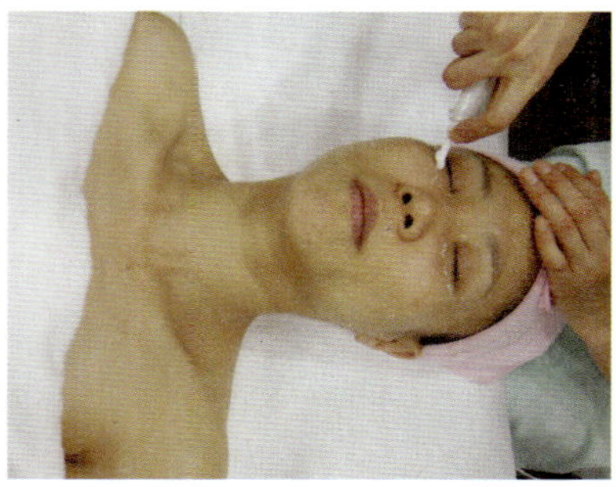

8) Eco-Mom Finishing Stretching(얼굴관리 후 동작 스트레칭)

- 고객의 터번을 풀어 준 후 엄지로 전발제 부위를 부드럽게 압을 해준다.
- 엄지를 이용하여 독맥, 방광경, 담경 라인을 부드럽게 압을 해준다.
- 네 손가락 끝을 이용하여 두피를 굴리듯이 두피부위를 전체적으로 압을 해준다.
- 목 후면 부위를 네 손가락을 이용하여 반죽하듯이 부드럽게 주물러 준 다음 후발제 부위를 부드럽게 압을 해준다.
- 목 부위 자극하기
  왼쪽 손은 고객의 오른쪽 어깨위에, 오른쪽 손은 고객의 왼쪽 어깨위에 올려놓고 양 손목을 이용하여 살짝 올리면서 목 부위를 신전시켜준다.
- 양팔을 귀 옆으로(머리 위) 잡아당긴 후 상완부위를 부드럽게 반죽하듯이 주물러 주고 전완부위를 엄지로 심포경 라인을 압을 해준다.
- 양팔을 위로 부드럽게 잡아당겨준 다음 부드럽게 양팔을 내려준다.

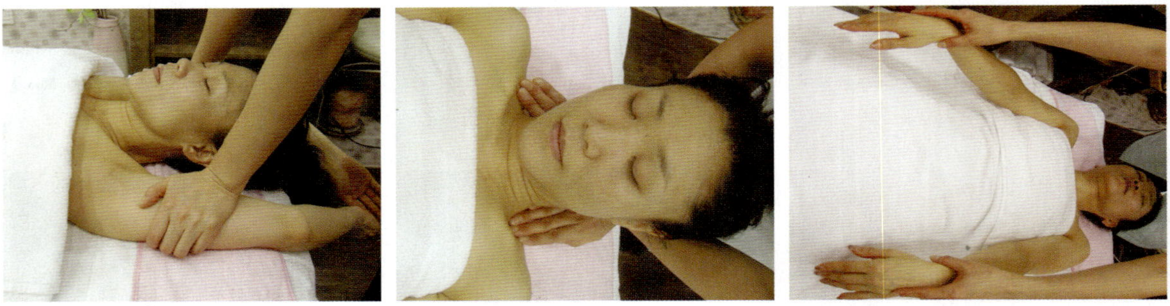

3.2.2 Back & Abdomen care

* Back care(등관리) *

1) Eco-Mom Pre-Stretching(등 관리 전 스트레칭)

- 양손을 이용하여 양발을 잡아준 다음 좌 · 우 흔들어 주기를 해주면서 전신의 위치를 바르게 정돈해 준다.
- 양손을 이용하여 양발 뒷꿈치 부위를 지긋이 부드럽게 압을 해준다.
- 등 가운데 부위를 양손을 포개어 척추를 좌 · 우 흔들어주기를 해준다.

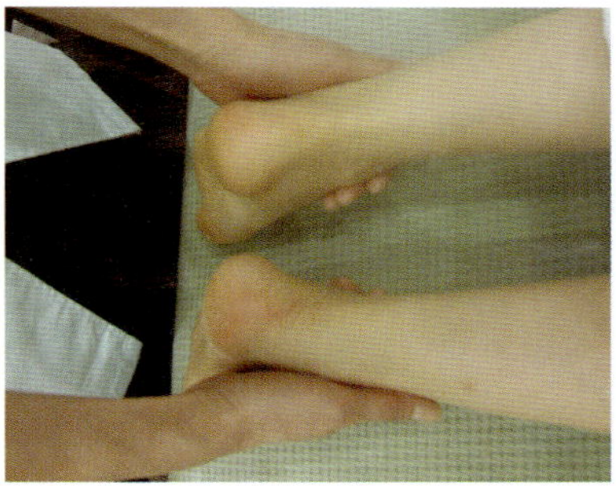
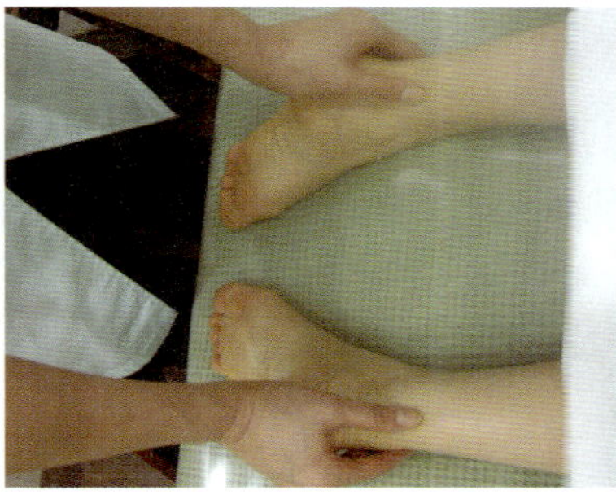
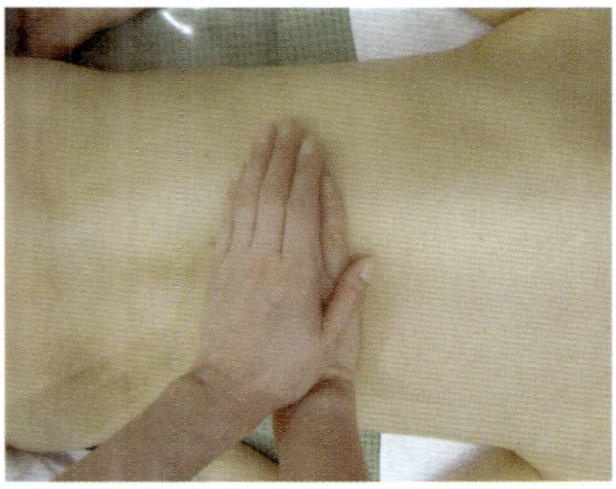

2) Eco-Mom Back Massage(등관리)

① 아몬드 오일 도포
손바닥에 오일을 덜어 등 전체에 골고루 오일을 펴바른다.

② 등 전체 쓰다듬기
양 손바닥을 이용하여 등 전체를 쓰다듬어 준 다음 옆구리를 감싸면서 올라온다.

③ 목후면 반죽하기
엄지와 네손가락을 이용하여 목후면 근육을 감싸듯이 반죽하기를 해준다.

④ 승모근 자극하기
수근부위를 이용하여 승모근 부위를 지긋이 부드럽게 압을 해준다.

⑤ 승모근 쓸어내리기
승모근부위에 양 엄지를 번갈아 가며 쇄골쪽으로 쓸어내린 다음 다시 한번 수근부위를 이용하여 승모근 부위를 지긋이 부드럽게 압을 해준다.

⑥ 방광 1선 자극하기
양 엄지를 이용하여 방광 1선을 따라 내려간 다음 옆구리를 감싸면서 올라온다.

⑦ 지과면으로 쓰다듬기
방광 1선을 지과면으로 쓸어준 다음 옆구리를 감싸면서 올라온다.

⑧ 방광 1선 굴려주기
살짝 주먹을 쥔 상태에서 양 지과를 이용하여 방광 1선을 U자 모양으로 굴려준다(반대편도 같은 방법으로 실시한다).

⑨ 방광 1선 인(人)자 그리기
방광 1선을 수근부위를 이용하여 인(人)자 그리기를 하면서 내려간다.

⑩ 등 전체 늘려주기
척부를 이용하여 등 중앙에서 시작하여 한쪽은 승모근 방향으로 다른 쪽은 둔부방향으로 쓸어주면서 늘려주기를 해준다.

⑪ 요추부위 쓰다듬기
엄지로 요추부위를 지긋이 부드럽게 압을 해준다.

⑫ 등 전체 쓰다듬기(마무리 동작)
양 손바닥을 이용하여 등 전체를 쓰다듬어 준 다음 옆구리를 감싸면서 올라온다.

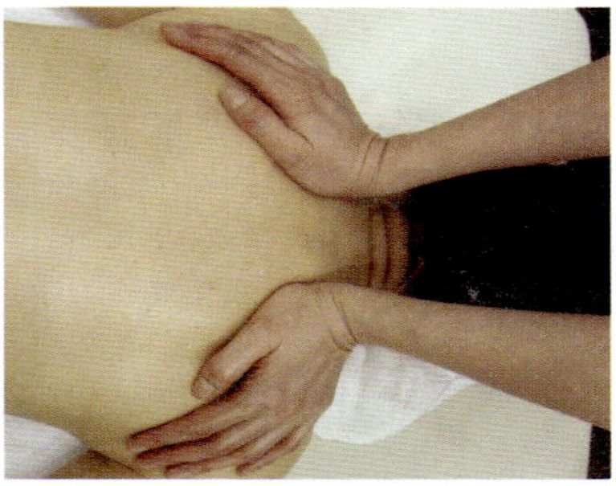
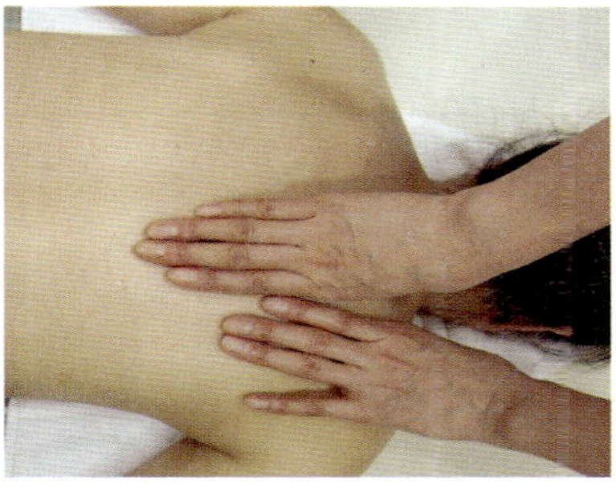
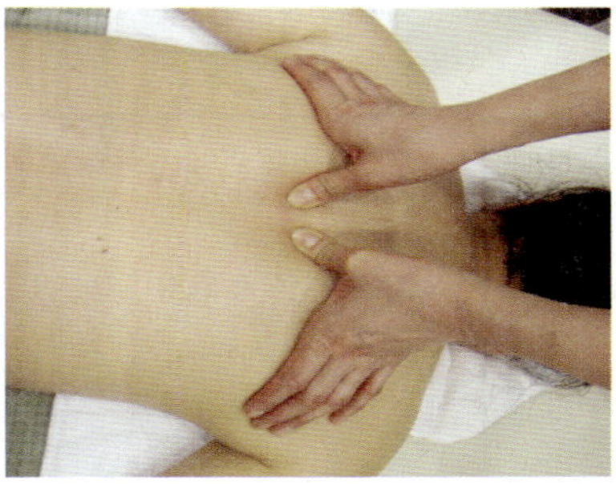

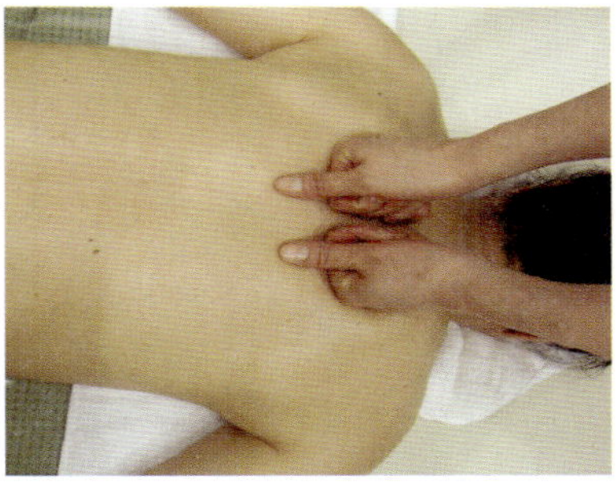
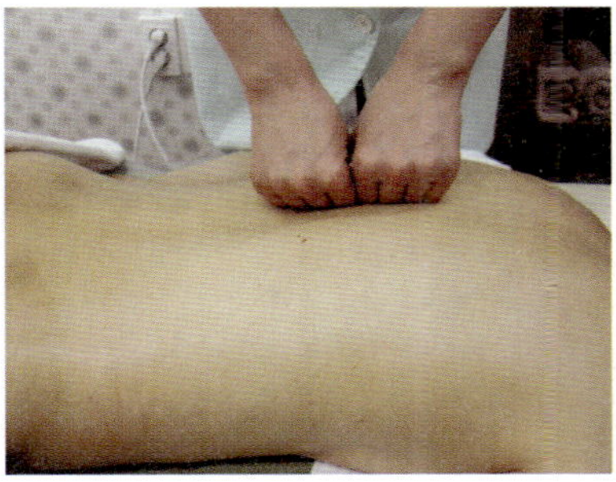
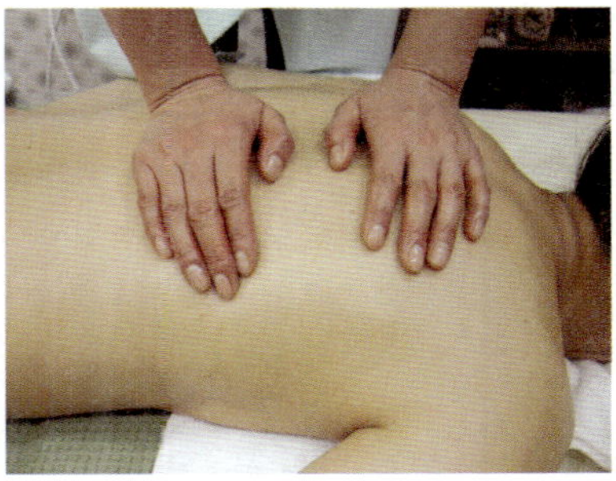

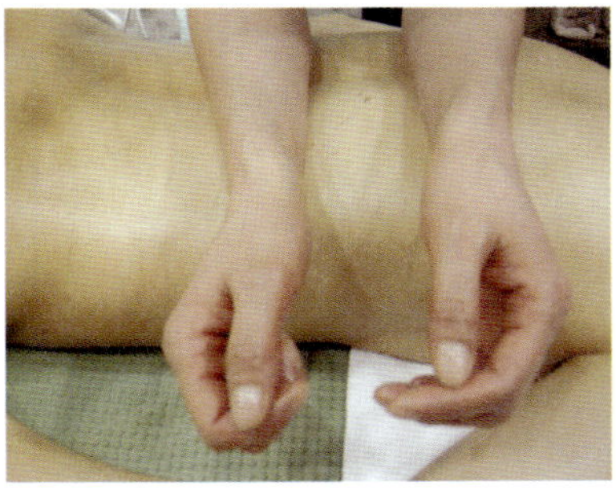
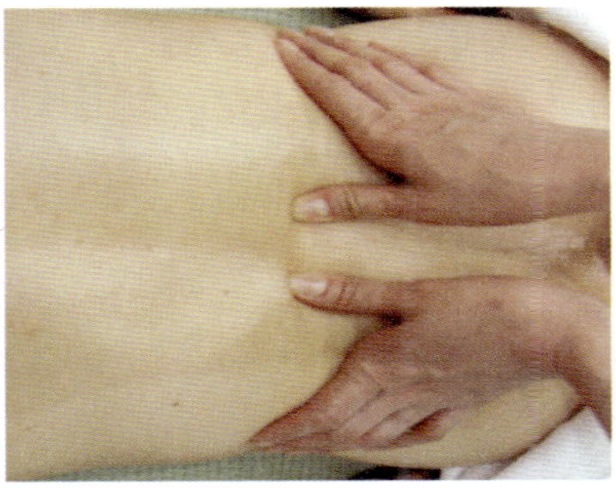
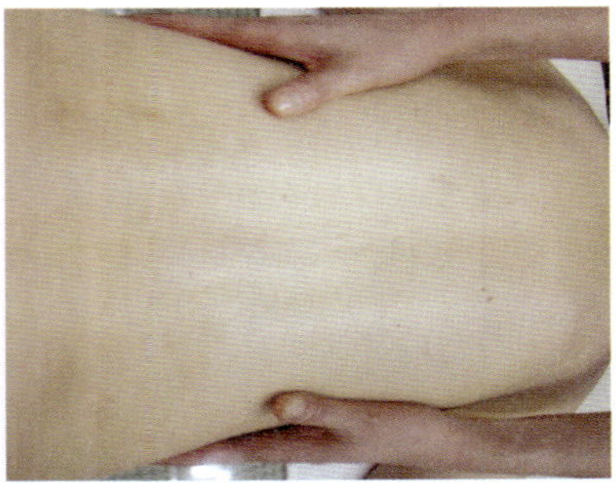

Eco-Mom Back Massage

TIP~~ 등관리

• 등에는 가장 길면서 중요한 방광경 라인이 흐르고 등 부위를 관리함으로써 전신의 기혈을 조절할 수 있음.

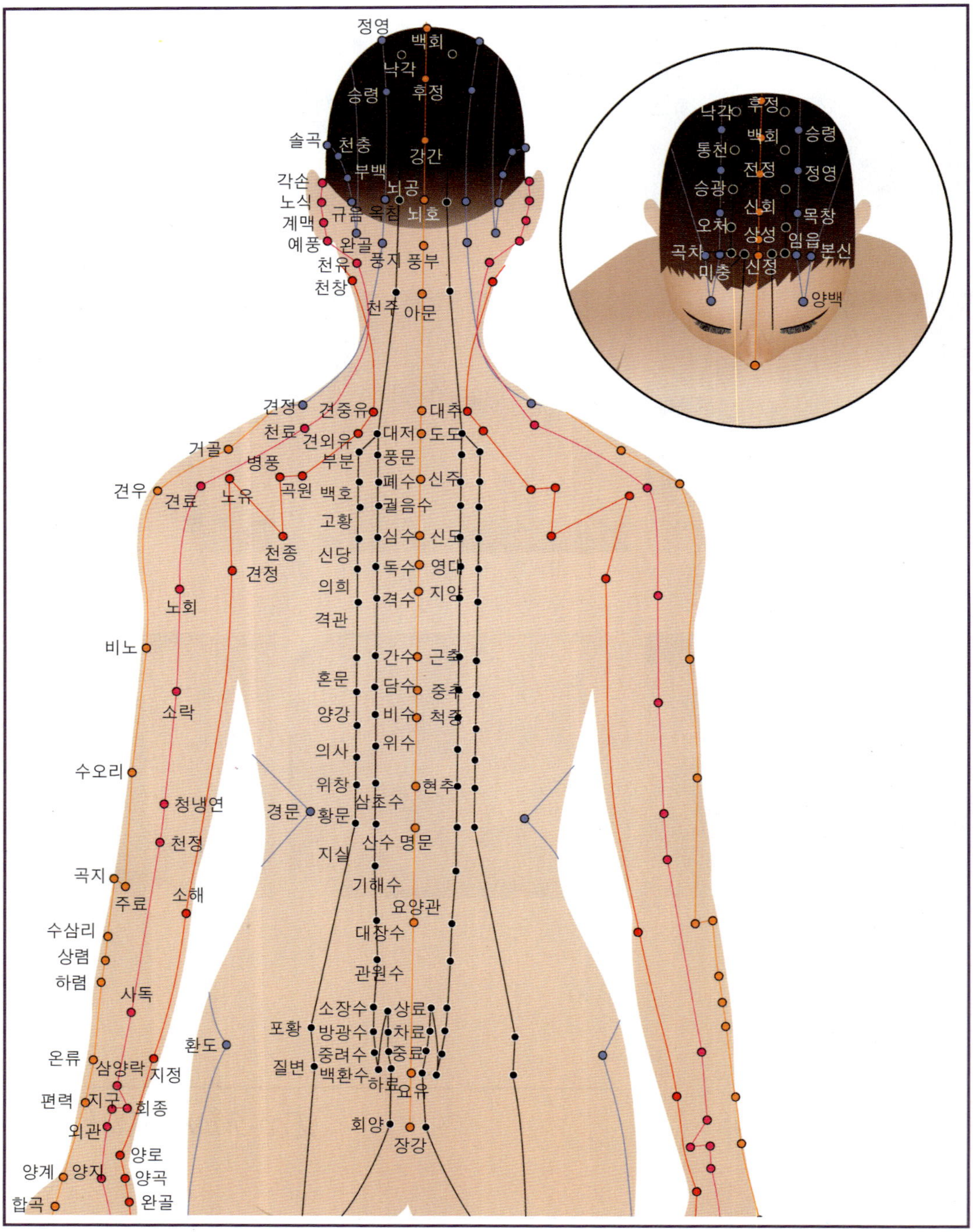

3) Eco-Mom Back Jewelry Therapy(등 보석요법)

① 척추 쓰다듬기

버선발 보석을 이용하여 대추혈 자리에 10초정도 얹은 다음 척추부위를 쓰다듬고 내려간 다음 장강혈에 끼운다.

② 등 전체 쓰다듬기

장미수정으로 등 전체 쓰다듬기를 해준 다음 옆구리를 감싸면서 올라온 다음 상완, 전완, 손바닥까지 쓰다듬기를 해준다(반대편도 같은 방법으로 실시한다).

③ 목 측경부와 승모근 부위 쓰다듬기

장미수정으로 목 측경부와 승모근 부위를 쓰다듬으면서 지긋이 부드럽게 압을 해준다(반대편도 같은 방법으로 실시한다).

④ 승모근 자극하기

장미수정으로 승모근 부위를 지긋이 부드럽게 압을 해준다.

⑤ 승모근 압하기

호환석의 긴 부분을 손바닥으로 감싼 다음 그 부위를 이용하여 승모근을 지긋이 부드럽게 압을 해준다(반대편도 같은 방법으로 실시한다).

⑥ 방광1선 자극하기

호환석을 이용하여 방광1선을 따라 내려간 다음 옆구리를 감싸면서 올라온다.

⑦ 방광 1선 압하기

버선발 보석의 발목부분을 호구부위로 감싸면서 방광1선을 지긋이 부드럽게 압을 해준 다음 옆구리로 손바닥과 함께 쓸어내린다(반대편도 같은 방법으로 실시한다).

⑧ 등 전체 늘려주기

장미수정으로 승모근 부위에서 시작하여 둔부까지 내려가면서 등 한쪽면 전체를 세로로 늘려준 다음 둔부를 감싸주면서 장미수정의 움푹 들어간 부위로 방광1선을 쓰다듬으면서 올라온다(반대편도 같은 방법으로 실시한다).

⑨ 등 전체 쓰다듬기

장미수정으로 등 한쪽면 전체를 가로로 쓰다듬기 한 다음 둔부를 감싸주면서 장미수정의 움푹 들어간 부위로 방광1선을 쓰다듬으면서 올라온다(반대편도 같은 방법으로 실시한다).

⑩ 등 전체 쓰다듬기(마무리 동작)

장강혈 자리에 끼워져 있던 버선발 보석을 걷어내고 양 손바닥을 이용하여 등 전체를 쓰다듬어 준 다음 옆구리를 감싸면서 올라온다.

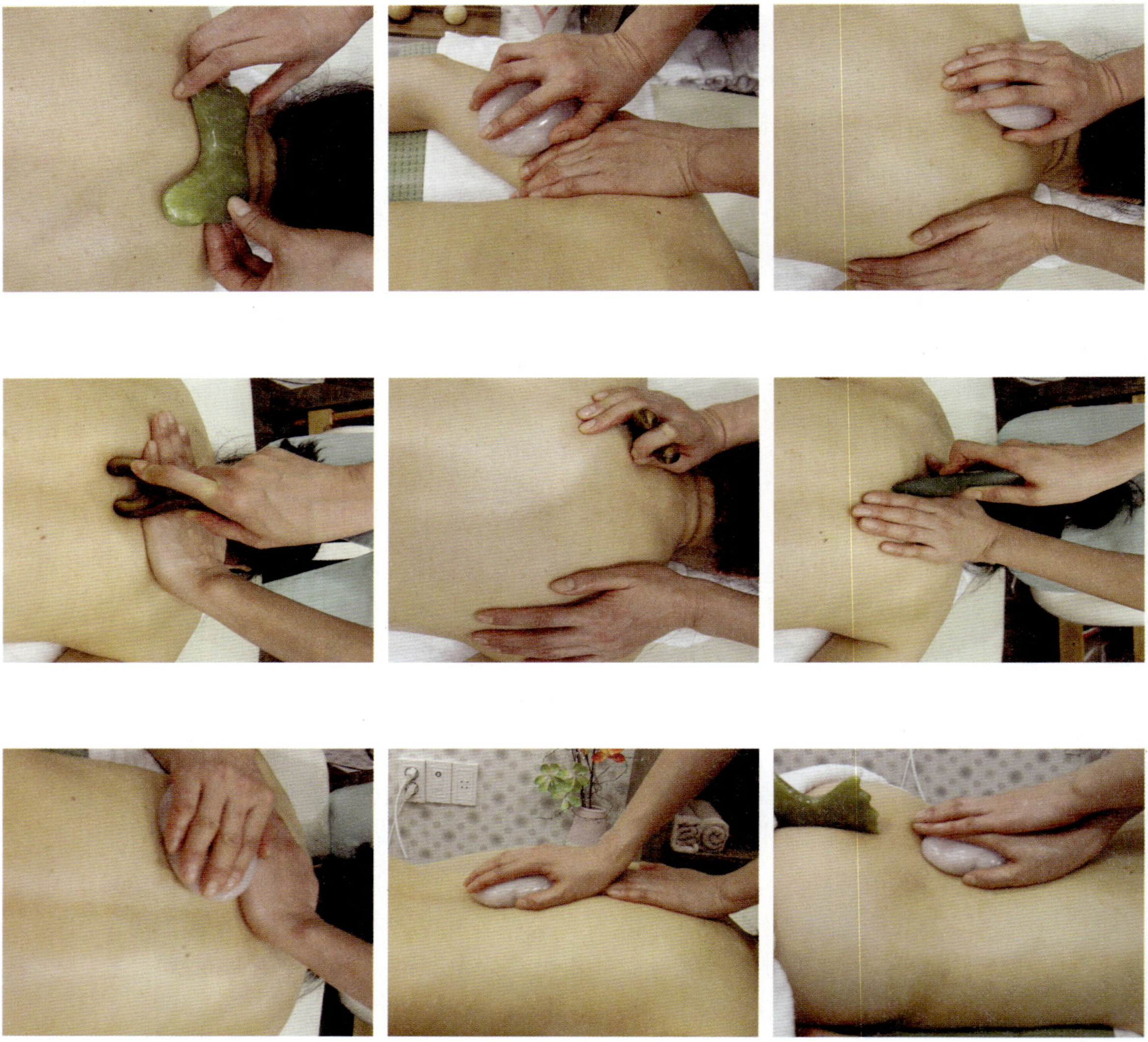

Eco-Mom Back Jewelry Therapy

4) Eco-Mom Finishing Stretching(등 관리 후 스트레칭)

- 고객의 손등을 등 뒤에 올린 상태에서 견갑골 부위를 손바닥을 이용하여 지긋이 부드럽게 지압을 해준다.
- 손등 내려주고 상완을 주무르기 해준 다음 전완부위를 엄지로 쓰다듬으면서 내려와 손바닥, 손가락을 자극해준다(앞선 두 동작을 반대편도 같은 방법으로 실시한다).
- 양팔을 머리위로 부드럽게 잡아당겨준 다음 부드럽게 양팔을 내려준다.

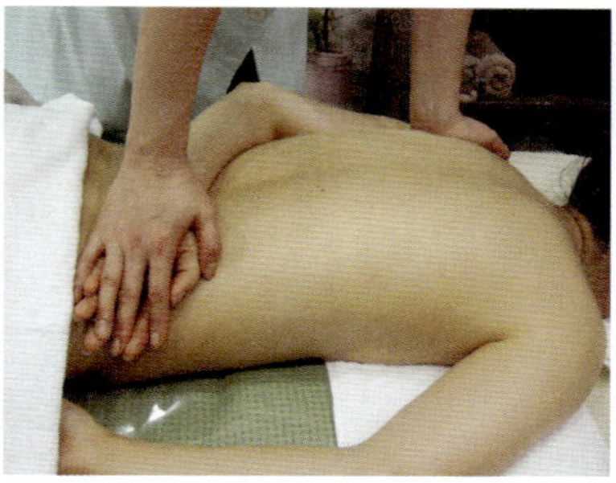
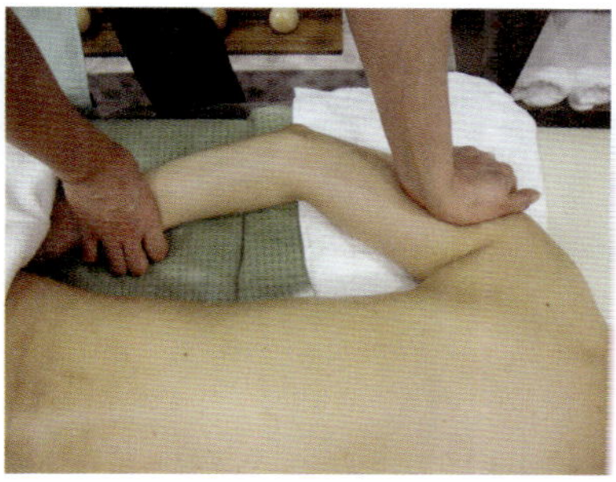
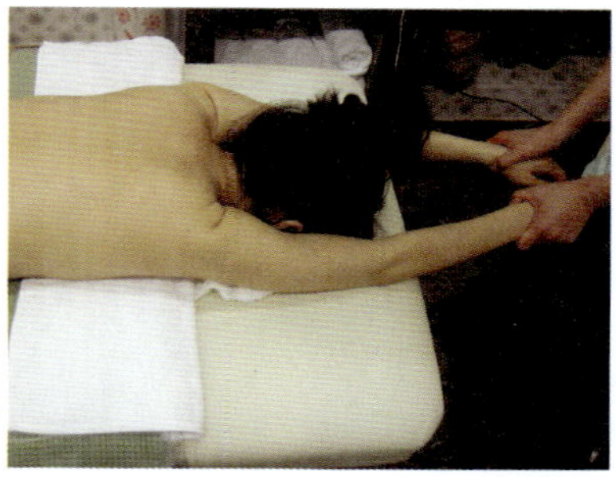

* Abdomen care(복부관리) *

1) Eco-Mom Pre-Stretching(복부 관리 전 스트레칭)

- 양손을 이용하여 양발을 잡아준 다음 좌 · 우 흔들어 주기를 해주면서 전신의 위치를 바르게 정돈해준다.
- 양손을 이용하여 양쪽 골반을 잡아준 다음 좌 · 우 흔들어 주기를 해주면서 장기의 위치를 바르게 정돈해준다.
- 배꼽주위를 중심으로 ×로 늘려주기를 해준다.

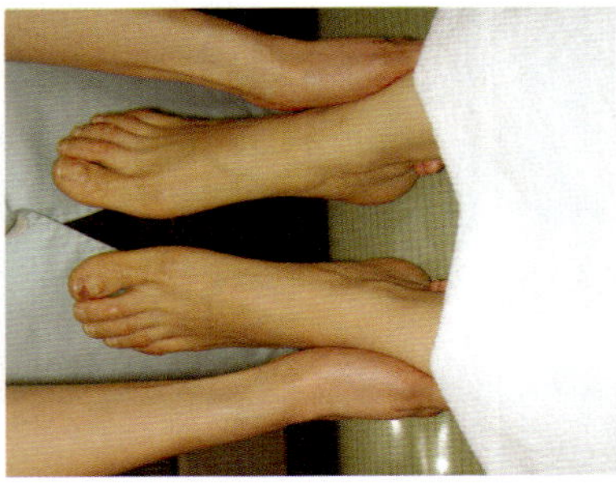

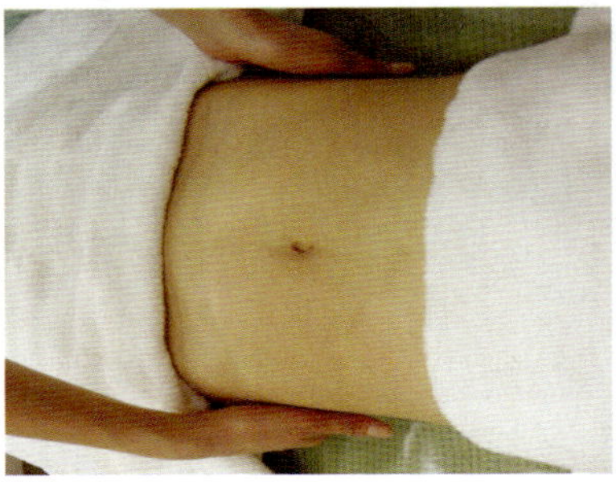

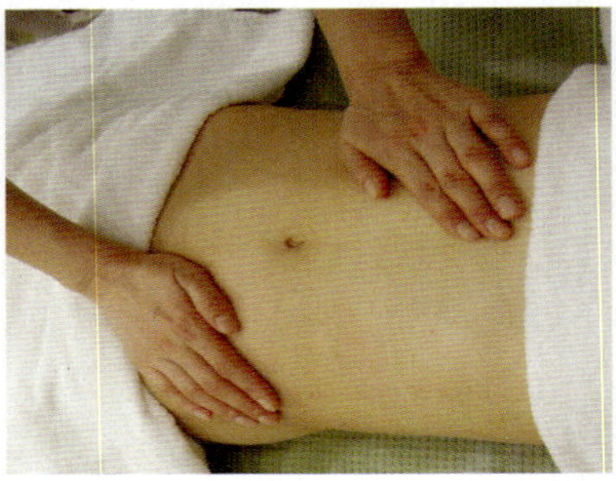

2) Eco-Mom Abdomen Massage(복부관리)

① 아몬드 오일 도포

손바닥에 오일을 덜어 복부 전체에 골고루 오일을 펴바른다.

② 배꼽주위 원 그리기

배꼽주위를 양손바닥을 교대로 시계방향으로 원을 그리면서 쓰다듬기를 해준다.

③ 원 그리기(기본동작)

배꼽주위를 양손바닥을 서로 포개어 시계방향으로 원을 그리면서 쓰다듬기를 해준다.

④ 배꼽주위 문지르기

네 손가락 끝을 서로 포개어 배꼽주위에 작은 원을 그리면서 문지르기를 해준다.

⑤ 복직근 부위 반죽하기

엄지와 네 손가락을 이용하여 복직근 부위를 반죽하듯이 주물러 준다.

⑥ 배꼽을 향해 쓰다듬기

양손바닥을 교대로 허리부위에서 배꼽을 향해 쓰다듬기 한 다음 임맥으로 쓸어내려준다.

⑦ 원 그리기(기본동작)

배꼽주위를 양손바닥을 서로 포개어 시계방향으로 원을 그리면서 쓰다듬기를 해준다.

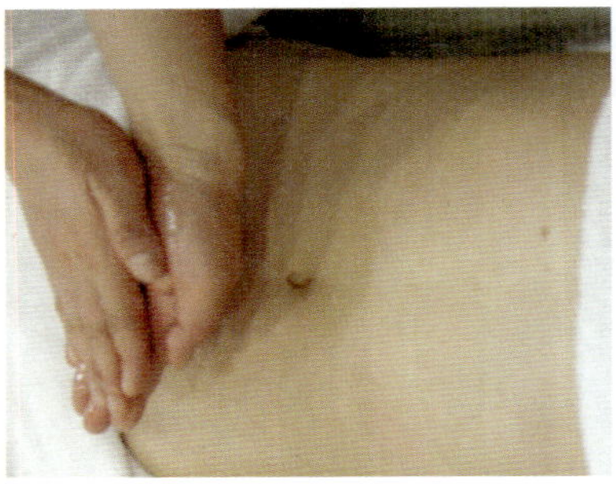

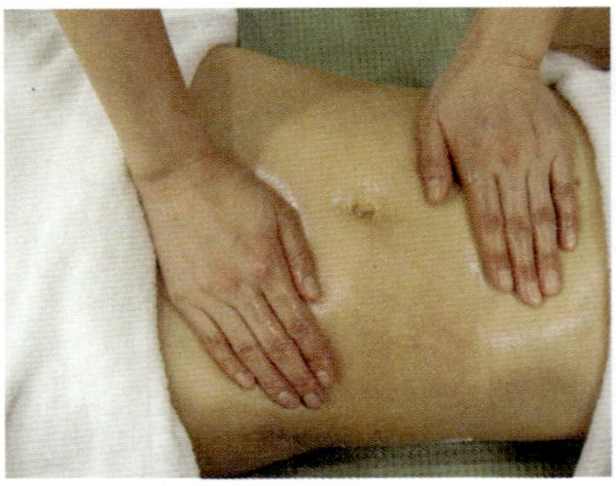

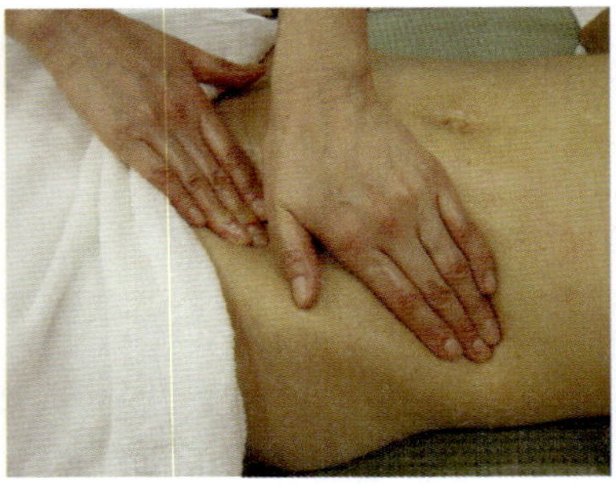

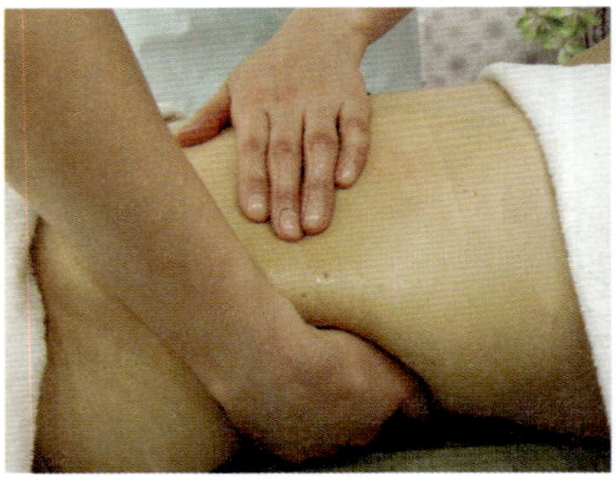

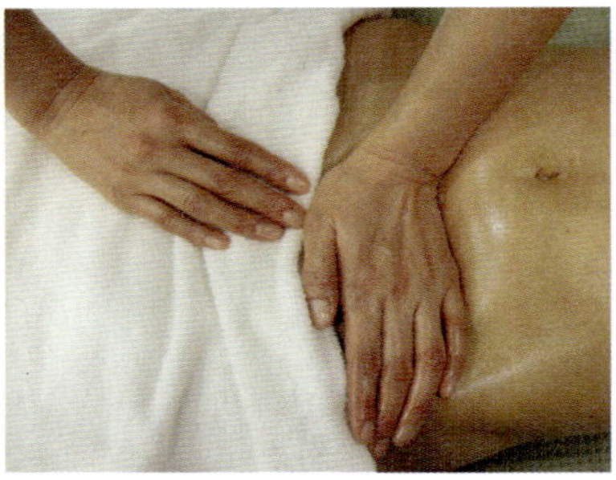

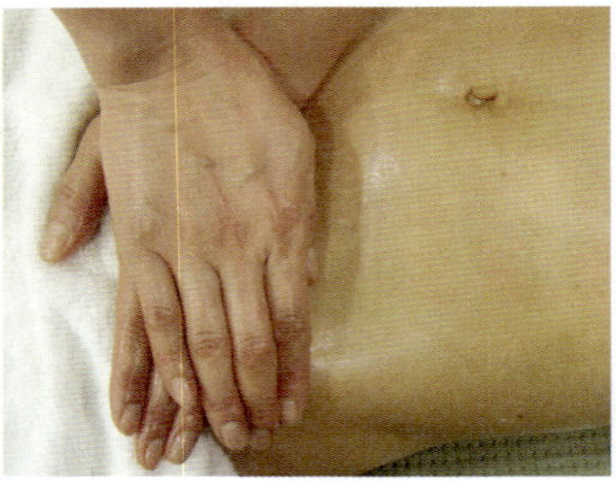

Eco-Mom Abdomen Massage

TIP~~ 복부관리

- 장부의 부조화로 인해 미용변이의 원인이 되기도 하드로 복부관리는 매우 중요함.

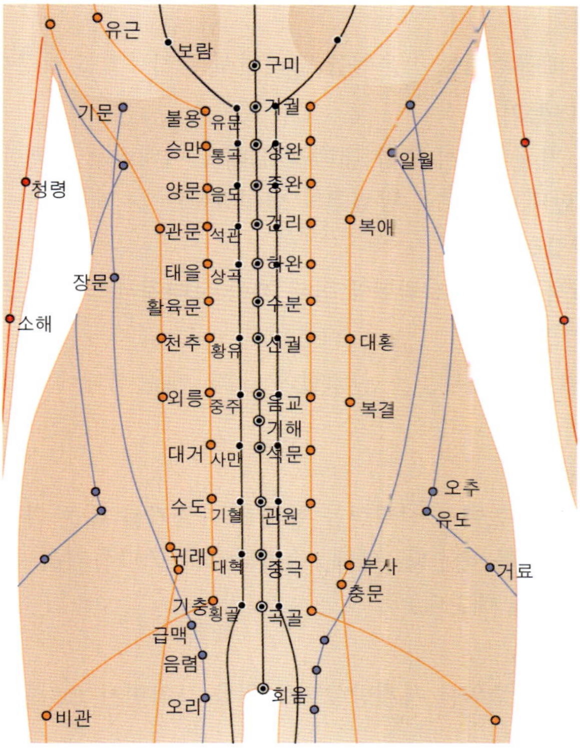

3) Eco-Mom Abdomen Jewelry Therapy(복부 보석요법)

① 복부 쓰다듬기

장미수정을 곡골혈 자리위에 올려놓고 지긋이 부드럽게 압을 해준 다음 배꼽주위를 시계방향으로 원을 그리면서 쓰다듬기를 해준 다음 곡골혈 자리위에서 다시 한번 지긋이 부드럽게 압을 해준다.

② 작은 원 그리기

버선수정으로 배꼽주위를 작은원을 그리면서 문지르기를 해준다.

③ 대맥라인 쓰다듬기

버선수정으로 거궐혈에서 왼쪽 대맥을 향해 쓸어내리고 대맥에서 기충혈을 향해 쓸어내려 준다(반대편도 같은 방법으로 실시한다).

④ 복부 작은 원그리기

버선수정의 발목 부분을 신궐혈에 살짝 끼운 상태에서 그대로 원그리기를 해준다.

⑤ 복부 큰 원 그리기

버선수정의 발뒷꿈치 부분을 신궐혈에 살짝 끼운 상태에서 그대로 원그리기를 해준다.

⑥ 옆구리 쓰다듬기

장미수정으로 명문혈에서 신궐혈을 향해 쓰다듬기를 해준 다음 명문혈에서 기충혈을 향해 쓰다듬기를 해준다. 이때, 손바닥으로 쓰다듬기를 해준 상태에서 장미수정으로 쓰다듬기를 해준다.

⑦ 복부 쓰다듬기

장미수정으로 배꼽주위를 시계방향으로 원을 그리면서 쓰다듬기를 해준다.

⑧ 자수정 올려놓기

자수정을 신궐혈, 중완혈, 관원혈에 올려놓은 다음 마른 수건으로 덮어 3분정도 휴식을 취하게 해준다.

⑨ 원 그리기(기본동작)

배꼽주위를 양손바닥을 서로 포개어 시계방향으로 원을 그리면서 쓰다듬기를 해준다.

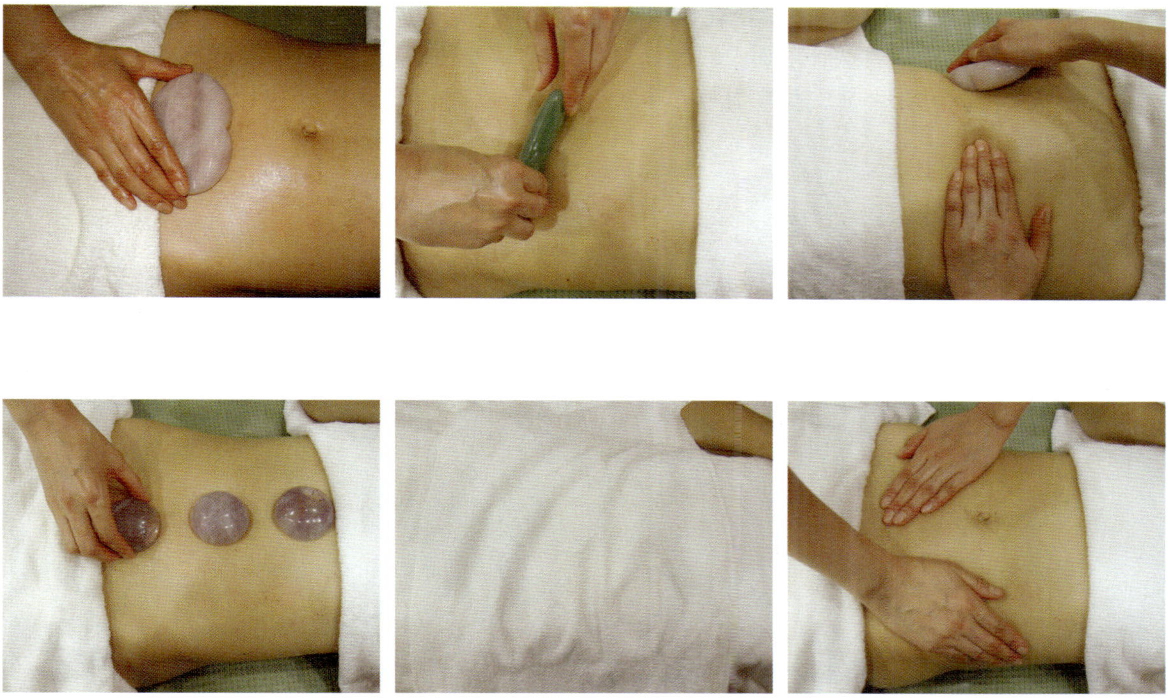

Eco-Mom Abdomen Jewelry Therapy

4) Eco-Mom Finishing Stretching(복부 관리 후 스트레칭)

- 양손을 이용하여 양어깨 부위를 살짝 눌러주기를 해준다.
- 왼쪽 손은 고객의 오른쪽어깨위에, 오른쪽 손은 고객의 왼쪽 어깨위에 올려놓고 양 손목을 이용하여 살짝 올리면서 목 부위를 신전시켜준다.
- 양팔을 귀 옆으로(머리 위) 잡아당긴 후 상완부위를 부드럽게 반죽하듯이 주물러 주고 전완부위를 엄지로 심포경 라인을 압을 해준다.
- 양팔을 위로 부드럽게 잡아당겨준 다음 부드럽게 양팔을 내려준다.

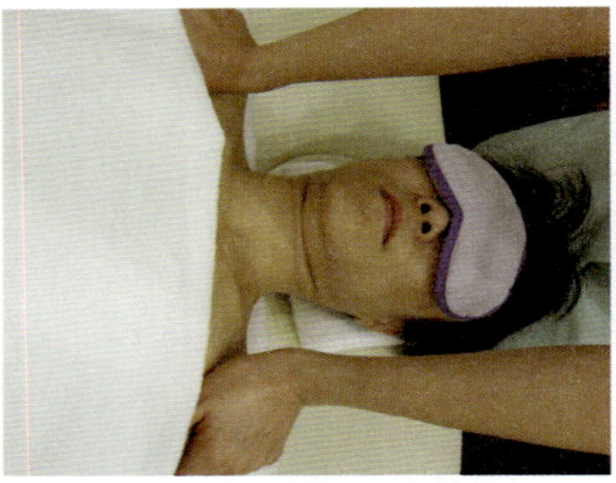
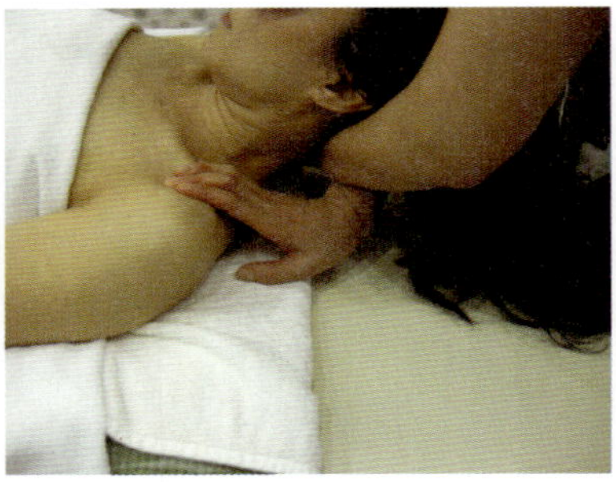
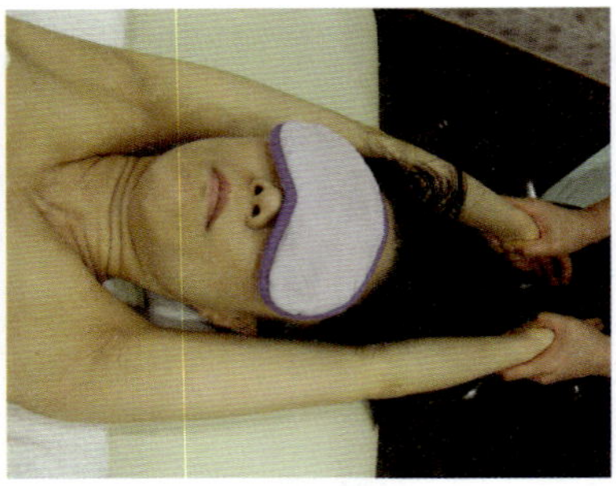

3.2.3 Foot Care(발관리)

1) Eco-Mom Pre-Stretching(발관리 전 족욕 및 스트레칭)

① 족욕하기
② 마른수건으로 발 닦아내주기
③ 발 관리 전 동작(스트레칭)

- 양손을 이용하여 양발을 잡아준 다음 좌 · 우 흔들어 주기를 해주면서 전신의 위치를 바르게 정돈해준다.
- 양발가락 끝을 지긋이 부드럽게 누르기 한 다음 양발가락 끝을 뒤로 젖혀주기를 해준다.
- 한손으로 발목잡고 다른 한손으로 발가락을 잡아준 다음 발목을 좌 · 우 돌려주기를 해준다.

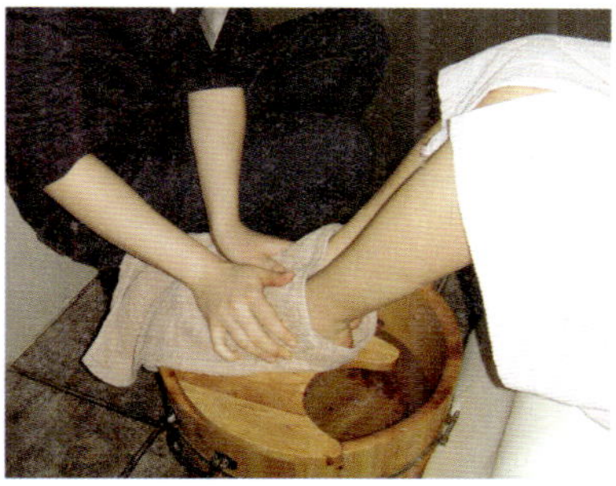
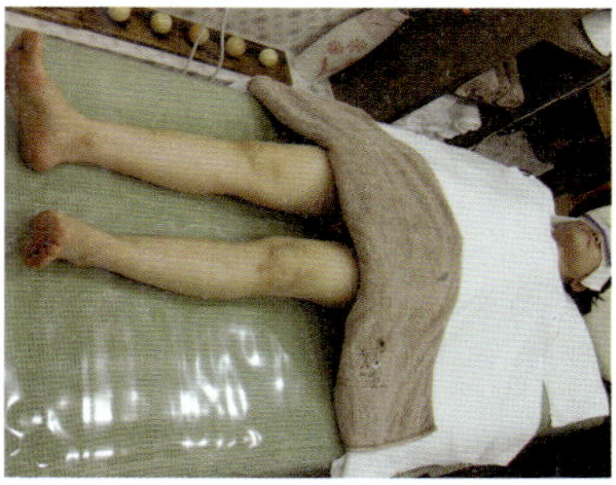
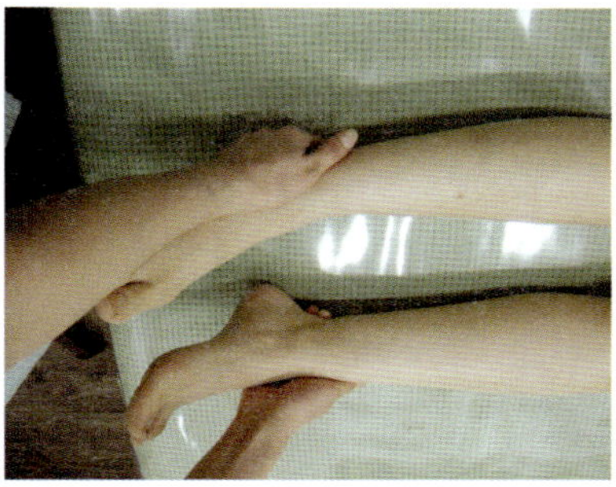
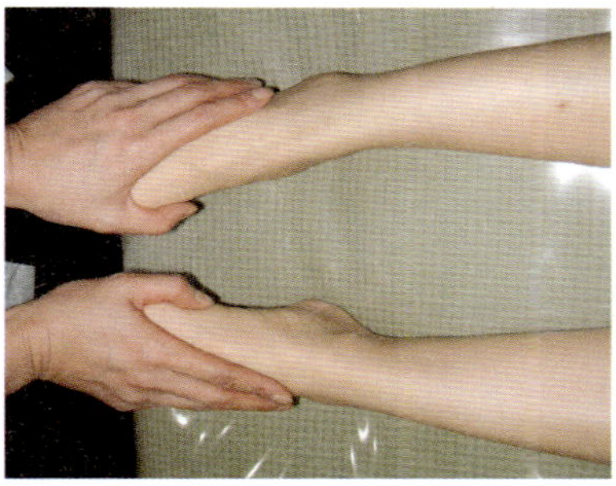
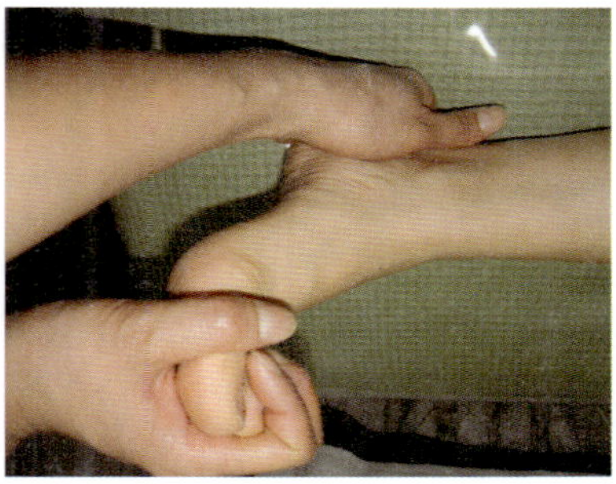

2) Foot Cleansing(곡물 스크럽 포함)

- 발뒤꿈치 버퍼로 관리하기(티슈 준비)
- 발톱 다듬어주기
- 온습포로 닦아내주기

• 곡물 스크럽

① EM 곡물팩 도포 (곡물 2 : 물 1 : 활성액 1)
② 비닐 캡 씌우기 (5분~10분)
③ 온습포 덮어주기
④ 온습포 제거하기
⑤ 비닐 캡 제거하기
⑥ 곡물 닦기(해면 +온습포)

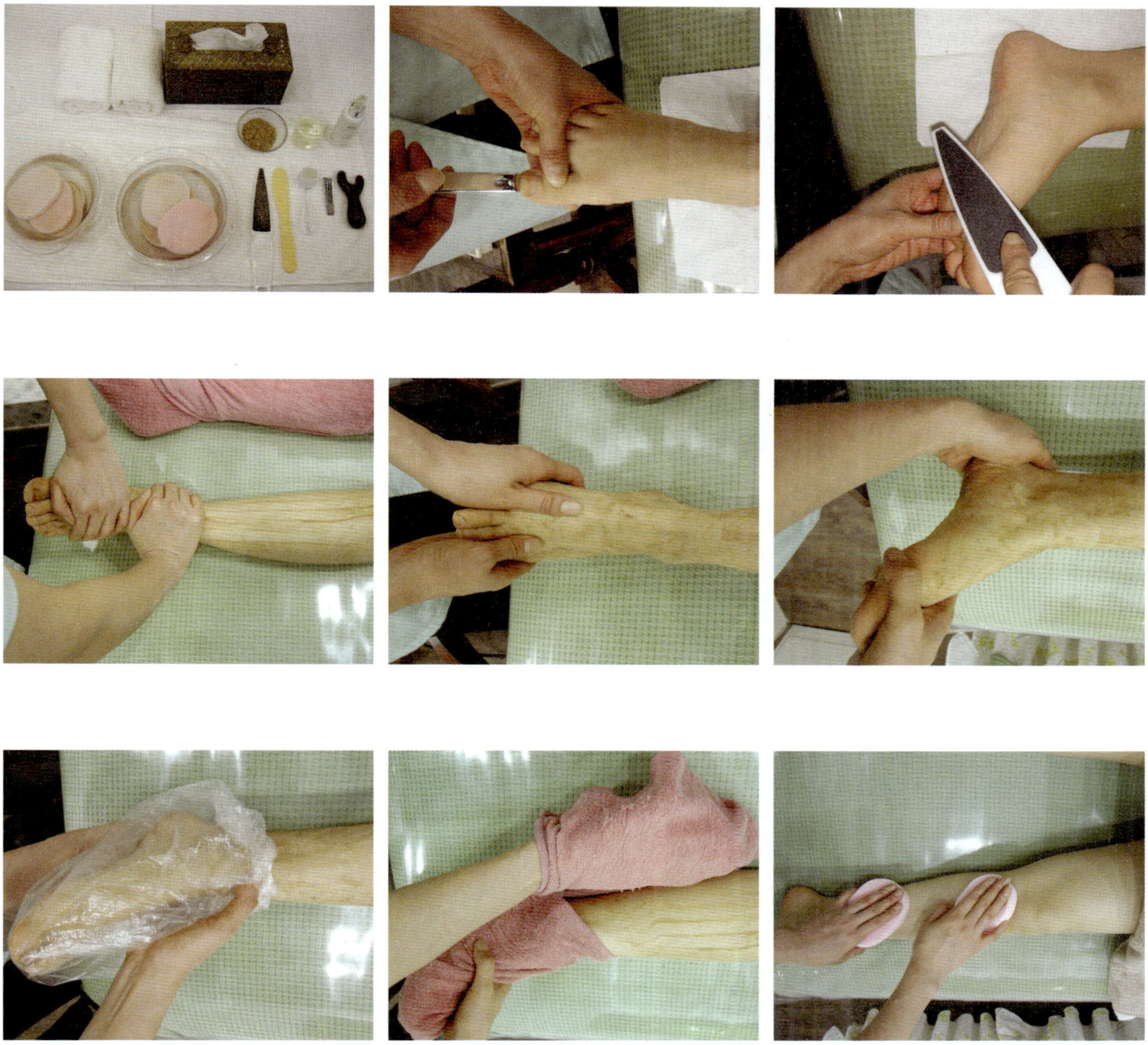

Foot Cleansing

3) Eco-Mom Foot Massage(발관리)

① 아몬드 오일 도포(다른 발은 마른수건으로 덮어준다)
손바닥에 오일을 덜어 무릎 위 10cm까지 골고루 오일을 펴바른다.

② 안쪽 복사뼈 문지르고 종아리 안쪽 훑어 올리기
안쪽 복사뼈 부위를 문지르기 해주고 종아리 안쪽을 훑어 올려 무릎 위10cm까지 양손 모아 문지르기를 해준다.

③ 바깥쪽 복사뼈 문지르고 종아리 안쪽 훑어 올리기
바깥쪽 복사뼈 부위를 문지르기 해주고 종아리 안쪽을 훑어 올려 무릎 위10cm까지 양손 모아 문지르기를 해준다.

④ 종아리 바깥쪽 중앙 길게 훑어 올리기
종아리 바깥쪽 중앙 훑어 올려 무릎 위10cm까지 양손 모아 문지르기를 해준다.

⑤ 족내외과 문지르기
네 손가락을 이용하여 족내외과 부위를 문지르기를 해준다.

⑥ 중족골 문지르기
엄지를 이용하여 중족골 부위 문지르기를 해준다.

⑦ 주요 경혈점 자극하기
용천 – 수뇨관 – 방광 – 전두동 – 뇌하수체, 대뇌, 소뇌 – 삼차신경 – 목, 눈, 귀 – 승모근 – 폐 – 갑상선 – 위, 췌장, 십이지장 – 심장, 비장 (간, 담) – 대장(횡 , 상, 하행결장) – 생식기 단계별로 자극을 해준다.

⑧ 아킬레스건 부위 쓸어 올리기
다리를 세운 뒤 양손으로 발목을 잡고 네 손가락으로 아킬레스건 부위를 위로 쓸어 올린다.

⑨ 종아리 근육 문지르기
양손 네 손가락으로 종아리 근육을 위, 아래 방향으로 쓸어 올리기를 해준다.

⑩ 비복근 부위 훑어주기
한손은 발목을 잡고 다른 손으로 비복근 부위를 훑어주기를 해준다.

⑪ 종아리 쓸어 올리기
양손바닥 교대로 발목에서 슬와브까지 쓰다듬기를 해준다.

⑫ 발 목 잡고 떨어주기
양손으로 발목을 잡아당기면서 떨어주기를 해준다.

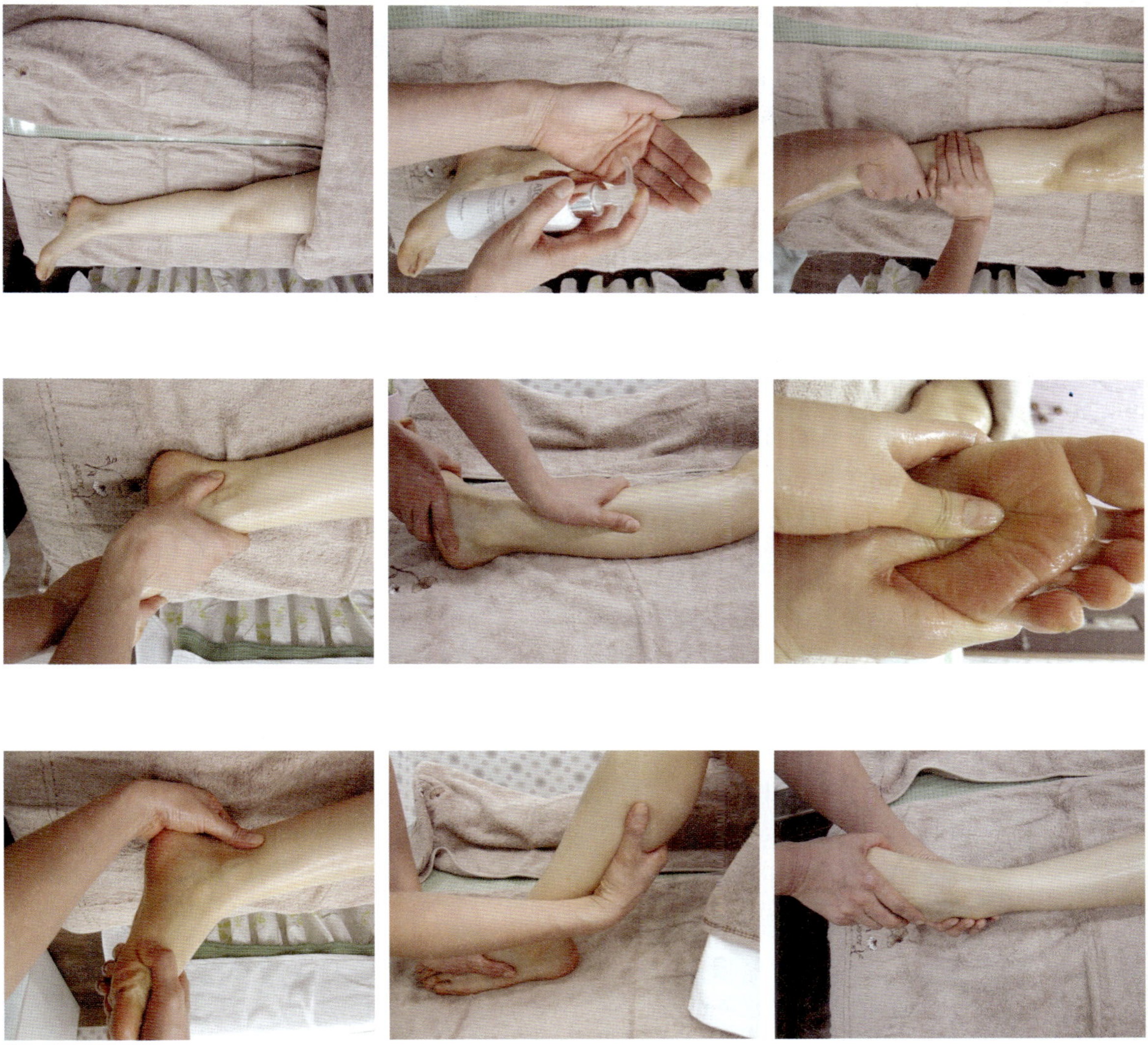

Eco-Mom Foot Massage

4) Eco-Mom Foot Jewelry Therapy(발 보석요법)

① 호안석 수정으로 안쪽 복사뼈 문지르고 종아리 안쪽 훑어 올리기

호안석 수정으로 안쪽 복사뼈 부위를 문지르기 해주고 종아리 안쪽 훑어 올려 무릎 위 10cm까지 양손 모아 문지르기를 해준다.

② 호안석 수정으로 바깥쪽 복사뼈 문지르고 종아리 안쪽 훑어 올리기

호안석 수정으로 바깥쪽 복사뼈 부위를 문지르기 해주고 종아리 바깥쪽 훑어 올려 무릎 위 10cm까지 양손 모아 문지르기를 해준다.

③ 호안석 수정으로 종아리 바깥쪽 중앙 길게 훑어 올리기

호안석 수정으로 종아리 바깥쪽 중앙 훑어 올려 무릎 위10cm까지 양손 모아 문지르기를 해준다.

④ 호안석 수정으로 족내외과 문지르기

호안석 수정으로 네 손가락을 이용하여 족내외과 부위를 문지르기를 해준다.

⑤ 호안석 수정으로 중족골 문지르기

호안석 수정으로 엄지를 이용하여 중족골 부위 문지르기를 해준다.

⑥ 호안석 수정으로 주요 경혈점 자극하기

용천 - 수뇨관 - 방광 - 전두동 - 뇌하수체, 대뇌, 소뇌 - 삼차신경 - 목, 눈, 귀 - 승모근 - 폐 - 갑상선 - 위, 췌장, 십이지장 - 심장, 비장 (간, 담) - 대장(횡 , 상, 하행결장) - 생식기 단계별로 자극을 해준다.

⑦ 호안석 수정으로 아킬레스건 부위 쓸어 올리기

호안석 수정으로 다리를 세운 뒤 양손으로 발목을 잡고 네 손가락으로 아킬레스건 부위를 위로 쓸어 올리기를 해준다.

⑧ 호안석 수정으로 종아리 근육 문지르기

호안석 수정으로 양손 네 손가락으로 종아리 근육을 위, 아래 방향으로 쓸어 올리기를 해준다.

⑨ 호안석 수정으로 비복근 부위 훑어주기

호안석 수정으로 한손은 발목을 잡고 다른 손으로 비복근 부위를 훑어주기를 해준다.

⑩ 호안석 수정으로 종아리 쓸어 올리기

호안석 수정으로 양손바닥 교대로 발목에서 슬와브까지 쓰다듬기를 해준다.

⑪ 발끝부터 무릎 위 10cm까지 쓰다듬기

발끝부터 무릎 위 10cm까지 양손바닥을 이용하여 부드럽게 쓰다듬기를 해준다.

⑫ 발 목 잡고 떨어주기

양손으로 발목을 잡아당기면서 떨어주기를 해준다.

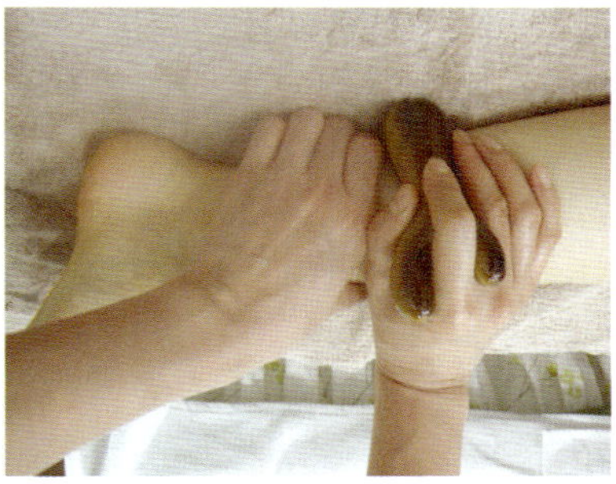
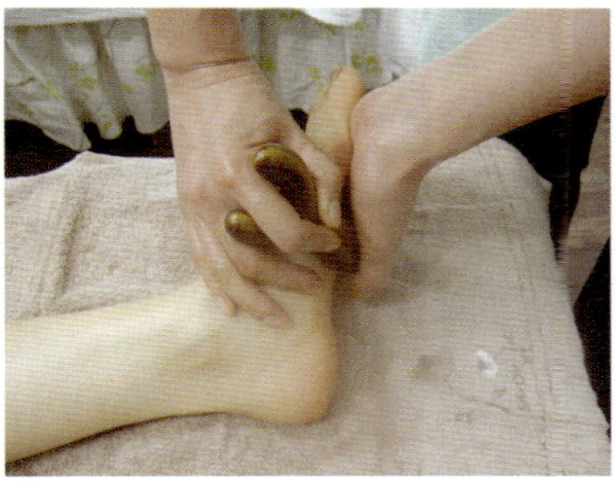
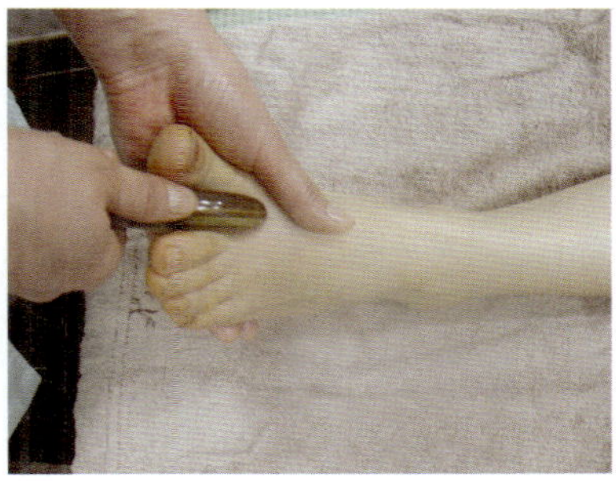
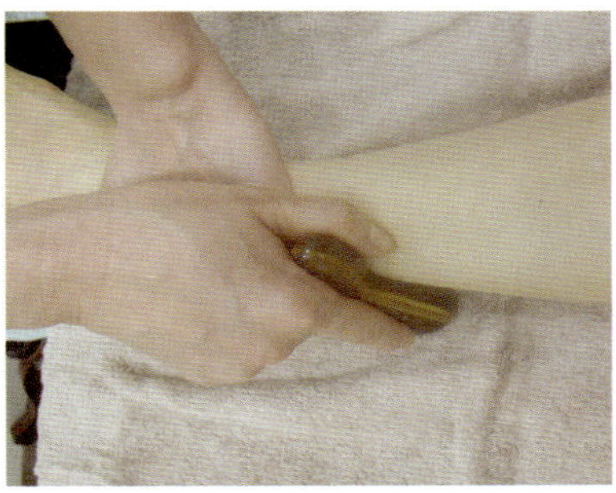
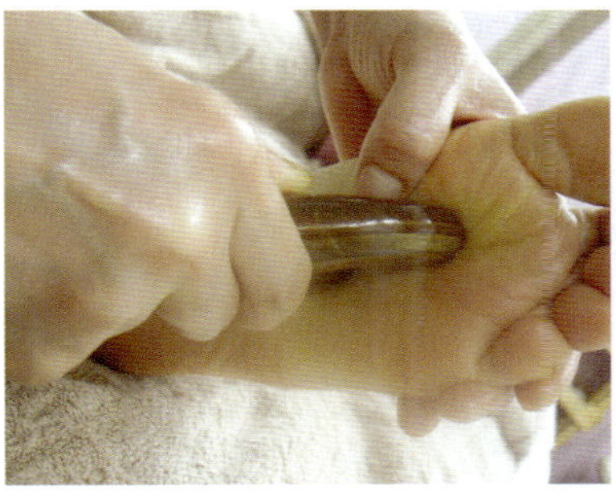
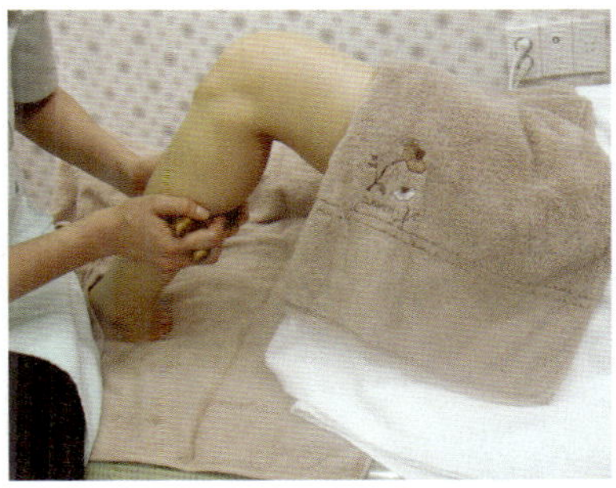

5) Eco-Mom Finishing Stretching(발 관리 후 스트레칭)

① 수건으로 닦아내주기
수건을 이용하여 누르듯이 닦아내주기를 해준다.

② 다리근육 집어주기
수건을 덮고 양손으로 다리 근육 전체를 눌러주기를 해준다.

③ 발목 돌려주기
한손은 발목을 잡고 다른 손으로 발가락 끝을 잡고 돌려주기를 해준다.

④ 발 안쪽으로 눌러주기
한손은 발목을 잡고 다른 손으로 발가락 끝을 잡고 안쪽으로 눌러주기를 해준다.

⑤ 발 바깥쪽으로 눌러주기
한손은 발목을 잡고 다른 손으로 발가락 끝을 잡고 바깥쪽으로 눌러주기를 해준다.

⑥ 중족골 눌러주기
양손 엄지로 중족골 부위를 눌러주기를 해준다.

⑦ 발 목 잡고 떨어주기
양손으로 발목을 잡아당기면서 떨어주기를 해준다.

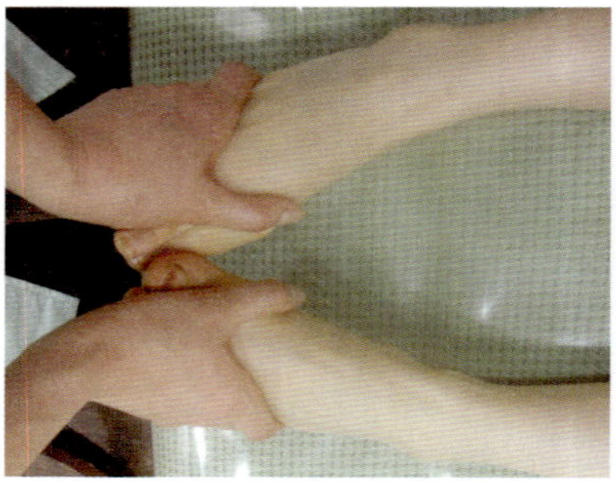

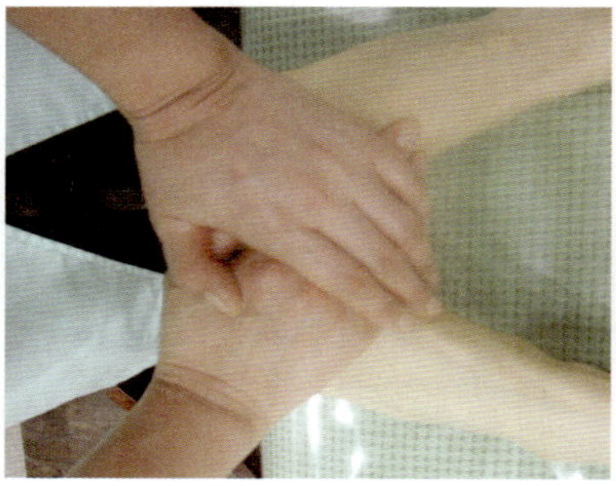

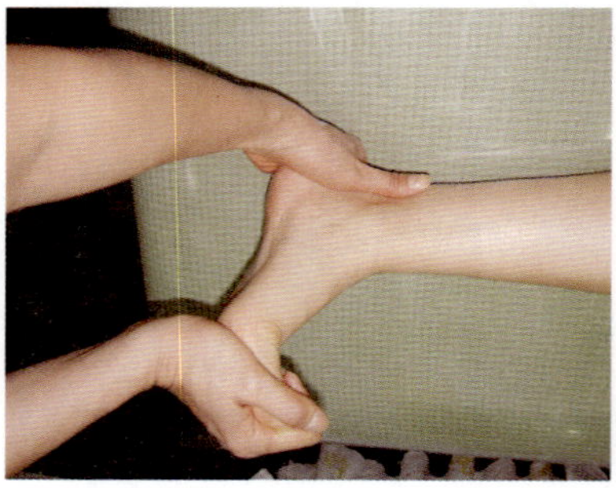

TIP ~~ 발마사지 주요 반사구 익히기

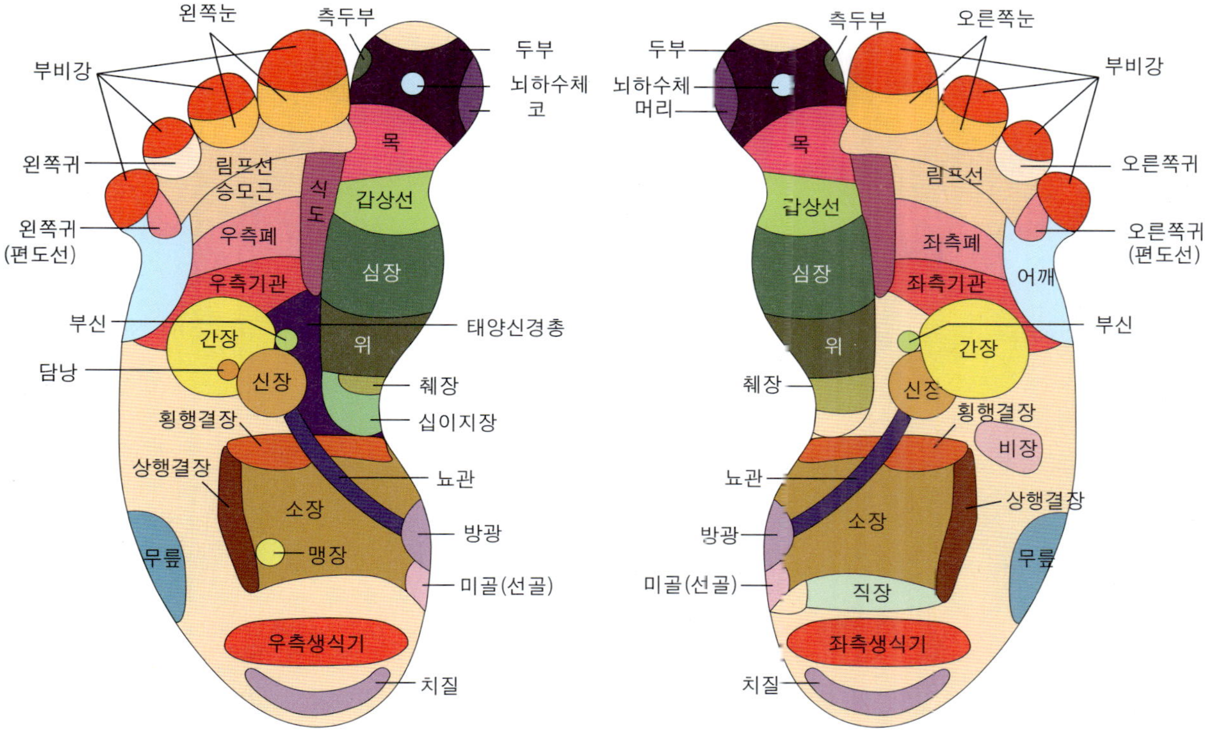

제 4장

Eco-Mom Beauty Therapy 응용

제 4 장

Eco-Mom Beauty Therapy 응용 (시간대별 고객 맞춤형 두피관리 프로그램)

두피 및 모발관리 관련시장은 미용 산업분야 가운데 가장 성장기대가 큰 블루오션 시장이라고 할 수 있다. 두피 및 모발 관리 시장의 확대 가능성은 미용 산업의 변화 요인, 급격한 산업 발달로 이해 야기되는 부정적인 환경 요인, 생활 수준 향상에 따라 건강과 아름다움에 대한 관심 증가로 이어지는 사회적 요인 등을 통해 더욱 부각되어지고 있다.

이러한 미용 산업 동향과 변화하는 고객의 필요 욕구에 부응하여 Eco-Mam Head-Spa 전문점 운영을 위한 고객 맞춤형 두피 관리 프로그램을 제안하고자 한다.

희망 고객별 여건이나 환경, 경제적인 욕구를 감안하여 시간대별 5개 코스로 구분하여 두피관리 프로그램을 구성하였다.

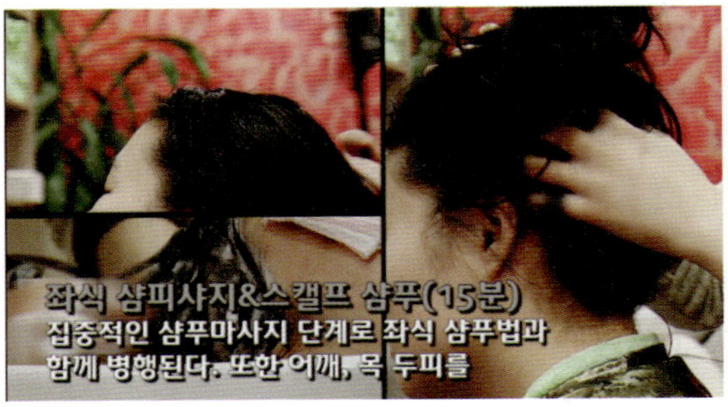
좌식 샴피사지&스캘프 샴푸(15분)
집중적인 샴푸마사지 단계로 좌식 샴푸법과
함께 병행된다. 또한 어깨, 목 두피를

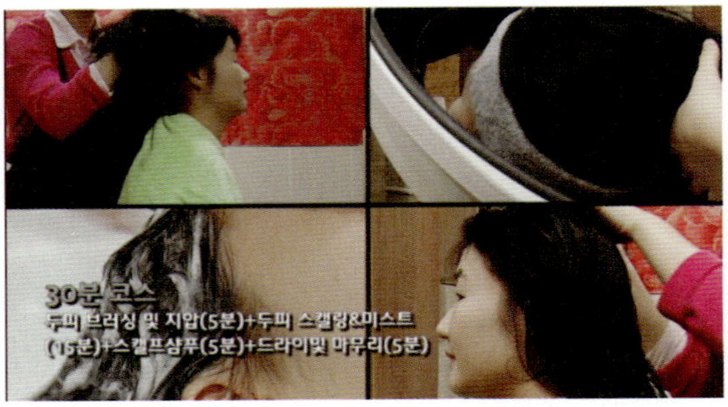
30분 코스
두피 브러싱 및 지압(5분)+두피 스캘링&미스트
(15분)+스캘프샴푸(5분)+드라이및 마무리(5분)

60분 코스
릴렉싱 마사지-상체(10분)+두피 브러싱 및
지압(5분)+두피 스캘링&미스트(15분)

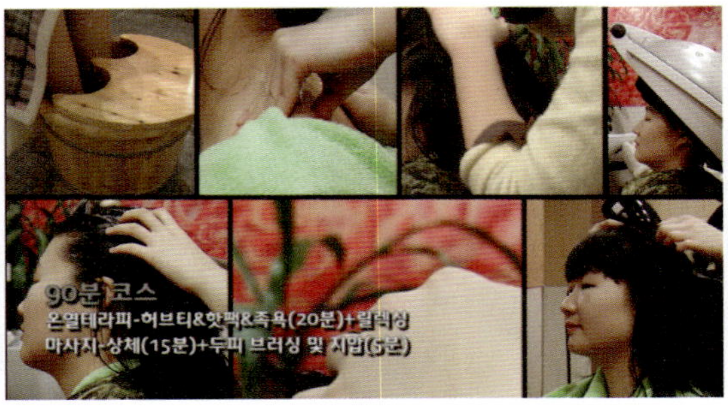
90분 코스
온열테라피-허브티&핫팩&족욕(20분)+릴렉싱
마사지-상체(15분)+두피 브러싱 및 지압(5분)

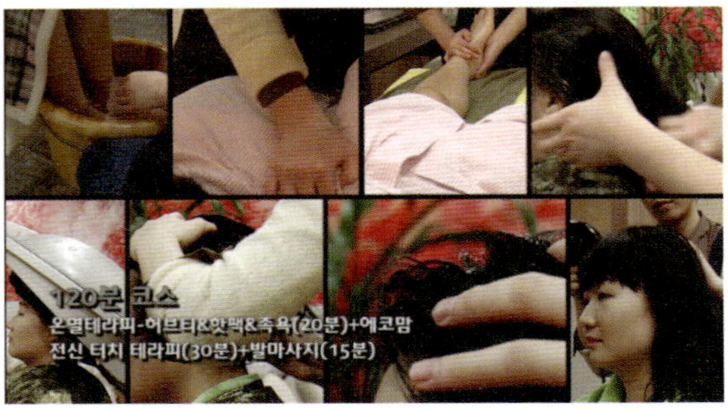
120분 코스
온열테라피-허브티&핫팩&족욕(20분)+에코맘
전신 터치 테라피(30분)+발마사지(15분)

4.1 15분 코스

●● 샴푸대에서 바로 진행할 수 있는 간편한 크리닉 샴푸 코스입니다.

두피 브러싱 및 지압(5분) + 스캘프 샴푸(5분) + 드라이 및 마무리(5분) 순서로 이어집니다.

● 두피 브러싱 : 두피의 혈행 장애와 과다한 피지선의 발달로 인한 피지 분비로 모공을 수축, 퇴화시켜 모발의 탈락을 가져오는 문제성 두피에 개선을 위한 준비단계로 브러싱을 통해 미세 먼지와 노폐물을 제거하여 두피의 혈행을 원활히 한다.

- 두피 브러싱을 효과적으로 하는 방법은 헤어라인에서 정수리 부분에 있는 백회로 끌어 올려 빗질한다.
- 두피 브러싱 전에 모발 끝에 가볍게 오일을 발라주면 엉킨 모발을 쉽게 풀어주어서 고객이 불편함을 덜어주는 모발 관리 서비스에 도움을 준다.
- 두피 브러싱을 할 때 사용하는 쿠션브러시는 두가지 종류의 빗을 사용하여 처음에는 엉킨 모발을 자연스럽게 풀어주고 후에는 두피 마사지가 되도록 사용해준다.

● 두피 지압 : 두피의 경혈점을 자극하여 두피 혈액순환을 원활하게 하고 모발의 성장을 촉진한다. 림프액에 영향을 주어 독성물질의 응집을 보다 효과적으로 제거하여 두피 피로를 방지해주므로 탈모방지에 효과적이다.

- 두피 지압시에는 고객의 자극에 대한 반응을 세심하게 관찰하여 너무 강한 압으로 심한 통증이나 불쾌감을 느끼지 않도록 주의한다

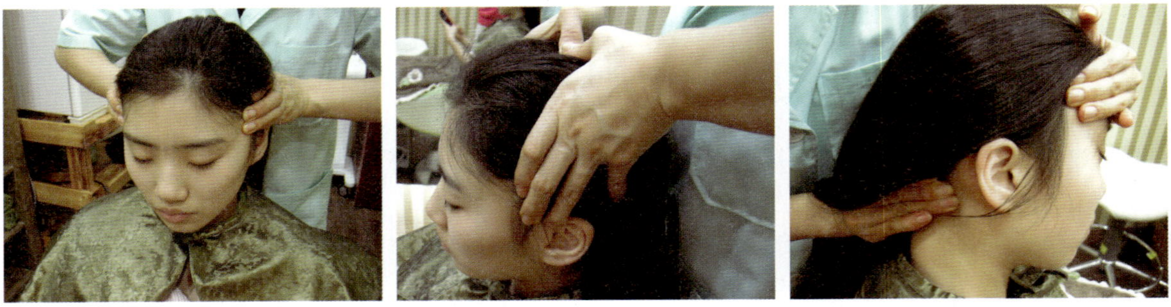

● 두피 샴푸 : 두피 마사지 및 두피의 노폐물을 제거하여 모근의 활성화를 돕는다. 미생모 샴푸를 손에 덜어 충분히 거품을 낸 후 두피를 고루 샴푸한다.

- 샴푸시에는 적당한 손압으로 두피 전체를 고루게 마사지해주고 노폐물과 샴푸액이 잘 제거될 수 있도록 꼼꼼히 헹구어 준다.

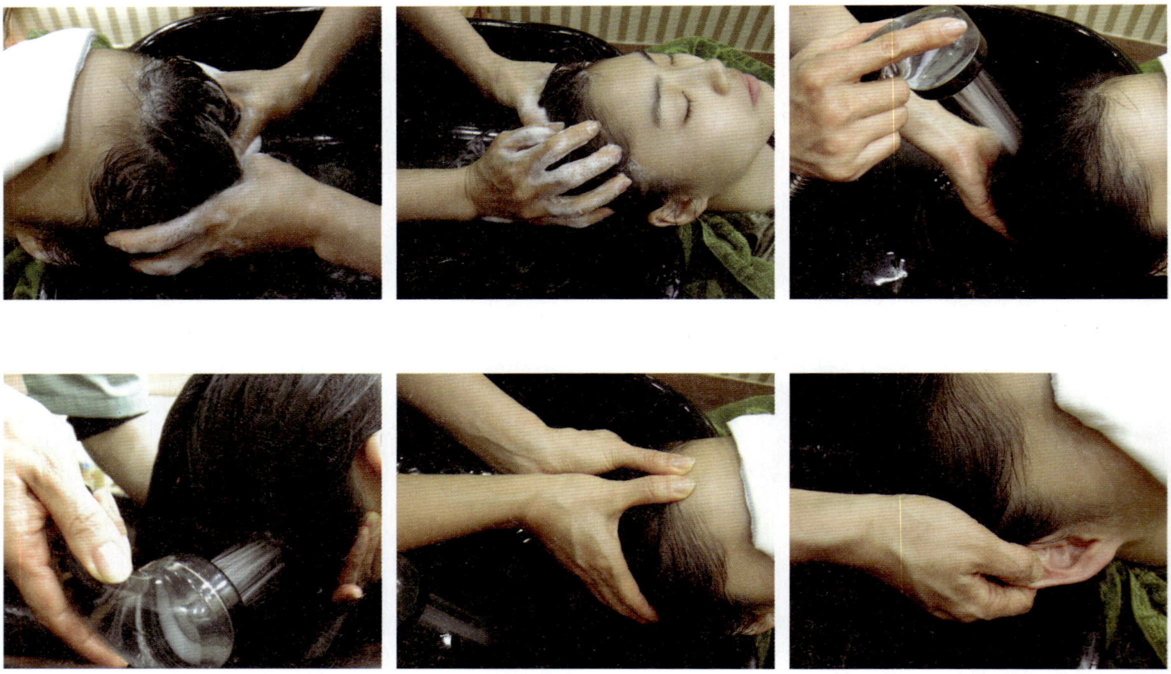

● 드라이 및 마무리 : 모발을 건조시킬 때는 샴푸대에서 타올드라이를 통해 두피 및 모발의 물기를 충분히 제거하고, 드라이를 사용할 때는 두피에 드라이 열이 직접 닿지 않도록 주의한다.

- 마지막 모발 건조와 스타일링을 할 때는 스트레칭을 하는 동안 일부 자연건조를 유도하고 드라이 사용 시간을 최대한 줄일 수 있도록 주의한다.

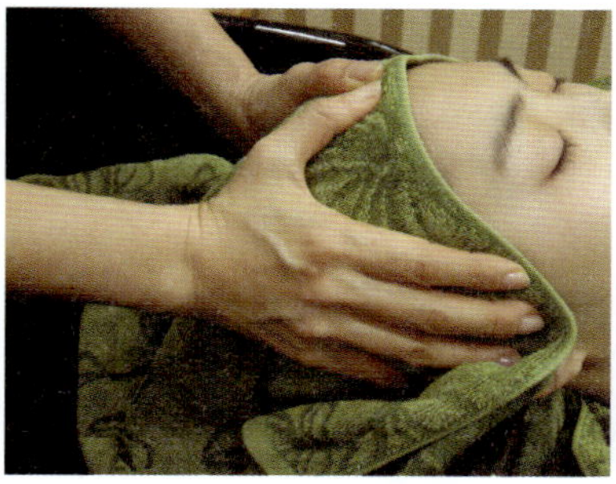
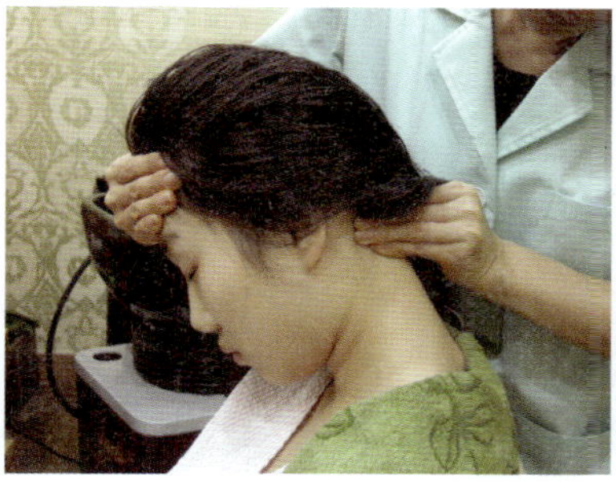
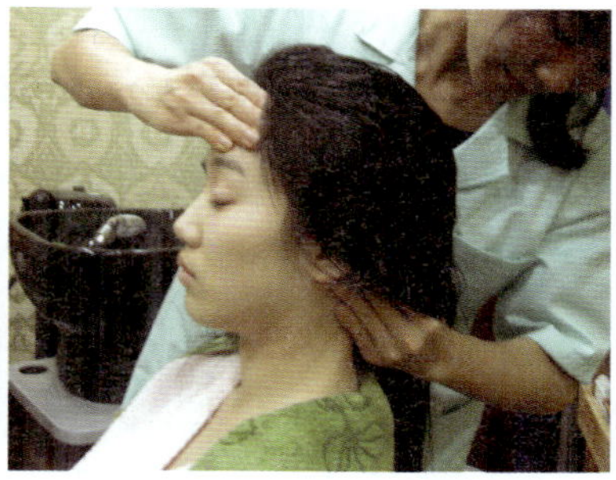
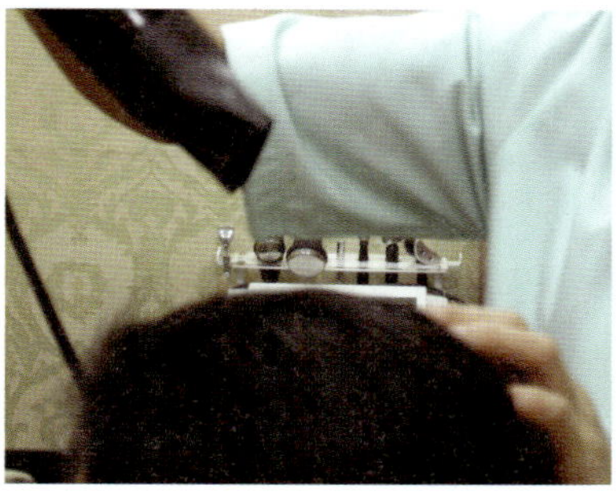

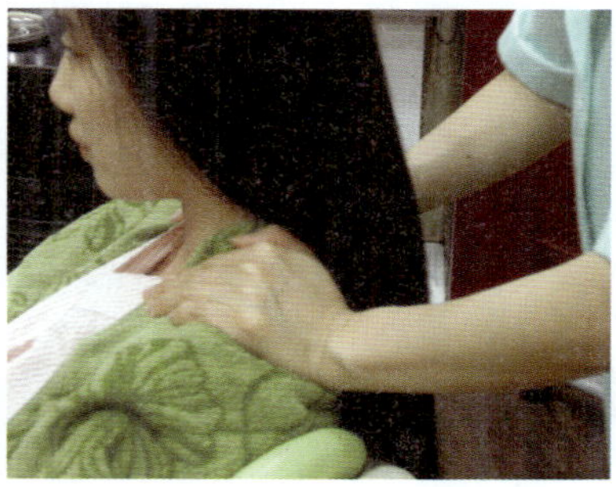

4.2 30분 코스

●● 두피 스캘링 과정과 기본 샴푸로 연결되는 코스입니다.

두피 브러싱 및 지압(5분) + 두피 스캘링 & 미스트(15분) + 샴푸(5분) + 드라이 및 마무리(5분) 순서로 이어집니다.

- 두피 브러싱 및 지압(5분)
- 두피 스캘링 & 미스트(15분) : 샴푸와 두피 마사지를 할 때 두피에 과도한 자극 없이 노폐물을 효과적으로 배출시키기 위한 준비 단계이다. 소독 및 항균작용에 좋은 허브 발효액 + EM 항산화물을 에어 브러쉬로 두피에 도포한 후 미스트기를 이용해 수분 미립자 형태로 공급하여 두피에 쌓인 각종 노폐물을 1차적으로 제거해준다.

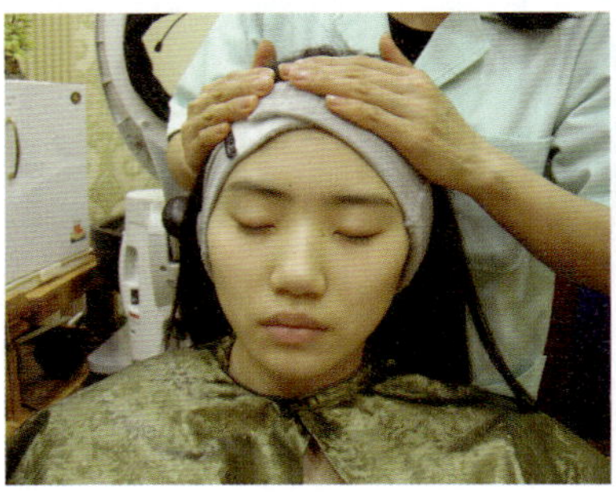
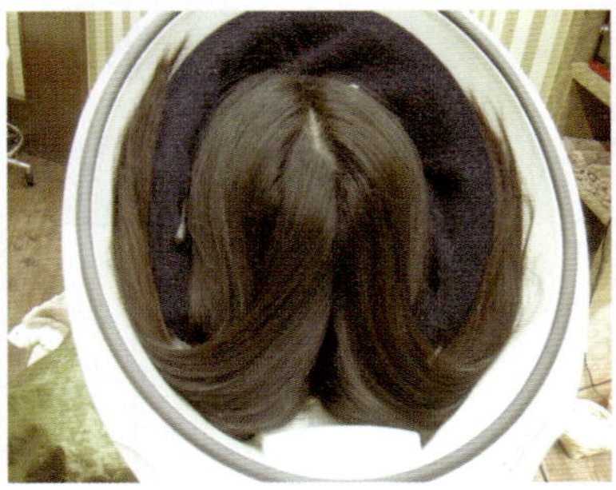
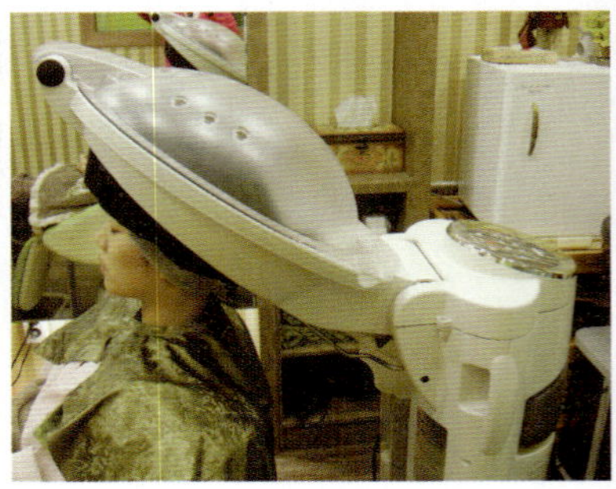

- 샴푸(5분)
- 드라이 및 마무리(5분)

4.3 60분 코스

●● 상체를 중심으로 한 릴렉싱 마사지와 홍수정을 이용한 보석테라피 과정이 추가된 일반적인 두피 및 모발 관리 기본 코스입니다.

릴렉싱 마사지 – 상체(10분) + 두피 브러싱 및 지압(5분) + 두피 스캘링 & 미스트(15분) + 좌식 & 스캘프 샴푸(15분) + GROWTH TONIC & 보석테라피(5분) + Finishing stretching & Hair Dry(10분) 순서로 이어집니다.

● 상체(어깨, 목) – 릴렉싱 마사지(10분) : 뭉친 어깨 근육과 승모근 및 목덜미의 근육을 마사지하여 막힌 경혈을 풀어 두피로의 혈액순환을 촉진시킨다.

- 다양한 조건의 스트레스와 환경오염에 과다 노출되어 있으며 이는 긴장된 목과 어깨 근육의 경직으로 이어진다.
  환경오염 뿐만 아니라 잘못된 식습관이나 음주, 흡연 또한 간에 부담을 주어 모발과 두피에 악영향을 끼치고 있다. 두피 관리에서 마사지는 탈모와 밀접한 관련이 있는 주변 근육을 이완시키는 것으로 특히 탈모 고객의 경우 어깨와 목 근육이 경직되어 있는 경우가 대부분으로 두통을 유발할 수도 있으므로 말초 신경을 충분히 자극하고 혈행을 풀어 두피 관리의 효과를 높인다.
- 마사지에는 EM 발효 오일을 도포한 후 피부에 무리가 가지 않도록 적당한 압을 사용한다. 목과 어깨근육을 이완시킬 경우에는 고객의 질환 여부를 미리 파악하여 고혈압의 위험이 있는 경우에는 목을 먼저 풀어 준 다음 어깨 쪽으로 이동(반대의 경우 어께에서 목으로 이동)해 주면 기혈 순환의 조화를 맞추어 근육이완 효과를 극대화 할 수 있다.

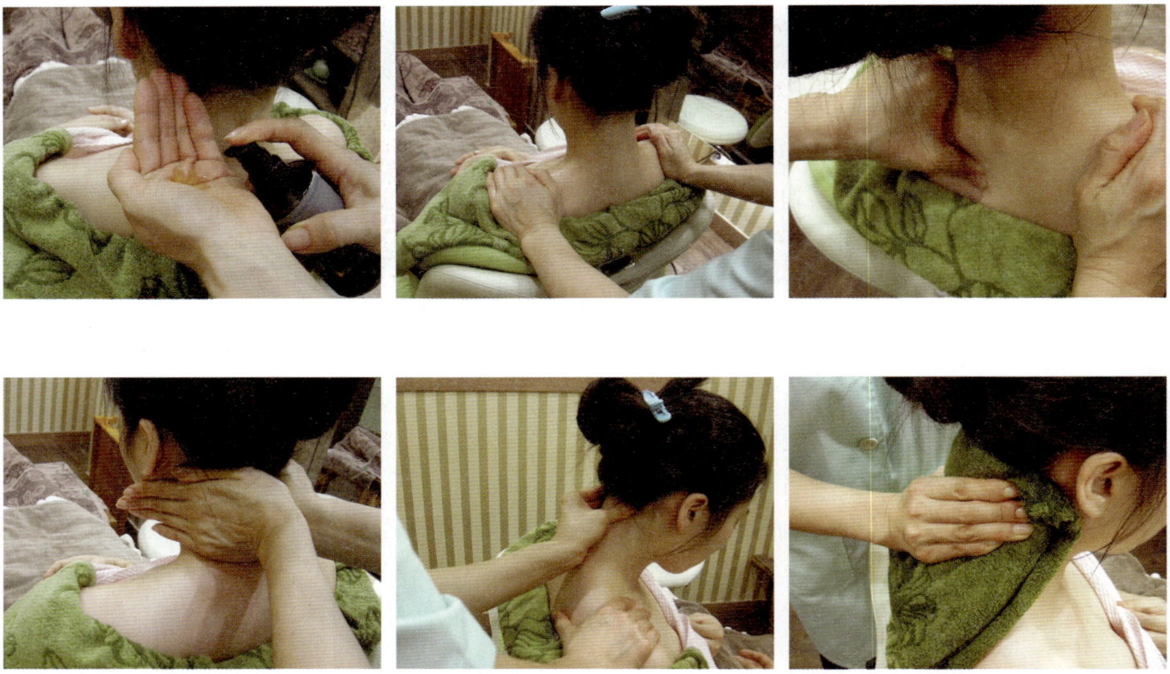

● 두피 브러싱 및 지압(5분)

● 두피 스캘링 & 미스트(15분) : 두피 스캘링 후 미스트기를 사용할 때는 고객의 목이 불편하지 않도록 위치 조절에 주의한다.

- 에어스프레이(5분)는 모낭 깊숙이 산소를 공급해주고 영양 성분의 흡수를 촉진시키며 스켈링 시약으로 사용하고 있는 허브 발효 물질을 두피에 고르게 도포시켜준다.
- 미스트기(10분)는 두피에 적절한 수분 공급과 함께 가온에 의한 물 분자운동의 활성화로 골고루 균일한 공급을 하여 스켈링의 효과를 증진시킬 수 있도록 도와준다. 미스트기의 마지막 쿨링 기능은 온도와 활성화된 분자운동을 급격히 낮춰주어 두피를 진정시켜 청량감과 상쾌함을 준다.

● 좌식 샴피샤지 & 스캘프 샴푸(15분) : 집중적인 샴푸마사지 단계로 좌식샴푸법과 함께 병행된다. 또한 어깨, 목, 두피를 이완시키며 두피의 노폐물을 제거하여 모근의 활성화를 돕는다.

- 탈모의 주요 원인인 피지, 노폐물, 모낭충 배설물 등의 유해 환경으로부터 두피환경을 깨끗하게 개선시켜 두피 톤을 맑게 하주고, 두피의 기능을 정상적으로 회복 시켜주어 다음 단계의 효과를 극대화 시킨다.
- EM 미생모 샴푸는 희석을 위한 볼을 준비하여 '샴푸 2 : EM 활성액 4 : 물 4' 정도의 비율을 맞추고 브러시를 이용해 충분히 거품을 낸 다음 두피에 고루 바른 후 샴푸마사지를 해준다.

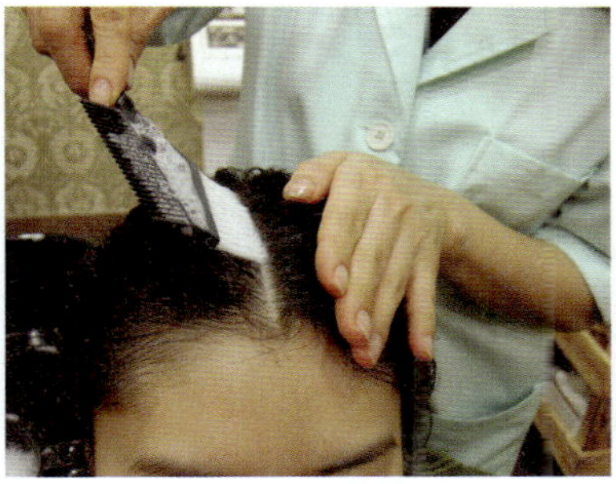

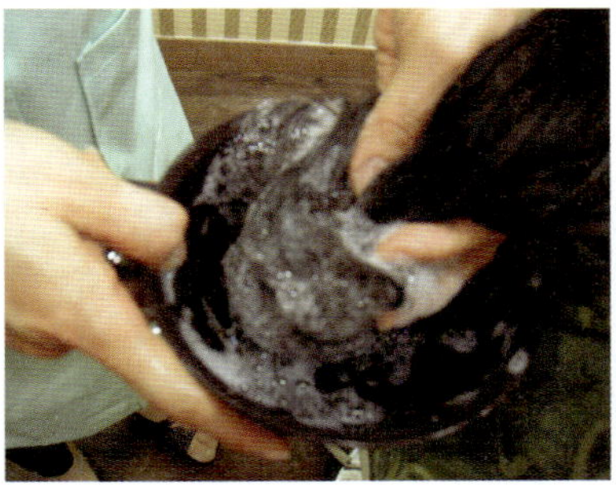

● GROWTH TONIC & 보석테라피(5분) : 두피에 영양을 공급하는 단계로 GROWTH TONIC과 보석테라피를 응용해 보습과 두피의 혈액순환을 촉진시키고, 두피와 모낭의 활성화로 탈모 방지 및 육모 효과에 도움을 주는 단계이다.

- 탈모 방지, 양모 및 발모 촉진, 점진적인 발모 단계에 도움을 주는 EM특수시약(hair growth tonic)을 도포하여 피지 밸런스 조절 및 두피보습, 균의 활동 저하 및 두피염증 완화, 진정, 면역력을 강화시켜주는 단계이다.
- 타올드라이로 물기를 제거한 후 GROWTH TONIC을 두피에 도포하고 토닉이 두피에 자연스럽게 작용하도록 홍수정을 이용해 두피의 주요 경혈점을 자극해 준다. 수정이 가지고 있는 안정성과 정확한 파동의 기운이 흐트러진 인체 리듬을 회복시키는데 도움을 주는 과정이다.

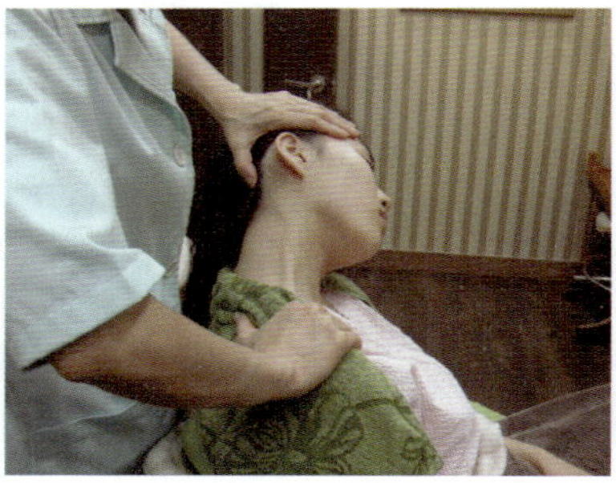
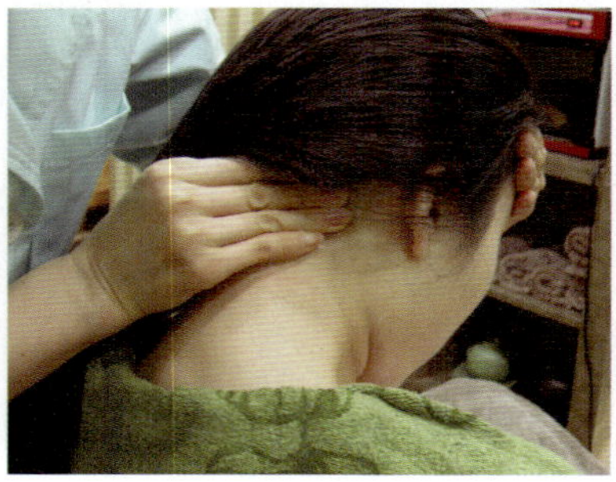

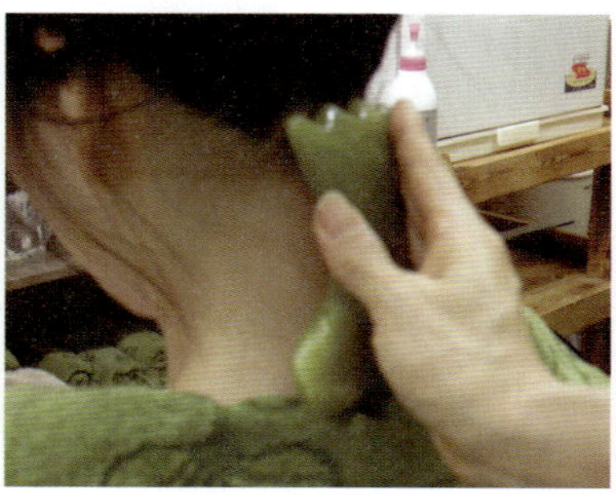

● Finishing stretching & Hair Dry(10분) : 마무리 스트레칭 후 두피 및 모발을 건조시킬 때는 두피에는 가능한 뜨거운 드라이 열을 피하고 자연풍으로 두피를 건조시킨다. 그러나 모발의 스타일링을 위해서는 적당히 온풍을 사용하는 것이 바람직하다. 마지막 스타일링에는 모발 타입에 맞는 모발 전용 오일이나 에센스를 사용한다.

- 마무리 단계에서는 먼저 finishing stretching을 고객과 함께 진행한다. 무리가 가지 않도록 고객의 준비 상태를 파악하고 몸의 유연성을 배려하여 남은 몸의 피로를 상쾌하게 풀어주는 단계이다.
- 의자나 샴푸대에서 풀리지 않은 몸의 긴장을 가벼운 스트레칭으로 풀어주고 두피 및 모발 건조와 보기좋게 고객이 원하는 헤어스타일을 완성해주는 단계이다.

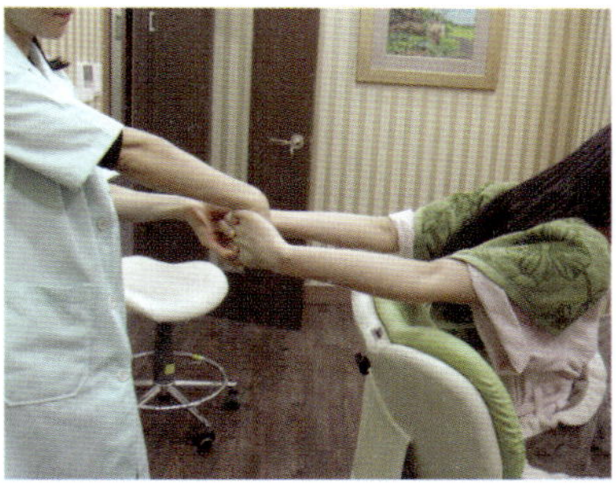
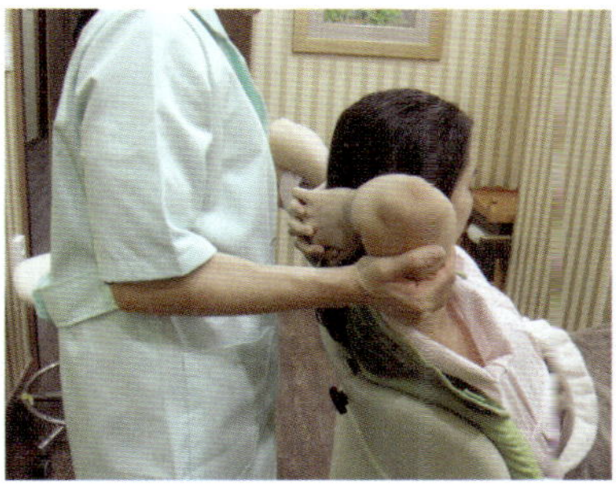
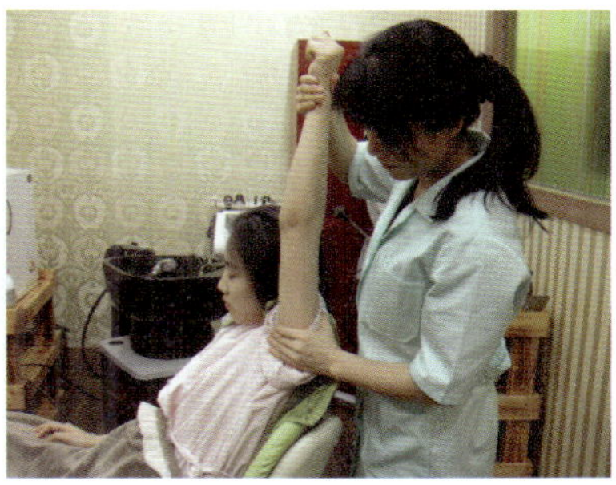

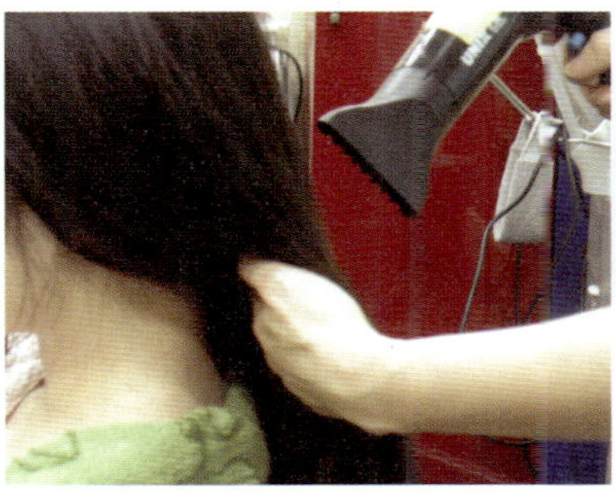
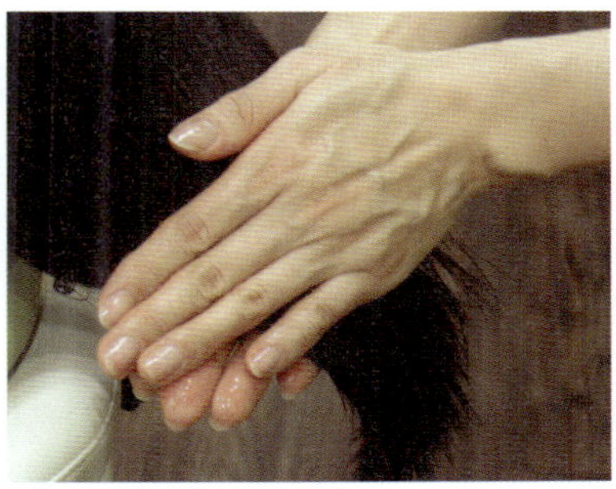

4.4 90분 코스

●● 일반적인 두피 및 모발 관리 코스에 온열테라피, 두피의 딥 스켈링 과정이 추가된 코스입니다.

온열테라피 – 허브티 & 핫팩 & 족욕(20분) + 릴렉싱 마사지 – 상체(15분) + 두피 브러싱 및 지압(5분) + 두피 스켈링 & 미스트(20분) + 좌식 & 스캘프 샴푸(15분) + GROWTH TONIC & 보석테라피(5분) + Finishing stretching & Hair Dry(10분) 순서로 이어집니다.

● 온열 테라피(20분) : 계절에 따른 따뜻한 허브차와 EM 온열팩 요법을 활용하여 온열작용과 향기요법을 병행함으로써 근육의 긴장을 완화시키고 심신의 안정을 유도한다.

● 허브차

- 허브차는 독특한 빛깔과 향을 가지고 있어서 코로 흡입되는 미량의 휘발성 성분이 뇌에 도달하여 가벼운 아로마테라피 효과를 주며 탄닌, 후라보노이드, 비타민 성분의 효과와 항산화 작용이 있다.
  또한, 커피처럼 카페인이 함유되어 있지 않아 건강 증진에 도움이 된다. 허브는 신경을 안정시키고 불면증 치료에 도움이 되며 긴장완화와 진정작용이 있다.

● EM 세라믹 온열팩

- 우리 몸은 약 70%의 수분으로 이루어져 있으며 이는 곧 신진대사, 혈액순환, 기의 원활한 순환을 이루는 근간으로 작용한다.
  따뜻한 몸은 바이러스의 퇴치, 근육의 이완과 릴렉스 효과를 증대시켜 심신의 안정과 맑은 기운으로 몸을 건강하게 하며 온열 요법은 근골격계의 문제점인 통증과 근육의 경련을 감소시켜 관절의 운동성을 증가시키고 혈류(Blood flow)를 증가 또는 감소하여 통증을 줄이고 근육을 이완한다. 어깨의 경직된 부위에 따뜻한 EM팩을 함으로써 혈관이 확장되어 혈액 순환을 도와 더욱 릴렉싱시켜 준다.
  EM 세라믹 온열팩은 피부에 접촉시 자극이 없는 천연 염색 면천을 활용하고 EM 세라믹 250g/팥 750g을 비율 하여 만든 다음 온장고에 넣어 사용한다.

● 족욕

- 족욕으로 하체를 따뜻하게 함으로써 몸 전체의 균형을 잡아 혈액 순환 장애와 냉증을 해소하는 건강법이며 상체 열과 땀을 내리는 방법이기도 하며 현재 두피 크리닉실에서도 보조 요법으로 쓰고 있다. 이런 방법들은 '수승화강'을 일으켜 두피의 열을 내리고 모발성장 환경을 좋게 만든다. 족욕은 가능한 매일 하는 것이 좋으며 40도 정도 되는 물에 20분 정도 하는 것이 좋다.
- EM 족욕을 위해서는 먼저 수질개선을 돕는 입욕용 EM 세라믹을 원목 족욕 통에 넣는다. 물과 EM 활성액 희석 농도는 물 4리터 기준 EM 활성액 40mL 정도를 혼합해 준다. 족욕을 마치면 EM 발효 오일을 가볍게 마사지하여 바른 후 마무리한다.
- 족욕 온도는 체온과 비슷한 38도 정도에서 시작하여 5분 단위로 1도씩을 올려 주어 몸에 자극이나 무리가 가지 않도록 주의한다.

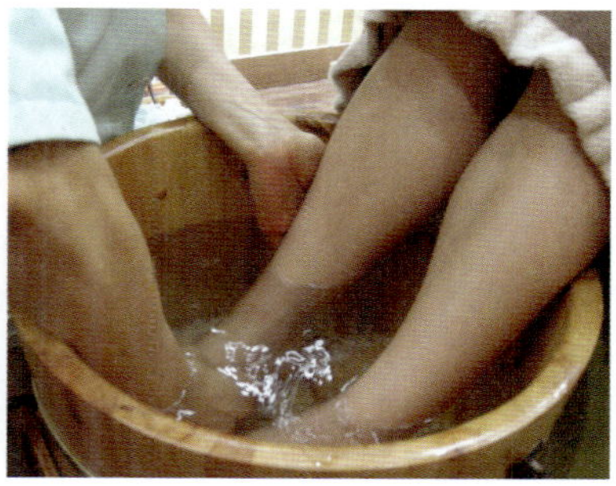
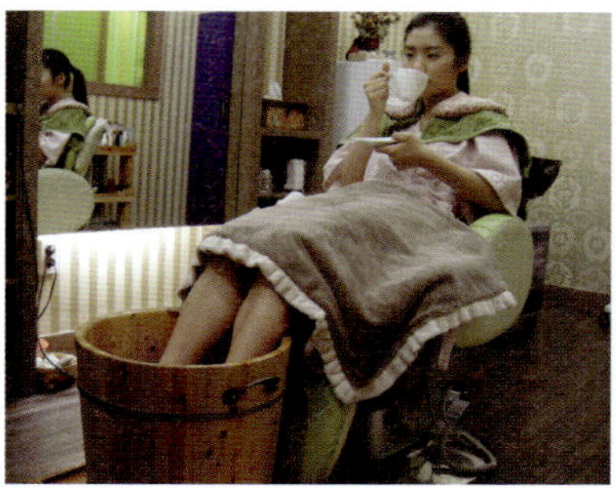
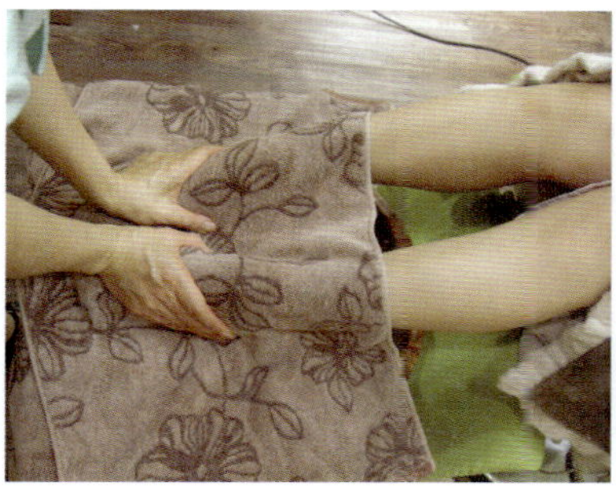
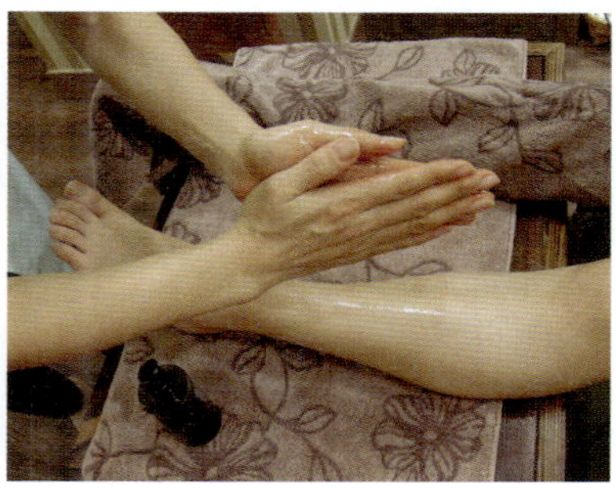

● 상체(손, 팔, 어깨, 목) – 릴렉싱 마사지(15분)

- 손, 팔 마사지를 추가해 혈액이나 림프의 순환을 촉진하고 신진대사를 왕성하게 한다. 또한 전신적인 마음의 안정과 평화를 주고 에너지(氣)의 흐름에 밸런스를 맞추어 스트레스 해소에 도움을 주며 근육의 이완을 돕는다. 우리 몸의 어깨 및 목 경직의 이완과 함께 그 효과를 배가시키는 과정이다.

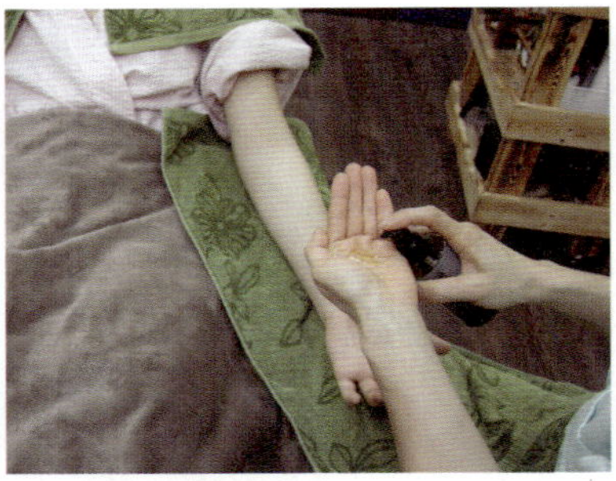
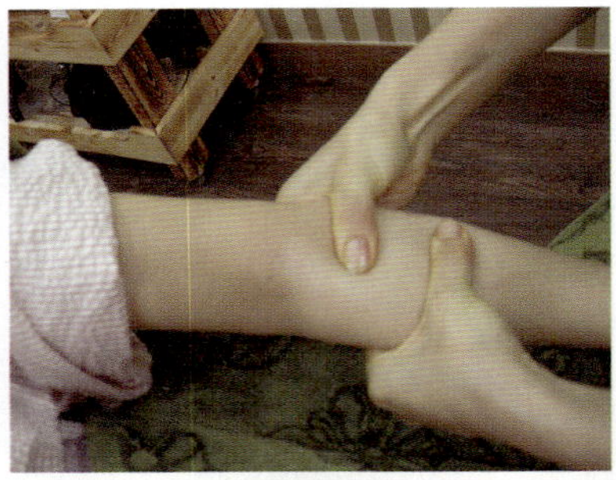
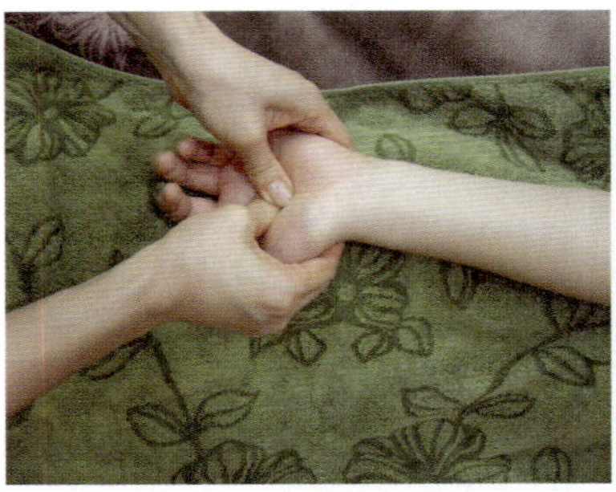
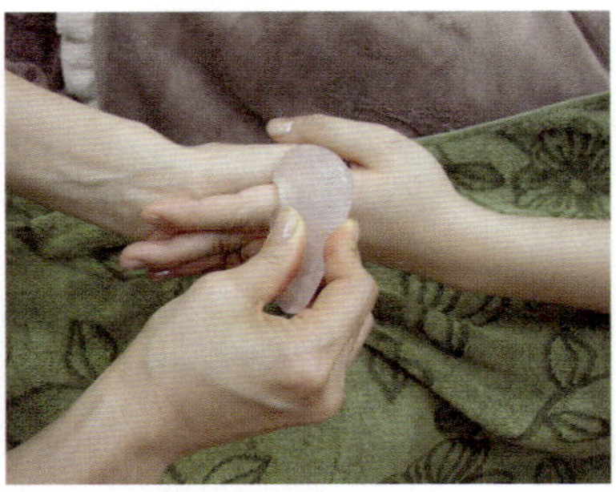
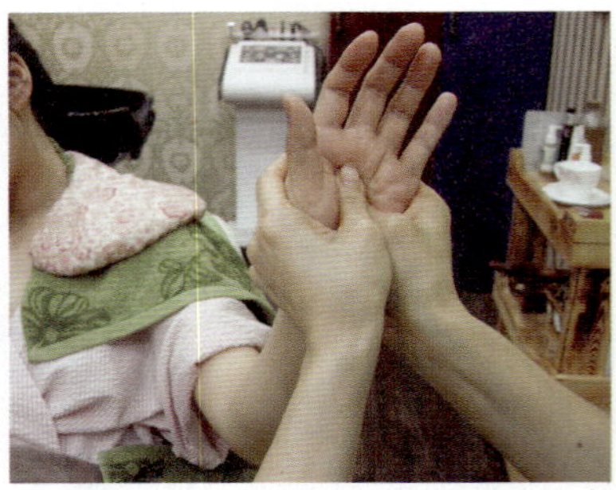

● 두피 브러싱 및 지압(5분)

● 두피 스케일링(에어 브러시 & 면봉) & 미스트(20분) : 에어브러시로 스켈링 액을 두피에 골고루 도포 한 후 코튼스틱을 이용해 2차 스켈링을 한다.

- 에어스프레이는 모낭 깊숙이 산소를 공급해주고 영양 성분의 흡수를 촉진시키며 스켈링 시약으로 사용하고 있는 허브 발효 물질을 두피에 골고루 도포시켜 준다.
- 코튼스틱은 두피에 쌓인 각종 각질, 비듬 등을 제거 해주고 면봉 스켈링 시약으로 사용하고 있는 허브 발효 물질을 두피에 골고루 문질러 도포시켜준다.

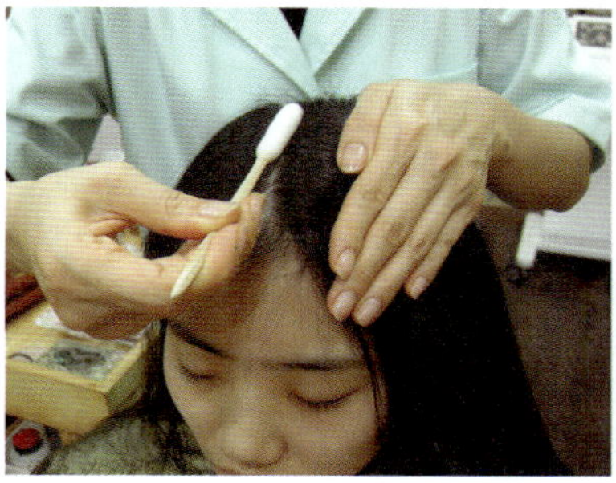
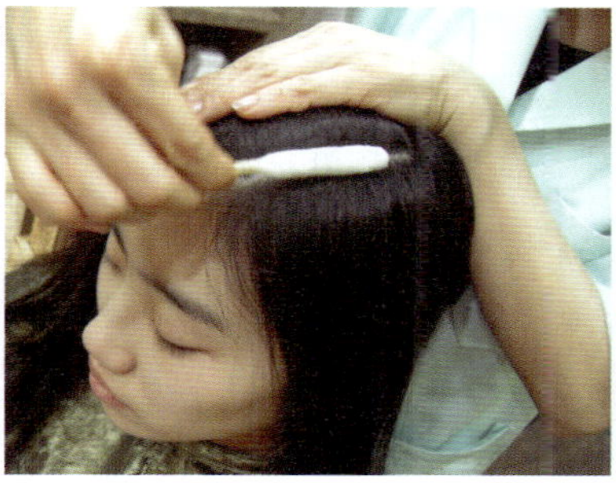

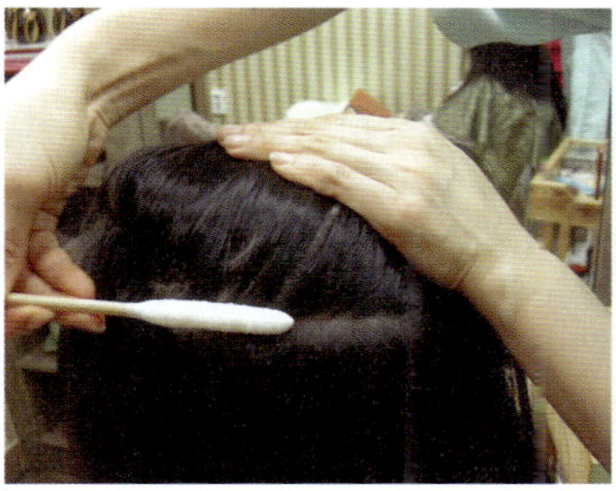

● 좌식 & 스캘프 샴푸(15분)

- 두피 및 모발의 정확한 세정과 함께 목덜미의 근육이완, 귀마사지를 병행하여 샴푸마사지 효과를 극대화 시켜주는 단계이다.

● GROWTH TONIC & 보석테라피(5분)

● Finishing stretching & Hair Dry(10분)

4.5 120분 코스

●● 전신의 피로를 풀고 경직된 근육을 이완시켜 인체경맥의 조화와 균형을 찾아 두피 및 모발의 건강을 지키게 하는 에코맘 전신 터치 테라피 과정이 포함되어 있습니다.

온열테라피 – 허브티 & 핫팩 & 족욕(20분) + 에코맘 전신 터치 테라피(30분) + 발마사지(15분) + 두피 브러싱 및 지압(5분) + 두피 스켈링 & 미스트(20분) + 좌식 & 스캘프 샴푸(15분) + GROWTH TONIC & 보석테라피(5분) + Finishing stretching & Hair Dry(10분) 순서로 이어집니다.

● 온열테라피 – 허브티 & 핫팩 & 족욕(20분)

● 에코맘 전신 터치 테라피(30분) : 인체의 어느 특정한 부위에 문제가 발생하면 그 장기나 기관의 치료와 기능 개선에만 치료의 중점을 두지 않고 그와 연결된 각 경맥을 조화롭게 만드는데 심혈을 기울여야 한다. 각 경맥이 상생과 상극 작용, 즉 서로 활동을 촉진시키고 활동을 억제시키는 힘이 균형을 이룰 수 있도록 평소 건강관리에 힘써야 한다. 또 몸에 이상이 생기면 부족하고 넘쳐나는 부분을 적절히 가감해 인체의 상생 상극 작용이 평형을 이루도록 도와준다.

- 모든 순서는 고객의 왼쪽을 먼저 시작하여 오른쪽으로 이동하고 가장 먼저 발가락을 시작으로 상극작용(몸 전체의 질서를 자유롭게 흐트러트린다. – 3, 1, 4, 2, 5)과 상생작용(재 질서를 찾아준다. – 1, 2, 3, 4, 5)을 유도한 후 몸의 네 군데 대문이라 할 수 있는 사관(四關)을 열어주고 몸의 주요 혈(血)자리들을 자극하면서 바로 누운 상태에서 인체의 전면을 적당한 압으로 터치해 준다.
- 얼굴과 백회까지 앞면 Touch Therapy가 끝나면 고객을 돌아눕게 하여 인체의 뒷면 두상을 시작으로 목, 어깨, 등, 엉덩이, 다리, 발의 순서로 전신의 주요 혈(血)자리를 자극해주고 뭉쳐있는 근육을 풀어준다.
- 기본 터치 순서가 마무리되면 엎드린 상태에서부터 어깨, 팔, 다리 등을 전신 스트레칭 해준다. 뒤쪽을 마치면 앞쪽으로 바로 돌아눕게 하여 다리, 팔, 목순서로 스트레칭한 후 마무리한다.

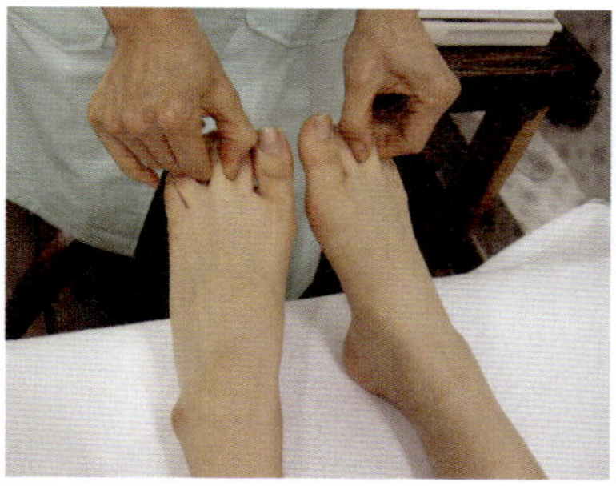
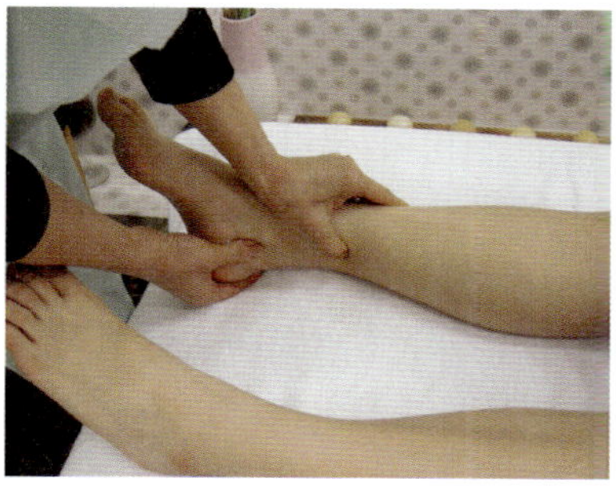
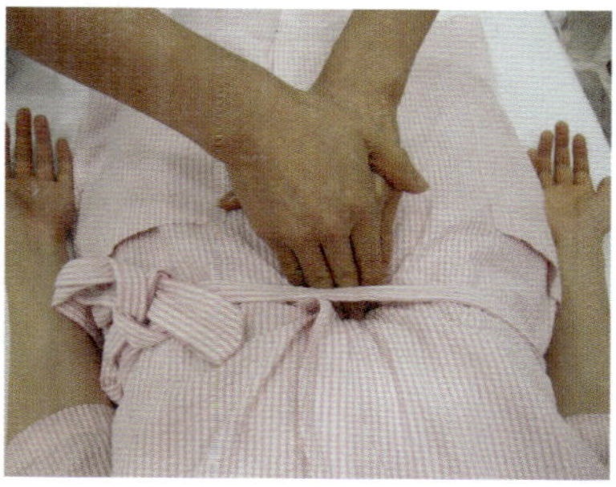

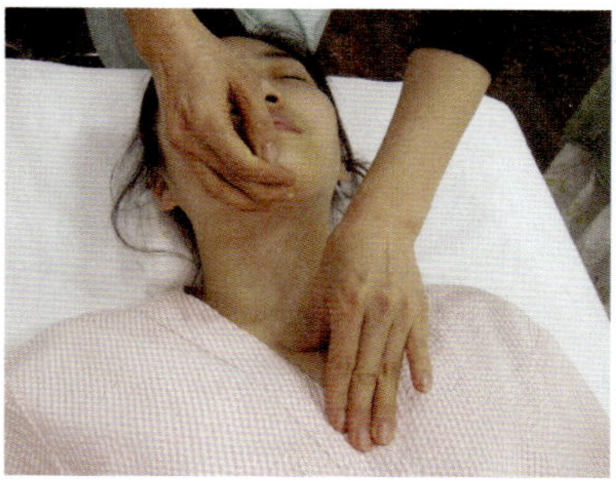
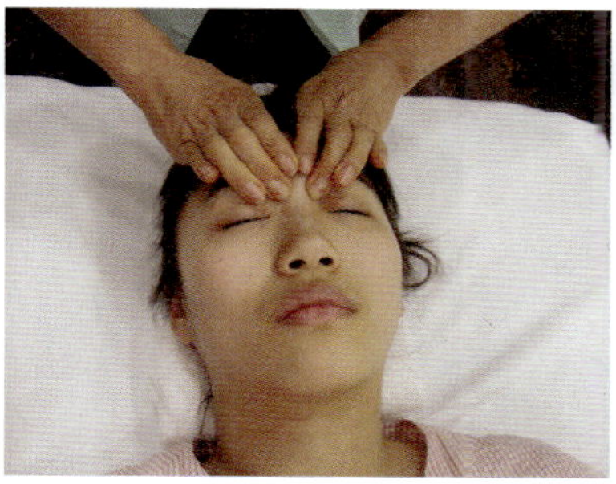
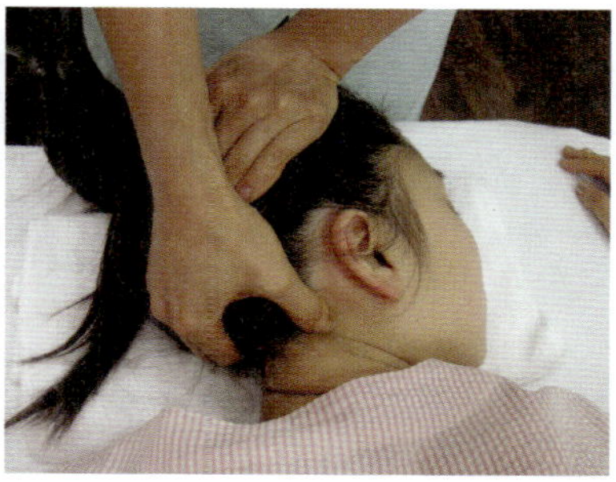

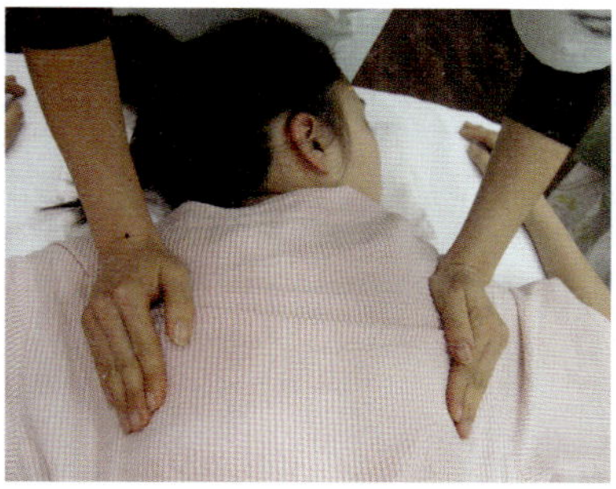
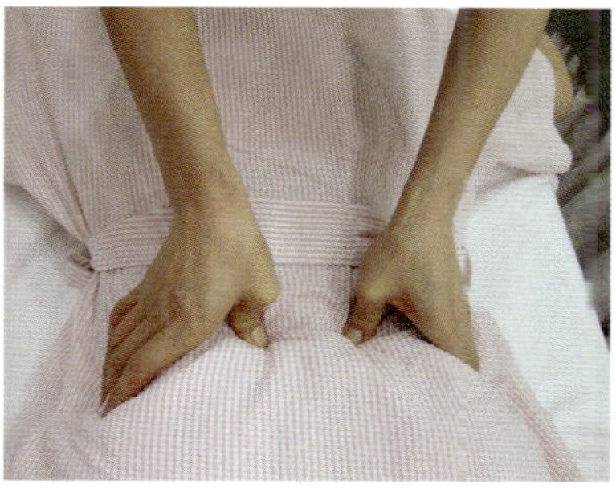
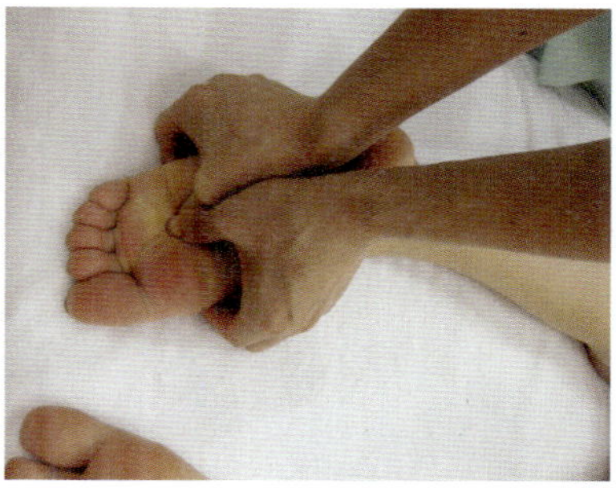

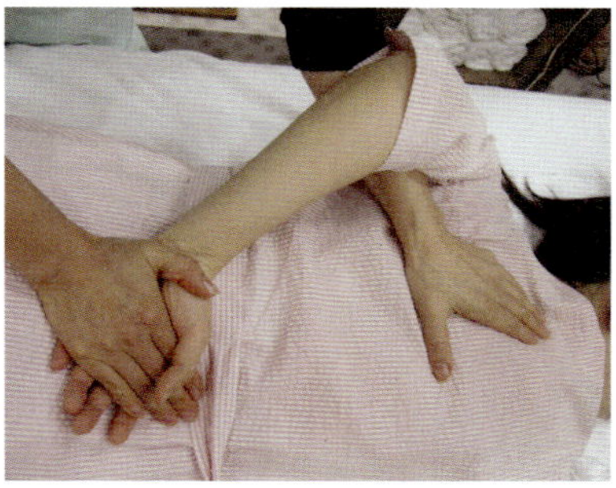
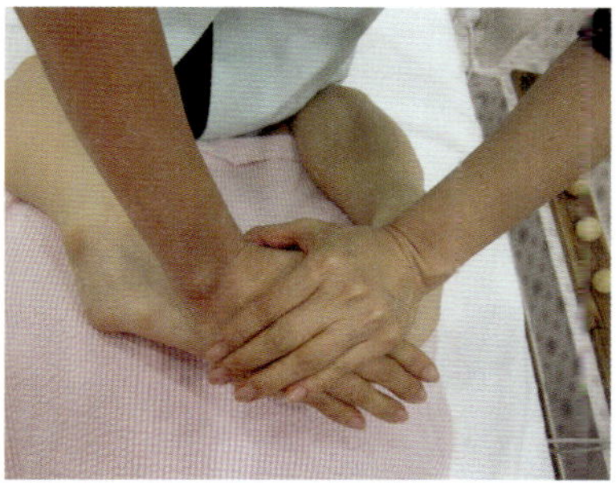
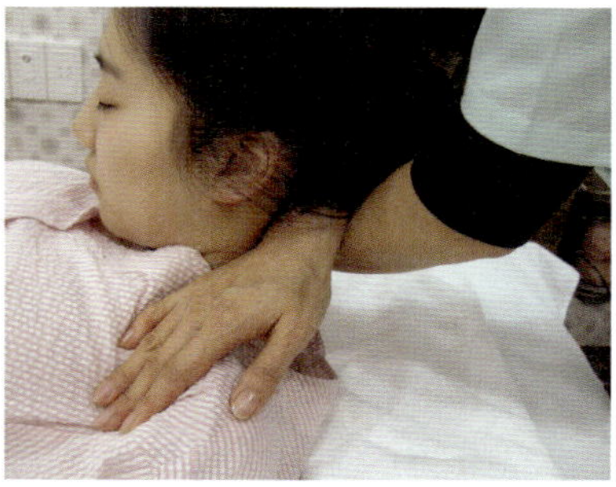

● 발마사지(15분) : 발은 심장에서 가장 멀리 떨어져 있는 까닭에 발끝까지 내려온 혈액이 되돌아가려면 심장의 힘으로는 어렵다. 이 때문에 노폐물이 쌓이고 혈액 순환이 잘 되지 않아 각종 질병이 생기는데, 이 때 발을 마사지해 주면 모발의 영양분인 혈액의 순환이 원활해지고 노폐물과 독소 배출에 영향을 줄뿐만 아니라 건강 또한 유지시켜줄 수 있는 방법이라고 할 수 있다. 신경은 몸 전체에 걸쳐 분포하는데 특히 발부위에 가장 많이 집결되어 있으며 인체의 각 부위와 밀접한 반응관계를 보인다. 따라서 발을 자극하는 것은 결국 오장육부의 각 기관을 만지는 것과 같다.

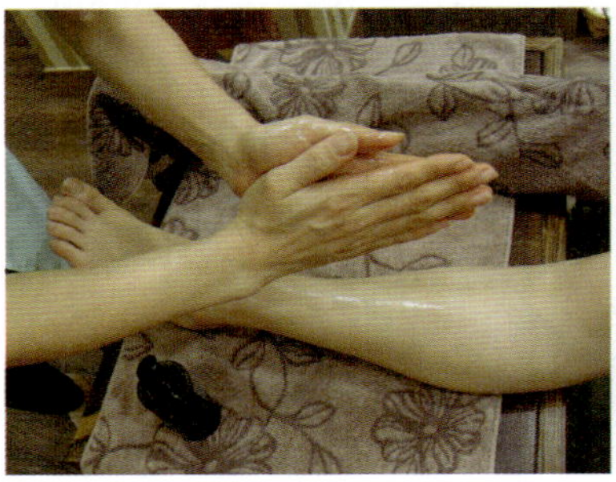
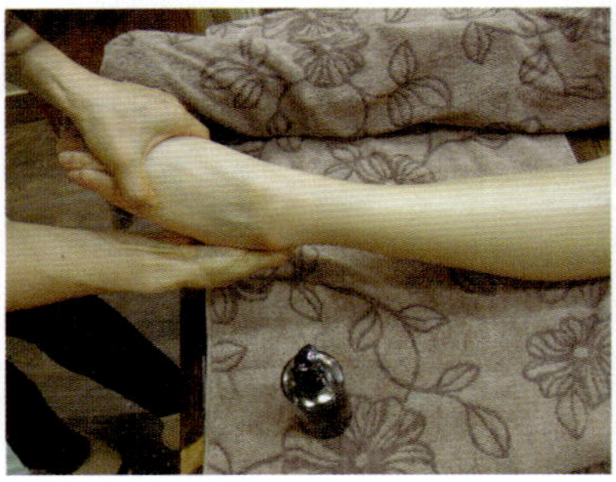
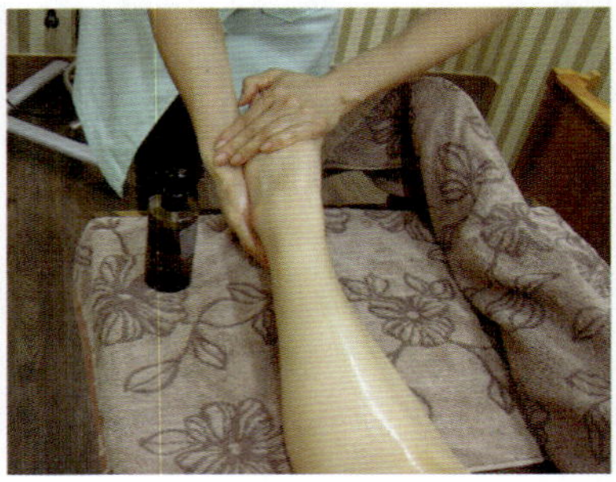
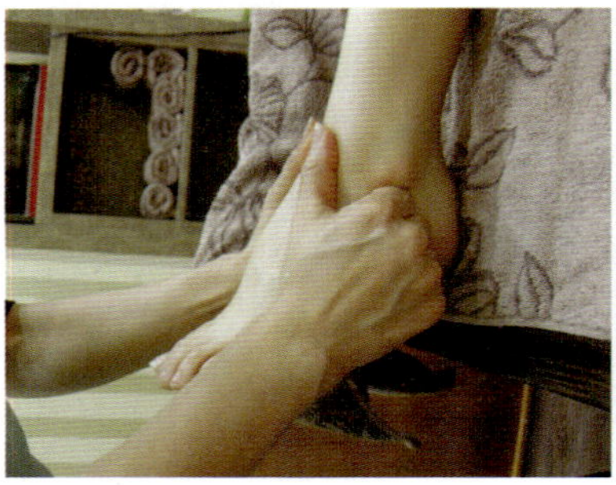
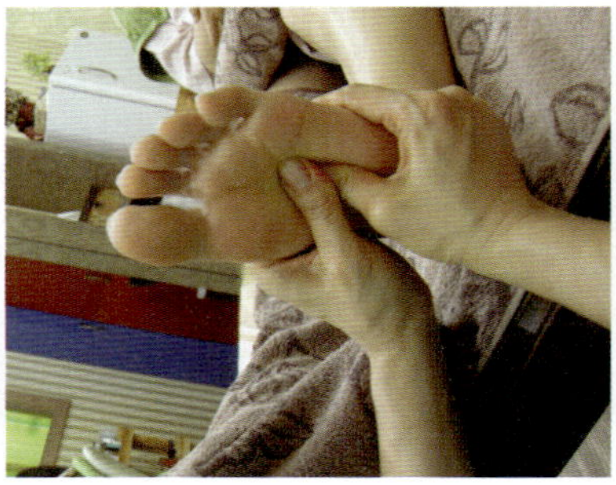
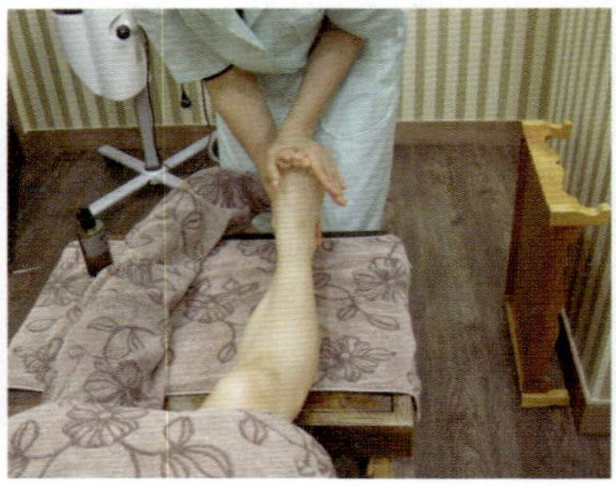

- 두피 브러싱 및 지압(5분)
- 두피 스켈링 & 미스트(20분)
- 좌식 & 스캘프 샴푸(15분)
- GROWTH TONIC & 보석테라피(5분)
- Finishing stretching & Hair Dry(10분)

제 5장

EM-DIY 와 Eco-Mom Head Spa 경영

제5장

EM DIY 와 Eco-Mom Head Spa 경영

5.1 친환경 EM DIY

5.1.1 EM 발효액

EM(Effective Microorganisms)은 유용미생물군의 약자로서, 광합성균, 유산균, 효모균을 주균으로 하여 인간과 환경에 유익한 미생물을 조합, 배양한 미생물 복합체를 말합니다. EM은 미생물균들간의 복잡한 공생공영 관계를 통해 발효 생성물인 항산화 물질을 만들어내게 되는데, 이 항산화 물질은 부패 및 오염되어가는 자연을 소생시키고 병들어가는 환경을 치유하는 능력을 발휘합니다.

▶ 제작도구

EM-1(원액), 당밀(설탕), 천일염, 쌀뜨물, 페트용기, 유리비이커, 시약스푼, 에탄올 스프레이

⊙ 레시피(500mL 기준)

- 워터계열: 원액(EM-1) 20mL, 당밀(흑설탕) 20mL, 천일염 0.5g
- 첨가물: 다시마 200g, 계절과일

⊙ 만드는 방법

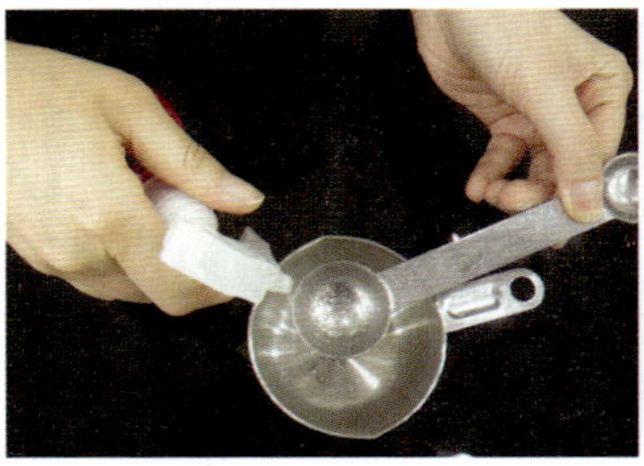
소독

쌀뜨물을 용기에 절반 담기

원액, 당밀, 천일염 혼합

쌀뜨물 병목 부분까지 채우기

35℃에서 7~10일 발효 -> 완성

1) 손, 용기, 도구를 소독합니다.
2) 쌀뜨물(처음 or 두 번째 씻은 진한 것)을 병에 절반정도 넣습니다.
3) 당밀(설탕)을 20mL 넣습니다. 천일염은 0.5g 정도 넣어줍니다.
4) EM-1(원액)을 20mL 넣고, 쌀뜨물을 병목과 어깨 사이까지 넣고 섞어줍니다.
5) 최적온도(35℃)에서 상온(직사광선이 없는 곳)에서 발효시켜줍니다.
   2~3일에 한 번 정도 가스가 차오르면 뚜껑을 살짝 열어서 가스를 빼준 후, 다시 닫아줍니다(공기와 장시간 접촉되지 않도록).
   7~10일 후, 새콤달콤한 냄새가 나고 가스가 거의 나오지 않으면 완성입니다.

※ 체크 포인트

- 직사광선을 피하고 서늘하고 어두운 곳에 보관하세요.
- 냉장보관은 하지 마세요.
- 약간의 하얀색 침전물이 발생할 수 있으나, 이는 미생물 중 효모라는 유용한 미생물때문이니 걱정마세요.

[용량별 3% 활성액 제조법]

물	1.8L	2L	20L	100L	200L	1000L
EM-1(원액)	54mL	60mL	600mL	3L	6L	30L
당밀	54mL	60mL	600mL	3L	6L	30L
설탕	3.6g	4g	40g	200g	400g	2kg
천일염	1.8g	2g	20g	100g	200g	1kg

[EM 활성액 활용방법]

용도	희석배율	방법 및 효과	사용주기
환기구, 가스레인지	원액	기름 때, 묵은 때 등을 깨끗하게 청소	청소시 마다
부엌 하수구		식기 세정 후 그대로 방류	매 끼
욕조		정기적 청소로 곰팡이 등 예방	하절기 매 일 동절기 주 1회
화장실 청소		오염의 예방 및 냄새 예방	주 1회
음식물처리		냄새 제거 효과 및 음식물이 발효되어 퇴비로 이용 가능	음식물 처리시
식기	10	때가 심한 경우에는 원액 사용	때가 심할 시
냉장고 냄새제거	100 (500mL 페트병에 한뚜껑)	음식물 냄새 제거 효과	주 1회
바닥, 마루, 창		걸레 헹굼물로 사용하거나 스프레이로 분사하여 사용. 먼지 제거 효과 향상.	청소 시
세탁		의류 냄새 제거 및 정전기 방지, 세제 독소 절감 효과	세탁 시
방 전체		공기 청결 및 진드기, 냄새 등 제거	일 1회
구두, 신발장, 카페트, 자동차내부		냄새, 곰팡이 제거	주 1회
화장실 냄새제거		스프레이로 분사, 냄새 제거	일 1회
전자레인지		청소 효과 향상	청소 시
이불 모포, 커튼 등	500	정전기 방지로 먼지 발생 감소 및 집먼지 진드기 등 예방	이불은 일 1회 커튼 등 월 2회
가습기		친환경 분위기 조성	물 공급 시
반신욕	1,000 (1,800mL 페트병에 티스푼 한번)	피부의 보습 및 피부 pH조절, 체온 보온 효과, 하수 정화 효과	반신욕 시
옷장, 의류		의류 보호	주 1회
다리미		정전기 예방 및 다림질 수월	다림질 시
화단, 식물		토양개량 및 식물의 성장 촉진	물 줄 때
연못, 물탱크	10,000이상	냄새 제거	주 1회

※ 주의사항

1. 세탁 시 흰옷의 경우 색이 변할 수 있으므로 희석배율을 1000배 이상으로 희석하여 사용하세요..
   고급 제품(흰색에 착색되는 단점, 냄새, 색상보완 됨) EMW가 있습니다. 침구류, 섬유류, 흰옷 등의 세탁은 EMW의 효과 더 좋습니다.
2. 식물에 뿌릴 경우 희석배율을 충분히 높여주세요. 식물의 잎이 탈 수 있습니다.
3. EMW나 활성액으로 희석배율 50~100배로 가글하시면 구강건강, 입냄새 제거에 좋습니다.

5.1.2 EM 헤어팩

다시마와 제철 과일들을 EM으로 발효시켜 만든 천연 헤어팩은 항산화 효과를 배가시켜 다양한 화학시술로 손상된 모발관리에 효과적으로 활용할 수 있습니다. 다시마에는 모발발육에 좋은 요오드가 많이 들어있고 발모에 좋은 비타민D와 아미노산이 풍부합니다. 다시마에 많이 들어있는 알긴산은 머릿결을 코팅해주는 효과가 있습니다. 제철과일을 함께 사용하면 다양한 비타민, 무기질 및 과일산의 공급으로 모발의 건강과 탄력회복에 도움이 됩니다.

▶ 제작도구

저울, 유리비이커, 시약스푼, 에탄올 스프레이, 밀폐용기

⊙ 레시피(100mL 기준)

- 워터계열: 원액(EM-1) 40mL, 당밀(흑설탕) 40mL
- 첨가물: 다시마 200g, 계절과일

⊙ 만드는 방법

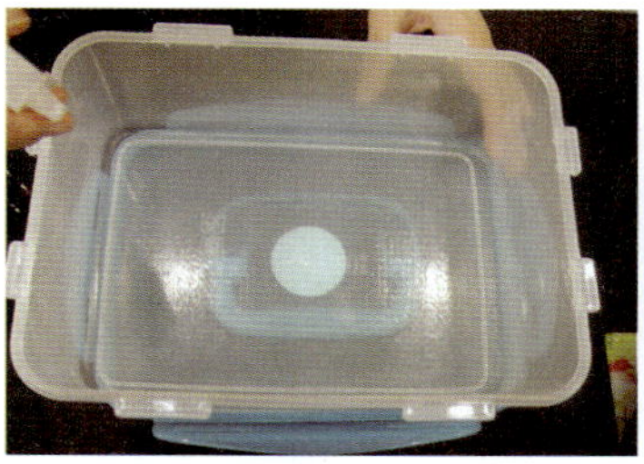
소독

다시마, 계절과일 씻고, 불리기

워터계열(원액, 당밀) 계량

다시마, 계절과일, 워터계열 계량

실온에서 2~3주 용기에 보관

1) 손, 용기, 도구를 소독합니다.
2) 다시마, 계절과일을 물에 가볍게 씻어 불립니다(생다시마는 그대로 사용).
3) 워터계열(원액 40mL, 당밀 40mL)을 계량합니다.
4) 다시마, 계절과일, 워터계열을 혼합합니다.
5) 실온에서 3주정도(여름철 : 2 주) 소독한 용기에 담아서 보관해줍니다.

※ 체크 포인트

- 20일 후 발효된 진액을 병에 담아 냉장보관 후 사용합니다.
- 2~3개월 이내 사용을 권장합니다.
- 제철과일은 남은 껍질을 이용해도 좋습니다.
- 너무 묽어서 흐를 경우 다시마가루를 적당히 혼합하여 사용합니다.

(사용방법)

- 모발에 바른 후 비닐캡을 착용하여 15~20분 방치합니다.
- 환절기나 두피가 심하게 건조해져 있을 때에는 두피팩으로도 사용 가능합니다.

5.1.3 EM 화장품(폼 클렌징, 스킨, 립밤)

1) EM 천연 폼클렌징

EM(유용미생물), 천연계면활성제, 히아루론산(보습제) 등으로 만든 EM 천연 폼클렌징입니다. 천연계면활성제인 애플계면활성제와 코코넛 등의 식물성 오일에서 추출한 코나코파를 넣어 민감하고 예민한 피부에 자극없는 원료를 사용합니다. 부드러운 세정력과 풍부한 거품력으로 사용감이 우수하며, 항산화 성분과 더불어 보습감을 지속해 줍니다.

쌀뜨물 발효액 대신 EMW(프리미엄 EM)를 사용하거나, 정제수 대신 플로럴 워터를 사용하시면 더욱 좋습니다.

▶ 제작도구

저울, 유리비이커, 화장품 블랜더, 시약스픈, 알뜰주걱, 에탄올 스프레이, 용기

⊙ 레시피(100mL 기준)

- 워터계열: 로즈워터 20g, EM 쌀뜨물 발효액 20g
- 계면활성제: 애플계면활성제 42g, 코나코파 6g
- 첨가제: 올리브 리퀴드 4g, 네츄럴 베타인 4g. 히아르론산 4g, 에센셜오일 5방울

⊙ 만드는 방법

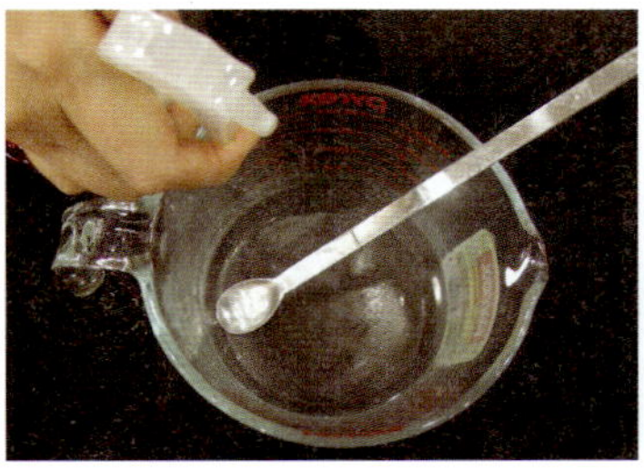

소독

워터계열 계량

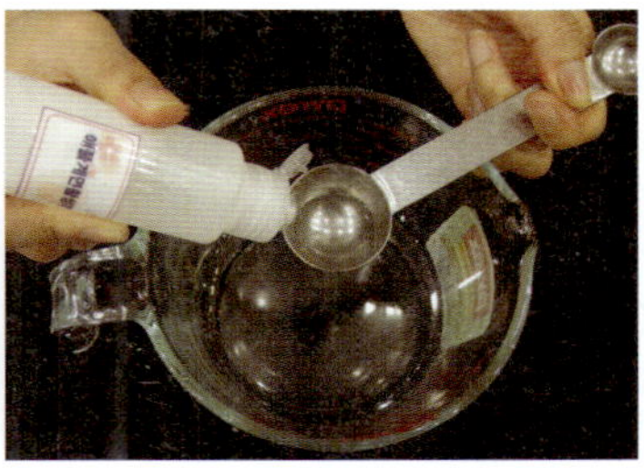

계면활성제 혼합

가용화제, 첨가물 혼합

용기에 담기

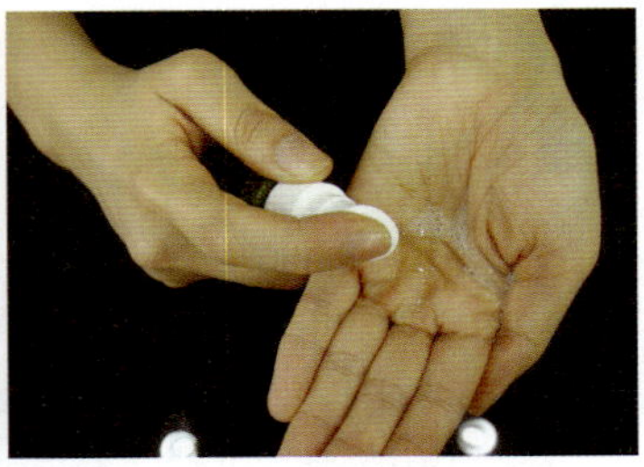

완성

1) 손, 용기, 도구를 소독합니다.
2) 워터계열을 계량합니다.
3) ②에 계면활성제 넣습니다.
4) ③에 첨가제를 넣고, 핸드블랜더로 한방향으로 잘 섞어줍니다.
5) 용기에 담습니다.

※ 체크 포인트

- 피부타입: 건성, 중성 타입
- 보관방법: 냉장보관으로 1~2개월 이내 사용을 권장합니다.
- 주의사항: EM 쌀뜨물 발효액은 약산성(pH 4~4.5)으로 민감성 피부에 자극이 될 수 있으므로 워터계열(정제수, 플로럴워터)과 희석하여 사용합니다.

2) EM 천연 수딩 토너(Soothing Toner)

EM(유용미생물), 식물성 오일, 글리세린(보습제) 등으로 만든 EM 천연 수딩 토너(스킨)입니다. 항산화 성분과 더불어 보습과 영양을 공급해 주어 건강한 피부와 노화를 예방해주며, 펩타이드 성분을 넣어 주름개선에 도움을 줍니다.

쌀뜨물 발효액 대신 EMW(프리미엄 EM)를 사용하거나, 정제수 대신 플로럴 워터를 사용하시면 효과가 증대됩니다.

▶ 제작도구

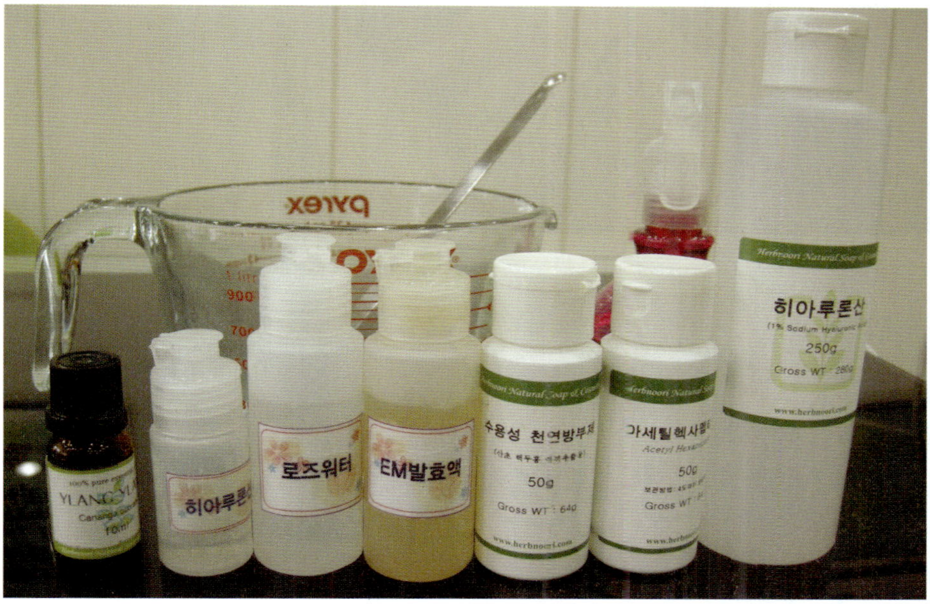

저울, 유리비이커, 화장품 블랜더, 시약스푼, 알뜰주걱, 에탄올 스프레이, 용기

⊙ 레시피(100mL 기준)

- 워터계열: 로즈워터 80g, EM 쌀뜨물 발효액 25g
- 첨가물: 아세틸헥사펩타이드 8g, 수용성 천연 보존제 2g, 히아루론산 2~10g,

⊙ 만드는 방법

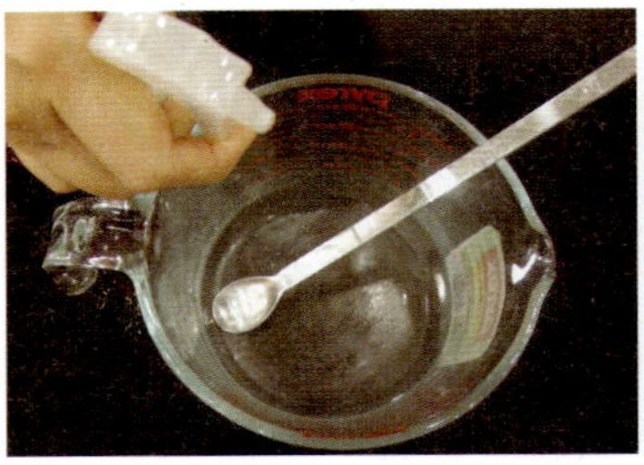

소독

워터계열 계량

가용화제, 첨가물 혼합

용기에 담기

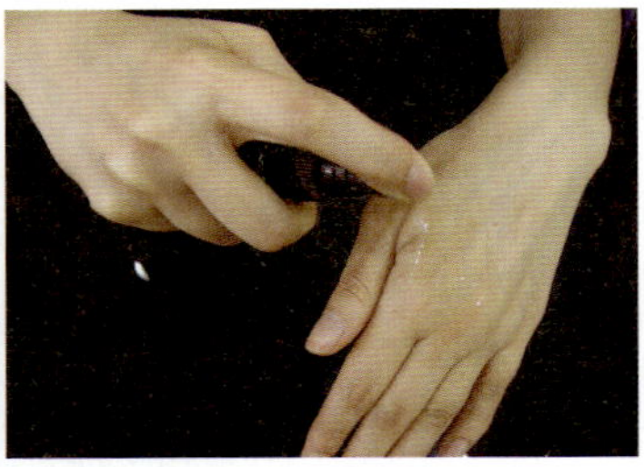

완성

1) 손, 용기, 도구를 소독합니다.
2) 워터계열을 계량합니다.
3) ②에 첨가물을 넣고, 핸드블랜더로 한방향으로 잘 섞어줍니다.
4) 용기에 담습니다.

※ 체크 포인트

- 피부타입: 건성, 중성, 지성(모든 피부타입 사용가능)
- 보관방법: 냉장보관으로 1~2개월 이내 사용을 권장합니다.
- 주의사항: EM 쌀뜨물 발효액은 약산성(pH 4~4.5)으로 민감성 피부에 자극이 될 수 있으므로 워터계열(정제수, 플로럴워터)과 희석하여 사용합니다.

3) EM 립밤

EM(유용미생물)이 피부에 빨리 흡수될 수 있도록 도와주는 EM 천연 립밤입니다. 식물성오일과 에센셜 오일의 효능이 더해져 피부에 자극없이 순한 제품입니다. 또한 수분손실을 막아주고 보습효과가 뛰어나 매우 촉촉한 사용감을 갖습니다.

▶ 제작도구

핫블레이트, 저울, 유리비이커, 시약스푼, 에탄올스프레이, 용기

⊙ 레시피(15g 기준)

- 오일계열: 살구씨 3g, 시어버터 2g, 피마자 2g, 호호바 2g
- 고형제: 밀랍 3g
- 첨가물: EM-W(프리미엄EM발효액) 2g, 비타민E 1g, 원하는 향(E.O/F.O) 적당량

⊙ 만드는 방법

소독

오일계열(오일+고형제)계량

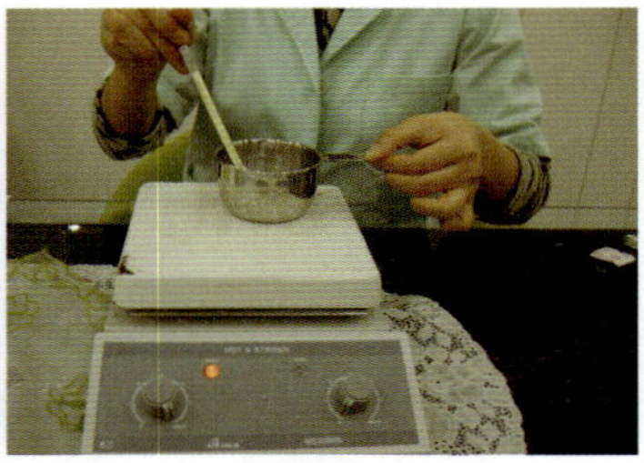
핫블레이트에 가열

식힌 후, 첨가물 혼합

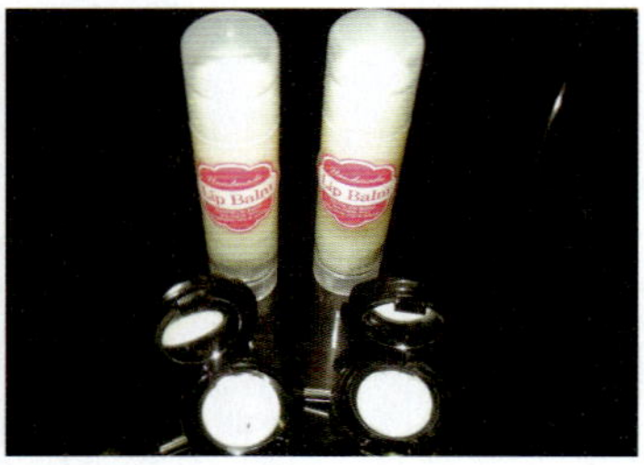
용기에 담기

1) 손, 용기, 도구를 소독합니다.
2) 오일계열(오일+고형제)을 계량합니다.
3) 2)를 핫블레이트에 올려 가열합니다.
4) 3)의 고형제가 녹으면 핫블레이트에서 내려 식힌 후, 첨가물을 넣고, 잘 섞어 줍니다.
5) 용기에 담아줍니다.

※ 체크 포인트

- 굳으면 바로 사용이 가능합니다.
- 서늘한 곳에서 3개월 이내 사용합니다.

5.2 Eco-Mom Head Spa 미용영어

** 전화 응대 서비스(예약 / 변경 전화) **

Center : 안녕하십니까. (EM 클리닉센터)입니다.

Hello. (EM clinic center). May I help you?

Guest : 오늘 (3)시에 예약을 하고 싶습니다.

I'd like to make a reservation please at (3)o'clock today. /
(Id like an appointment at (3) o'clock today.)

Center : 네 좋습니다. / 가능합니다.

All right! thank you / Sure! see you then.

(센터가 바빠 다른 시간을 제시하고 싶을 때)

: 잠시만 기다려주세요.

(시간체크 후) 죄송합니다. / 그 시간에는 센터가 바빠서요 / (4)시에 예약 가능하신지요?

One moment please! (Just one second, please!)
I'm so sorry / our center's very busy at that time / but after (4)o'clock it's possible / Would that be okay?

Guest : 좋습니다. 고맙습니다.

Okay. Thank you!

Center : 전화 주셔서 감사합니다.

Thank you for calling

Guest : 감사합니다. 안녕히 계세요.

Thank you. Good bye.

Center : 안녕히 계세요.

Good bye, sir.

<< TIP >>

- 죄송하지만 천천히 말씀해주시겠어요?(또는 다시 한번 말씀해주시겠어요?)
  Excuse me, but can you speak slowly?
  (Can you repeat it again please?)

- 제가 영어를 잘 못합니다. 잠시만 기다려주세요. 다른 분께 연결을 해드릴께요.
  Sorry / I do not speak English well / Please wait. / I will connect you with another person.

- 행운을 빕니다. 잘 가세요.
  Good luck(God bless you)! and take care.

* reservation[rézərvéiʃən]: 1) 예약 2) 보호 구역
* possible[pásəbl]; 1) 가능한 2) 가능성 3) 할 수 있는
* appointment[əpɔ́intmənt]: 1) 약속 2) 임명 3) 예약

< STEP 1. 온열 테라피 >

Center : 탈의실로 안내해 드리겠습니다.
가운으로 갈아입으시고 실내화를 신으세요.

I' ll guide you through the dressing room.
Please change into the gown and put the slippers on.

Guest : 네, 알겠습니다.

All right

– 관리실 이동: 족욕과 어깨팩 서비 스 –

Center : 안내해 드리겠습니다. 저를 따라오세요.

I' ll guide you through the room. Follow me please.

이쪽 의자로 앉으세요.

Sit down here.

족욕을 도와드리겠습니다 . 조금만 기다려주세요(온도 체크).

I will give you a foot bath after a minute.

발을 족욕통에 담그세요. 온도는 괜찮으신가요?

Please put your feet into the soaking tub. Is the water temperature ok?

Guest : 네, 좋습니다 .

Ok, good

조금(너무) 뜨겁습니다(차갑습니다).

It' s a little bit (too) hot (cold).

Center : 족욕 시간은 15분정도입니다. 괜찮으시겠어요?

It takes about 15 minutes. Is that OK?

Guest : 감사합니다.

Thank you.

Center : 어깨에 EM 세라믹 핫 팩을 올려드리겠습니다.

I' ll put the EM ceramic hot-pack on your shoulder.

– 차 서비스 –

Center : 이주의 추천차 000입니다. 뜨거울 수 있으니 천천히 드세요.

Here's this week's recommended tea. Careful. It might be hot. Drink slowly.

Guest : 무슨 차인가요?

What kind of tea is this?

Center : 기분전환과 심신의 안정을 돕는 00 허브차입니다.

It is herb tea that helps you to rest and find refreshment for mind and body.

Guest : 감사합니다.

Thank you very much.

Center : 책자나 신문을 가져다 드릴까요?

Would you like a magazine or newspaper?

Guest : 네,고마워요.

Thanks

아니요, 괜찮습니다.

No thanks

Center : 여기 있습니다 . 불편하시면 말씀해 주세요.

Here it is. Don't hesitate to call us if you need anything.

잠시 쉬고 계십시오.

It takes about 10 minutes. Just relax.

Guest : OK .

- 1단계 마무리 -

Center : 발을 올려주세요. 발을 닦아 드리겠습니다.

Please put you feet up. I will wipe your feet.

* soaking[sóukiŋ]: 1) 흠뻑 젖은 2) 흠뻑 젖음
* recommended[rèkəménd]: 1) 추천하다 2) 권하다 3) 권고하다 4) 제시하다 5) 소개하다

< STEP 2. 두피 진단 >

Center : 관리 전 두피 진단을 해드리겠습니다.

I' ll examine the condition of your scalp before the care.

Guest : 네, 알겠습니다.

All right

Center: 이쪽으로 앉으세요.

Please sit down here

Center : 고객님의 두피 상태는 OOO이네요.

The condition of your scalp is OOO

중성, 건강 : normal , healthy

건성, 건조 : dry

지성 : oily

비듬성 : dandruff

예민 : sensitive

알고 계셨나요?

Did you know about this?

Guest : 네.

yes, I knew that

아니요. 몰랐어요.

No, I didn' t know

< 비듬 두피 상황 멘트 >

Center : 두피에 비듬이 조금 있으세요.

You have some dandruff.

샴푸 후 깨끗하게 헹구십니까?

Do you rinse thoroughly after shampooing?

머리를 다 말리지 않은 상태로 주무시면 두피에 문제가 생길 수 있습니다.

You may get scalp problem if you go to sleep with wet hair.

〈 지성 두피 상황 멘트 〉

Center : 두피가 가렵거나 냄새가 나시는지요?

Is your scalp itchy or smell?

두피에 유분이 많은 사람은 쉽게 탈모가 될 수 있습니다.

People with oily scalps can lose their hair easily.

사용하시는 헤어 세정제품을 바꿔보시는 것이 어떨까요?

How about changing your hair cleansing products?

Guest : 네. okay

〈 건성& 민감성 두피 상황 멘트 〉

Center : 두피가 가렵거나 따가우신가요?

Is your scalp painful or itchy?

사용하시는 헤어 세정제품을 약산성 제품으로 바꿔보시는 것이 어떨까요?

How about changing your hair cleansing products to slightly acidic products ?

– 진단 마무리 –

Center : 이제 관리를 시작해드리겠습니다.

Now we' ll start to give you care.

이쪽으로 오세요

Follow me please.

* examine[igzǽmin]: 1) 조사하다 2) 검사하다 3) 시험하다
* thoroughly[θə́ːrouli]: 1) 철저하게 2) 완벽하게 3) 아주 4) 깨끗하게
* itchy[ítʃi]: 1) 가려운 2) 근질근질한 3) 옴에 걸린
* painful[péinfəl]: 1) 고통스러운 2) 아픈 3) 힘드는 4) 괴로운
* slightly[sláitli]: 1) 약간 2) 조금 3) 가볍게

< STEP 3. 릴렉싱 마사지 >

Center : 혈액순환을 위해 어깨와 핸드 마사지를 해드리겠습니다.

I' ll give you shoulder and hand massage for a good circulation.

Guest : 네, 알겠습니다.

All right

Center : 압(력)은 괜찮으세요?

How' s the pressure?

Guest : 네, 좋습니다.

Ok, good

아프네요. 좀 살살해주세요.

It hurts a little. Please be gentle.

좀 더 세게 해주세요.

Please be stronger.

Center : 어깨가 조금 뭉치셨네요.

Your shoulder is hard.

Guest : 그래요?

Really ?

Center : 아프면 말씀해 주세요.

Please tell me if it' s hurt.

– massage time –

Center : 다시 한번 어깨 팩을 올려드리겠습니다.

I' ll put the EM ceramic hot-pack again on your shoulder.

Guest : 네. Okay

Center : 불편하시면 말씀해 주세요.

Please feel free to tell me if you need anything.

Guest : 네, 고마워요 Thanks

아니요, 괜찮습니다 No thanks

– 2단계 마무리 –

Center : 이제 두피 스켈링을 해 드리겠습니다.

Now I' ll start to give you scalp exfoliation (scaling) now.

*circulation[səːrkjuléi ʃən]: 1) 유통 2) 발행 부수 3) 순환 4) 통화
*exfoliation[eksfòuliéi ʃən]: 1) 박리 2) 박리물

< STEP 4. 릴렉싱 마사지 >

Center : 두피 스켈링을 해 드리겠습니다.

I' ll start on a scalp exfoliation for you.

스켈링은 두피의 묵은 각질 및 노폐물을 제거해 주는 과정으로

Scalp exfoliation is the process of removing dead skin cells and impurities on the scalp.

모공을 확장 시켜 원활한 산소공급이 되도록 돕고 두피 상태를 안정화 시킵니다.

It will open the pores to supply oxygen to stabilize the scalp ondition.

혹시 따갑거나 불편하시면 말씀해주세요.

Please tell me if you feel uncomfortable or if it irritates you.

Center : 이제 미스트기를 사용하여 두피와 모발에 산소와 수분을 공급 하겠습니다.

Now I' m going to use a mist machine to supply oxygen and moisture on your scalp and hair.

시간은 약 15분 정도 걸립니다.

It takes about 15 minutes.

뒤로 천천히 기대어 주십시오.

Please, lean back slowly

자세는 편하십니까? (괜찮으십니까?)

Is that comfortable?

찬바람이 나오면 곧 끝난다는 신호입니다. 놀라지 마세요.

Don t be surprised when you feel the sudden cold air. It means it' s done.

잠시 쉬고 계십시오.

You can just relax for a while.

불편하시면 말씀해주세요.

Pleas feel free to tell us if you need anything.

Center : 끝나셨습니다.

It s finished. Please sit up.

좌식 샴푸를 해 드리겠습니다.

Now I will shampoo your hair. You can take a seat here.

*impurities[impjúərəti]: 1) 불결 2) 불순 3) 불순물
*uncomfortable: 1) 불편한 2) 불쾌감을 주는 3) 민감한
*irritates[írətèitiŋ]: 1) 짜증나는 2) 화나게 하는 3) 귀찮은 4) 자극하는

< STEP 5. 샴푸 >

Center : 좌식 샴푸를 해 드리겠습니다.

I will shampoo your hair now. Please take a seat here.

좌식 샴푸는 두피를 고르게 마사지하기 위함입니다.

I am shampooing your hair to massage your head evenly.

편히 앉으세요. 혹시 불편하시면 말씀해주세요.

just relax and if it's uncomfortable, please tell me.

바로 앉으셔도 됩니다.

Now you can sit up.

〈 massaging 〉

어디 더 해드릴 부위가 있으신가요?

Do you want me to continue?
Where would you like more?
Yes. 00 please ex) back side. front.../ No. thanks

이쪽으로 오세요 / 이쪽으로 앉아주세요.

Please follow me / Please sit down here

뒤로 천천히 기대주세요.

Please lean back slowly.

편안하세요?

Is that comfortable?

네 yes / 아니요 no (more up / more down)

물 온도는 적당하세요?

Is the water temperature OK?

지압해 드릴께요. 아프면 말씀하세요.

Im going to massage your scalp a little more.
If it hurts, please tell me.

좀 더 세게 / 살살~~

Stronger please / not so strong

어디를 좀 더 해 드릴까요?

Do you want me to continue?
Where would you like more?

온수포로 얼굴을 닦아 드릴께요.

I' ll wipe your face with warm towels.

다 끝나셨습니다. 이제 바로 앉아주세요.

It' s finished. You can sit up now.

자리로 돌아가시겠습니다.

Let' s go back to your seat.

이쪽으로 앉으세요.

Sit down here please.

*temperature[témpərətʃər]: 1) 온도 2) 날씨 3) 열

< STEP 6. 토닉&보석 >

Center : 토닉을 뿌려 드리겠습니다.

Now I' m going to spray Tonic.

토닉은 모공으로 영양을 공급하고 두피의 pH를 조절합니다.

Tonic provides nutrition to pores and control pH of scalp.

또한 멘톨 성분을 함유하고 있어 두상의 열을 내리는데 도움을 줍니다.

Also it has menthol that helps to bring the heat on the head down.

스트레칭 해 드리겠습니다.

Let' s stretch your body now.

편히 계시고 당김을 느끼실 때 호흡을 뱉으세요.

Just relax. When you feel pulled, breathe out.

보석테라피로 마무리하겠습니다.

Let' s finish up with jewelry therapy.

수정은 사람에게 안정감을 주며 흐트러진 생체 리듬을 맞추는데 도움을 줍니다.

Crystal gives a sense of stability to people and helps to adjust to the natural biorhythm of the body.

압은 어떠신가요?

Is pressure okay?

드라이 해 드릴께요.

Now I' ll dry your hair.

가르마 방향은 어느쪽이신가요?

Where do you want your hair parting?

앞머리를 올려드릴까요? 내려드릴까요?

How do you want your fringe, up or down?

마무리되셨습니다.

O.K. It's finished

*provides미국/영국[prəváid]: 1) 제공하다 2) 공급하다 3) 지급하다 4) 준비하다
*pores[pɔːr]: 1) 작은 구멍 2) 모공 3) 숨구멍
*stability[stəbíləti]: 1) 안정 2) 안전
*adjust[ədʒʌst]: 1) 조정되다 2) 적응하다 3) 감안하다 4) 조절하다 5) 맞추다

< STEP 7. Home care >

Center : 오늘은 너무 무리하지 마시고 충분한 수면과 영양을 공급해주세요.

Try not to overwork today and have a plenty of sleep and nutrition.

따뜻한 물 드시구요.

and drink warm water.

센터에서의 관리는 일주일에 2회 정도가 효과적 이십니다.

Exfoliation, twice a week, at the center is recommended.

집에서 샴푸는 저녁에 하시는 것이 좋고, 토닉은 샴푸 후 수건으로 잘 닦으신 후 두피에 충분히 뿌려주세요.

Shampooing in the evening is better and spray enough Tonic on the scalp after dry your hair with towel.

탈의실로 안내해 드릴께요.

I' ll guide you through the dressing room

– At the Counter –

Center : 불편한 점은 없으셨나요?

Did you have anything inconvenient?

Guest : 없었어요.

No, I have not, thanks

Center : 가격은 (3만원)입니다.

That would be (30,000) won.

현금 아니면 카드 결제하시겠어요?

Would that be cash or card?

Guest : 현찰이요 / 카드로 할께요.

Cash, Here / Card, Here

Please sign here.

Center : 곧 다시 뵙기를 바랍니다

I hope we will see you again soon

Guest : 그럼요, 다시 올게요.

Sure, I'll be come again.

Center : 즐거운 시간 보내세요.

Have a nice day (great weekend // good time~)

Guest : 당신도 잘 지내요. 안녕히 계세요.

You too~ good bye.

*plenty[plénti]: 1) 많은 2) 충분하게 3) 풍부한 4) 넉넉함 5) 풍요
*inconvenient[ínkənví:njənt]: 불편한

5.3 Eco-Mom 접객서비스 ; 계절별 추천 허브티

고객맞이 접객서비스에서 가장 일상적인 메뉴가 고객의 취향과 건강을 고려한 차를 준비하는 것입니다. 이것은 계절에 따라 따뜻하게 몸을 이완시키거나 시원한 청량감을 제공하여 기초적인 테라피의 시작이 되기도 합니다.

동서양을 막론하고 인류는 오래전부터 여러 가지 식물을 식품으로 사용해 왔으며 그 약용효과를 경험적으로 체득하여 각종 질병치료제로도 사용해 왔습니다. 현대에 이르러서는 과학적으로 그 성분과 효능을 분석하는 기술이 발달하고 친환경 웰빙을 선호하는 생활패턴의 변화로 인해 그 수요가 늘고 있습니다.

허브(hreb)는 허바(herba:초록색 풀)라는 라틴어에서 유래하며 잎, 꽃, 열매, 뿌리, 줄기 등을 식용할 수 있으며 건강이나 미용을 위해 이용할 수 있고 의약품나 및 화장품에도 활용되는 인간에게 유용한 모든 약초를 의미합니다. 이들 약초의 잎이나 꽃잎, 씨, 뿌리, 줄기 등을 건조한 것을 끓여 만든 것이 허브차입니다. 허브차는 그 종류에 따라 차고 따뜻한 성질이 다릅니다. 허브차에 쓰이는 약초 중에는 한약재로 쓰이는 약초들이 많습니다.

예를 들면 라벤더는 소엽이고, 페퍼민트는 박하이고, 티트리는 녹차로 흔히 알려진 다엽, 일랑일랑은 합환화이고, 진저는 생강이고, 만다린은 귤피입니다. 따라서 허브차에 대해 잘 알고 먹으면 우리 몸에 좋은 약효과도 낼 수 있는 좋은 건강식품입니다.

라벤더는 심신을 안정시키는 작용을 하고 따뜻하게 마시면 땀을 내는 작용을 하기 때문에 심신이 피곤하거나 감기 기운이 있을 때, 정신적으로 긴장을 많이 해 잠을 잘 못 이룰 때 좋고, 소화 기능을 도와주므로 생선이나 게 같은 해산물로 인한 소화 장애에 효과적입니다.

페퍼민트는 해열, 발한, 소염, 진정, 소화 등의 작용이 있으므로 열감기 초기나 가벼운 두통, 치통, 소화불량에 탁월합니다. 티트리는 해열, 해독, 이뇨, 각성, 발한, 진정 등의 작용이 있으므로 정신적 흥분 상태일 때나 가벼운 두통, 갈증, 소변 불리, 수면 과다에 도움이 됩니다.

진저는 발한, 거담진해, 소화 등의 작용이 있어서 가벼운 초기 감기로 인한 기침이나 가래, 소화불량으로 인한 더부룩함이나 데스꺼움, 구토, 트림 등에 쓰입니다. 만다린은 소화, 거담, 진정 등의 작용이 있어서 소화불량이나, 식욕부진, 딸꾹질, 가벼운 우울이나 불안 등을 치료하는 데 도움이 됩니다.

그 외에도 캐모마일, 유칼립투스, 재스민, 주니퍼, 레돈, 파인, 로즈, 로즈메리 등 많은 종류의 허브차가 있으나, 이왕이면 본인의 체질에 적합하고 계절의 변화에 따라 몸의 적응을 도울 수 있는 유기농 허브차를 선별해 마시는 것이 건강관리에 효과적이라 하겠습니다.

봄철 추천 허브 & 웰빙 TEA

- 3월 ~ 5월 -

봄은 만물이 소생하는 생명의 계절입니다.
겨우내 움츠렸던 몸을 상쾌하게 깨워주고
쌓여있던 피로와 불쾌감을
시원하게 해주는 차를 준비하면 좋습니다.
간절기, 환절기 감기, 몸살을 예방하고
황사로 인해 답답한 기관지와 위 기능을 돕는 차가 필수 입니다.

산수유차

산수유꽃차의 효능

혈압을 낮추는 효과가 있어 고혈압 환자에게 그만이며 또 세균을 억제하며 면역 기능을 강화시키고 항암 효과도 있다고 합니다. 꽃이 완전히 피기 전에 봉오리째 채취하는 것이 좋으며, 소금물에 씻어 그늘에 잘 말리면 되는데, 말린꽃은 색상이 변하므로 밀폐 용기에 넣어 보관하고 찻잔에 2~3송이를 담고 끓는 물을 부어 우려내 마시면 좋습니다. 달면서 신맛과 떫은맛이 나는게 특징입니다.

1. 정력증강에 좋습니다.

콩팥의 기능을 강화시켜주고 정력을 증강시키는 천연 정력제라고 할수있습니다.

몸이 가벼워지고 과다한 정력소모로인한 요통, 무기력증, 조로현상, 이명현상, 원기부족 등에 효과가 있습니다.

남성의 발기부전, 몽정 등에 좋습니다.

2. 야뇨증 및 요실금치료에 좋습니다.

근육의 수축력을 높여주고 방광의 기능을 조절해주어서 어린이들의 야뇨증을 치료해주고, 노인들에게 주로 나타나는 요실금도 치료해줍니다.

3. 여성의 월경과다 개선

꾸준히 복용하면 여성의 월경과다를 개선시켜줍니다.

4. 무릎통 및 허리통, 시린곳에 치료효능

꾸준히 복용하면 무릎과 허리 등의 통증 또는 시린 곳에 좋습니다.

5. 집중력강화효능

정신이 산만해지지않도록 하고 집중력을 향상시킵니다

6. 눈이 맑아집니다.

눈이 맑아지고 밝아지게합니다.

< 추천사 >

김남조 시인은 “생명은 추운 몸으로 온다. 열두 더문 다 지나온 추위로 하얗게 드러눕는 함박눈 눈송이로 온다.”고 새봄의 시작을 노래했습니다. 폭설소식과 함께 남쪽에선 언땅을 녹이는 비가 어우러져 새봄의 시작을 알리는 3월입니다. 이번 즈는 산수유꽃차를 준비했습니다. 꽃잎과 꽃가루에 들어 있는 성분은 호르몬 불균형 해소, 생리통 완화, 다이어트 효과가 있을 뿐 아니라 좋은 향기로 스트레스를 풀어주고 우울증 해소에도 도움이 된다고 합니다. 눈’으로 ‘코’로 ‘입’으로 세 번 마시는 꽃차로 봄기운을 마셔 보세요. 새기운으로 파이팅!!! 하시구요.

캐모마일

캐모마일 이야기

캐모마일은 사과 같은 향기가 나서 고대 그리스인은 chamai(작은) melon(사과) 즉, 땅에서 나는 사과라는 뜻의 이름을 붙였는데 캐모마일(chamomile)은 여기에서 비롯된 이름이라고 하네요. 캐모마일은 로마제국때 유럽에 널리 퍼지기 시작한 허브차! 캐모마일은 허브차의 대명사로 널리 알려진 허브로 가장 오래된 허브의 하나입니다. 뜨거운 물 한 컵에 한티스푼을 넣고 2~3 분간 우려냈다가 마시는데, 유럽에서는 식후에 커피 대신 즐겨 마시는 차랍니다. 스페인어로는 사과라는 뜻의 MANZILLA라고 하는데, 병충해를 입은 식물 근처에 캐모마일을 심으면 병든 꽃이 생기를 찾아 식물 의사라고도 불리워집니다. 유럽에서는 가정 비상약이라고 하면 캐모마일을 연상할 정도로 보편화된 약초입니다.

효능

캐모마일은 진정작용, 소화 촉진 작용이 뛰어나며 취침 전에 마시면 편히 잠들 수 있습니다. 과로하고 스트레스에 쌓인 수험생, 샐러리맨에게 피로를 풀어주는 가장 좋은 허브티입니다. 임신이나 산후에 자궁을 강화 시켜주는 기능도 있어서 출산 후 꾸준히 마시는 것도 도움이 됩니다. 캐모마일은 특히 발한 작용이 있어 감기에 걸렸을 때 차로 마시거나, 몸이 차가운 사람이 마시면 몸을 따뜻하게 해주는 성질을 가지고 있습니다. 캐모마일차 (허브차)를 매일 꾸준히 마시면 혈당을 떨어뜨리고 당뇨 합병증과 연관이 있는 효소인 알도스 레둑타제(aldose reductase)의 활동을 억제하는 효과가 있다고 영국의 BBC에 보도 되기도했습니다.

Tip

겨울에서 봄으로 변하는 간절기에는 우리 몸이 쉽게 적응하지 못해 일시적으로 리듬이 깨지게 됩니다. 봄철에 유난히 나른하고 피로가 쌓이는 춘곤증은 이런 계절의 변화에 적응하기 위한 자연스러 운 신체 현상이지요. 이럴 땐 춘곤증에 가장 효과적인 비타민과 단백질이 풍부한 상큼한 식단을 차리는 센스가 필요한데 말린 다시마를 간식으로 드시는 것도 좋은 방법입니다.

< 추천사 >

짧아서 더없이 애틋한 3월의 봄입니다. 교정 곳곳에 꽃망울을 터뜨리는 목련, 개나리...
기특한 몸짓들에 따뜻한 눈길주시면서 캐모마일 차 한잔으로 감기는 멀리 보내세요.

허브혼합TEA(루이보스+++)

허브의 효능

루이보스(Rooibos)란? 아프리카 언어로 붉은 덤풀이라는 뜻입니다. 아프리카 최남단 (남아프리카) 희망봉 일대의 세다베어크산 고원지대에서만 자생하는 식물입니다. 다른 나라에서의 재배가 불가능하며, 재배에 성공하더라도 아무런 영양분이 함유되어 있지 않아 실패했습니다. 녹차는 우리나라 재배에 성공했으나, 루이보스는 유일하게 그 지역에서만 자생합니다. 콩과에 속하는 침엽수 이며, 세계적 광천수로 유명한 지역과, 무공해 지역에서만 자생하는 루이보스는 뿌리가 7~8m까지 내려갑니다.

일반 차와 구별되는 가장 큰 특징은 카페인이 전혀 함유되어 있지 않습니다. 그러므로 신생아부터 (산후 조리원), 임신 중에도 안심하고 식수처럼 드실 수 있는 차입니다.

시나몬은 보통 계피를 말하는데 위장 내 가스로 인한 소화불량, 장염, 식욕감퇴, 설사병, 초기 감기 증세 등에 효과가 있습니다. 또한 항 방사능 작용 및 백혈구 수를 증가시키는 작용을 합니다. 계피는 성질이 따뜻하고 독이 없는 약재입니다. 하초(배꼽에서 생식기나 항문까지의 내장기관)가 허약하고 찬 증상도 효과가 있지요. 또 설사, 구토, 소화불량, 팔다리가 나른한 증상을 치료합니다. 계수나무 가지는 온성으로 발한 작용을 하여 찬 것을 제거해 줌으로써 혈액순환을 촉진시켜 줍니다. 손발이 차거나 마비가 오는 병을 예방하고, 이뇨작용을 하며 여성의 월경이 순조롭도록 도와준답니다.

레몬 그라스는 억새를 닮은 포아과의 다년초로 잎을 찢어서 손가락으로 비벼보면 흡사 레몬같은 향기가 난다 하여 붙여진 이름입니다. 약품, 비누, 향수, 린스, 캔디 등의 부향제로 쓰이는데 스프 소스에도 넣고 생선요리, 닭이나 조류의 요리에도 쓰입니다. 인도나 동남아에서는 일상의 음료로 상용하는데, 거의 모든차에 블랜딩되는 차로 이용되기도 합니다. 이 차는 소화기능을 강화 할 뿐 아니라 빈혈에도 효과가 있습니다.

콘플라워(Cornflower) - 이뇨 작용, 기관지염, 기침, 간장병에 효과가 있구요. 위에 보라색 꽃이 콘플라워입니다.

〈 추천사 〉

봄꽃들은 너무 짧은 계절-계절의 순환과 만물의 생동을 알리기에 마음이 바빠 잎도 없이 먼저 꽃을 피웁니다. 짧아서- 그래서 그 아름다움이 더욱 애틋하게 느껴집니다. 봄이 다 가기 전- 봄꽃들의 향연에 눈도 마음도 아름다워지시고 건강한 봄을 나시라고 힘나는 허브 차 준비했습니다

홍매화 차

매화예찬

뜰을 거닐고 있노라니 달이 사람을 쫓아오네
매화꽃 언저리를 몇 번이나 돌았던고
밤 깊도록 오래 앉아 일어나기를 잊었더니
옷 가득 향기 스미고 달 그림자 몸에 닿네.

– 퇴계 이황의 詩 –

꽃 필 때의 높은 품격 꽃 중에 빼어나고
열매 맺어 조화하면 국 맛이 향기롭다.
끝 날때가 되어서도 큰 절개를 두고 있으니
여러 꽃 들이 어찌 그 곁을 엿볼 수 있으리

– 매월당 김시습의 詩 –

〈 추천사 〉

전해오는 남쪽 꽃소식에 맘 설레는 우리를 시샘한 듯... 지난주엔 하얀 눈꽃을 실컷 감상하며 재미있는 새봄 3월의 추억을 만들었습니다. 매화의 효능은 피를 맑게 하고 해독, 살균작용을 하며 갈증을 해소하고 숙취를 없애며 기침과 구토 증세를 다스리는 데 효과가 있답니다. 신경과민으로 가슴이 답답하고 소화가 잘 안되며 목에 이물질이 걸린것 같은 증상에도 도움을 줍니다. 또 피부를 맑고 깨끗하게 만들어 주며 기미, 주근깨가 생기는 것을 막아준다고 하니 매화차를 마시면 정신은 맑아지고 얼굴색도 좋아지겠죠!!!

녹차

녹차의 효능

미국심장학회에서 발표한 차 관련 연구 결과를 살펴보면, 매주 차를 19잔 가량 마시는 사람의 사망률이 차를 마시지 않는 사람에 비해 44%나 낮았다고 합니다. 연구팀은 나쁜 콜레스테롤로 알려진 저밀도 지단백이 동맥벽에 붙는 것을 차의 플라보노이드 성분이 막아주기 때문일 것이라고 잠정 분석했습니다. 즉 플라보노이드 성분이 심장마비를 불러오는 혈소판 응집을 차단한다는 이야기다. 따라서 심장병 환자가 차를 즐겨 마시면 수명을 연장시키는 효과가 있다고 합니다.

일본 쿠리야마 신이치 박사는 70~96세의 남녀 약 1천 명을 대상으로 녹차를 마시는 빈도 등의 식생활 실태를 조사하고, 기억력이나 도형 그리기와 같은 인지 기능에 대한 실험을 실시했습니다. 그 결과 녹차를 하루에 두 잔 이상 마시는 사람이 일주일에 세 잔 이하로 마시는 사람에 비해 인지 능력 감소 현상이 적게 나타났습니다. 미국의 저명한 과학자인 존 웨이스버거 박사는 '차를 국민 건강 음료로 삼아야 한다.'고 주장하기도 했습니다.

우리 뇌에는 인체가 섭취한 음식의 영양 성분이나 그 밖의 성분들이 들어오는 것을 막는 '바리케이드'가 있습니다. 이것을 '뇌 관문(3BB: Blood Brain Barrier)'이라고 하는데, 일단 특정 성분이 뇌 관문을 통과하면 혈류를 통해 뇌세포에 전달돼 신경 작용에 직접 영향을 미칩니다. 그런데 마시는 것 중에서 유일하게 뇌 관문을 통과해서 직접 뇌세포로 전달되는 것이 녹차입니다. 그래서 뇌학 전문가들은 스트레스 때문에 지치고 힘들 때 담배를 꺼내 피우는 습관을 버리고 녹차를 마시라고 조언합니다. 녹차에 든 카테킨, 데아닌 등의 약효 성분이 지친 뇌를 활성화시켜주기 때문입니다.

- 각성작용과 강심작용 : 차의 카페인은 대뇌피질의 감각중추를 흥분시키는 작용을 하며 정신을 맑게 하고 기억력, 판단력, 지구력을 증강시키며 적당량의 카페인은 혈액순환을 도와 심장의 정상적인 활동을 도움.
- 이뇨작용과 해독작용 : 신장의 혈관을 확장하여 노폐물, 유독성분을 배출하고 녹차의 탄닌은 알칼로이드와 결합해 체내흡수를 막고 배출시키며 유해성 중금속을 해독.
- 살균, 소염작용 : 식중독 예방효과와 소염효과
- 녹차잎의 탄닌산은 모공을 조여주고 플라보노이드 성분은 더러움을 씻어주는 효과가 있어서 지루성 비듬과 탈모에도 도움.

〈 추천사 〉

〈〈동의보감〉〉에는 차가 '머리와 눈을 맑게 하고 소변을 잘 나오게 하며 갈증을 멎게 하고 잠을 적게 하며 해독 작용을 한다.'고 전합니다. 다른 문헌에도 차를 오래 마시면 마음과 몸에 병이 생기지 않으므로 뜻과 기운에 좋다 는 기록이 실려 있지요. 몸과 마음의 건강을 위해 따뜻한 차 한잔의 여유를 즐겨보세요!!!

목련꽃차

목련꽃차의 효능

소염작용이 있어서 비염, 축농증, 코골이 등에 효과가 있으며 두통, 치통 치료에도 효과가 있다고 전한다. 약차로서 복통과 불임에도 치료효과가 있다고 합니다.

백목련, 자목련 모두 다 쓸 수 있으며 꽃피기 직전 꽃망울을 채취하여 차로 음용하면 효과가 큽니다.

한방에서는 약간 매운맛이 나기 때문에 백목련, 자목련의 꽃봉오리를 신이화(辛夷花)라 하며 약재로 사용하는데 백목련은 맛이 그윽하고 은은하여 차의 재료로 최상이다. 말린 목련 꽃잎을 잔에 넣고 뜨거운 물을 부으면 납작했던 꽃이 수면 위로 활짝 피어올라 건강도 챙기고 눈도 즐거운 일석이조의 효과를 볼 수 있습니다.

목련꽃차의 효능으로는 수렴작용, 모세혈관 확장작용, 항염증 작용, 혈압강하 작용, 진정작용, 피부 진균과 포도상구균 억제 작용이 보고되었습니다.

꽃봉오리는 폐, 기관지에 효과를 볼 수 있으며 집중력이 필요한 수험생에게도 그 효과가 있으며 말을 많이 하는 직업을 가진 사람이 자주 마시면 좋습니다.

목련은 제2의 연꽃으로 분류 될 만큼 차향이 풍부하고 향이 좋으며 식어도 향기로 인해 맛이 그윽합니다.

〈 추천사 〉

하얀 목련이 필 때면 생각나는 사람 ~
봄비 내린 거리마다 하얀 그대 뒷모습 ~

그런 노래가 입가에 담아지는 하얀 목련의 계절입니다. 백옥같이 정갈하고 단아한 목련꽃과 그윽한 봄 향기를 음미하시면서 분주한 일상 잠시 내려놓고 여유 찾으시기 바랍니다.

삼백초잎 차

삼백초의 효능 "삼백초는 약리작용 다양 성인병, 피부미용에 효과"

삼백초 (三白草)란 꽃과 잎, 줄기 3곳이 희다고 해 이름 붙여진 토종 자생식물로 습지의 진흙 속에서 옆으로 뻗어 자라며, 맛은 달고 매우며 성질은 차갑고 약효는 거의 '만병통치약'이라 할만큼 갖가지 질병에 뛰어난 효과를 지니고 있습니다.

중국의 '당본초'나 '본초습유' 같은 책에는 수종과 각기를 치료하고 대소변을 잘 나오게 하며 가래를 삭히고 막힌 것을 뚫어 주며, 뱃속에 있는 딱딱한 덩어리를 풀어주고 종기나 종창을 치료한다고 적혀 있구요. 특히 삼백초의 수용성 탄닌은 과산화지질의 생성을 막고, 과잉 축적된 지방을 제거하는 것은 물론 중금속을 흡착해 체내의 공해물질을 씻어내는 효과를 갖고 있다고 합니다. 약리작용이 다양하고 뛰어나서 변비, 당뇨병, 간장병, 암, 고혈압, 심장병, 부인병, 신장병, 등 갖가지 성인병 예방과 치료에 주목할 만한 효과가 있는 것으로 알려져 오고 있지요.

민간에서는 여드름, 습진, 화상 등의 치료제로도 쓰이는데, 오장의 열과 독에서 오는 변비 문제를 해결하고 소변을 이롭게 해 근본 치료를 하는데 기본을 두고 있습니다. 차로 장복하면 몸의 응어리진 부분을 풀어주어 혈액 순환이 개선되는 것을 몸으로 느끼게 됩니다. 이처럼 피부미용은 물론 암 등 현대병 및 난치병에 탁월한 효능이 있다는 내용이 '매스컴'으로부터 널리 알려지면서 한때는 멸종의 수난을 겪기도 했답니다.

- 속명 : 삼엽삼백초. 백설골. 백면골. 물가삼백초. 사우르
- 분포지 : 제주도의 남쪽 해안지에 자라고 재배도 한다.
- 개화기 : 6 – 8 월
- 꽃색 : 흰색
- 결실기 : 7 – 8 월
- 높이 : 50 – 100 cm
- 특징 : 뿌리 줄기가 흰색으로 진흙 속에서 옆으로 뻗는다. 꽃이 필 무렵이면 위의 잎 세 개가 흰색으로 되기 때문에 삼백초라 불린다. 또는 뿌리와 잎과 꽃이 희기 때문이라고도 한다.
- 용도 : 관상용. 약용.
- 생육상 : 여러해살이 풀
- 효능 : 풀 전체 또는 뿌리, 줄기를 각기. 중풍 개선. 이뇨. 수종. 임질. 간염. 폐렴 . 변독. 고혈압 등의 약으로 쓴다.

〈 추천사 〉

기다리던 봄비라도 촐촐히 내리는 한 주 였으면 합니다. 건강한 한 주– 삼백초잎차로 시작하세요.

허브혼합 TEA(스트로베리+++)

스트로베리 이야기

봄을 알리는 반가운 과일 중 하나가 바로 붉고 싱싱한 딸기입니다. 고운 빛깔과 새콤달콤한 맛 때문에 여성과 아이들에게 인기 있는 딸기는 원래 장미과 식물... 그래서 열매의 색깔도 장미처럼 붉고 강렬합니다. 딸기는 크게 풀딸기와 나무딸기로 나눕니다. 우리가 흔히 먹는 딸기처럼 넝쿨에서 열리는 것은 풀딸기, 산딸기나 멍석딸기처럼 나무에서 열리는 것은 나무딸기입니다. 우리나라에서는 오래전부터 야생 딸기를 곰에 이롭다고 여겨 술로 만들어 먹거나 떡에 넣어 먹었습니다. 특히 덜 익은 산딸기는 복분자라고 해서 정력제로 널리 사용되었습니다. '본초강목'에는 '딸기는 신장에 좋으며 간을 보호하고 양기를 일으킵니다. 피부를 곱게 하고 머리를 검게 하며 폐질환에도 잘 듣는다'고 기록되어 있습니다.

스트로베리의 효능

딸기는 당도가 높고 새콤한 맛을 내는 유기산과 비타민 C가 풍부해요. 유기산과 비타민 등의 항산화 성분은 노화를 방지하고 혈관을 튼튼하게 해 혈관 계통의 질환을 예방하며 스트레스를 해소하는 데 효과가 있답니다. 때문에 스트레스가 많은 직장인과 수험생, 성장기 아이들, 미용에 신경을 쓰는 여성들에게 아주 좋은 식품이지요. 딸기에 많은 비타민 C는 여러 가지 호르몬을 조정하는 부신피질의 기능을 활발하게 하므로 체력 증진에 효과가 있구요. 딸기는 과일 중 비타민 C의 함량이 가장 높아(100g당 80mg) 귤보다 1.5배, 사과보다는 10배가 많다고 해요. 딸기 6, 7알이면 하루 필요한 비타민 C를 모두 섭취- 피로회복에 좋고, 식욕증진, 비타민 C 보급을 해주어 피부를 아름답게 하지요.

〈 추천사 〉

인디언의 달력에서 4월은 '머리맡에 씨앗을 두고 자면 싹트는 달' 입니다. 1년 중 생명의 기운이 가장 왕성한 시간이지요. 이번 주는 히비스커스와 로즈 힙, 사과와 파파야 조각이 함께 브랜딩 되어져 달콤한 향과 상큼한 맛이 입단을 행복하게 하는 차를 드립니다. 나른한 봄에 몸에서 필요로 하는 비타민 보충에 더없이 좋답니다. 활기찬 봄기운을 찻잔에 가득 채워 드릴께요!!!

쑥차

쑥의 효능

- 위장을 강화시킵니다. 현대의학에서 사용되는 거의 모든 약에는 위장을 해치는 부작용이 있는데 쑥은 인체의 뿌리인 위장을 튼튼하게 하면서 만병을 원인적으로 치료하는 약리작용이 있습니다. 즉 인체의 자연 생리기능을 강화시키고 체질을 개선시키면서 만병을 치료하기 때문입니다. 위장병과 변비에도 탁월한 효과가 있어 위장병에 쑥을 달여 먹었으며, 변비에는 쑥떡을 먹고 나면 바로 수월하게 변을 볼 수 있습니다. 특히 위궤양, 위장병에는 쑥이 최고입니다.

- 비타민 A가 가장 많이 함유되어져 있으며 무기질, 칼슘, 치네올이 풍부하며, 특히 비타민 A는 눈을 밝게 하고 피부를 탄력있게 하여주며 병에 대한 저항력을 크게 해주는 면역효과가 있습니다.
- 비타민 C가 많아 호흡기질환에 탁월한 효능이 있어서 감기예방과 치료에도 쑥을 달여 먹으면 좋습니다.
- 해독작용이 뛰어나 간장병, 간염, 지방간, 간경화 등으로 고생하는 환자는 쑥을 달여 먹으면 효과가 좋으며 황달에도 아주 좋습니다.
- 정혈작용이 뛰어나 쑥은 피를 깨끗하게 만들어 주므로 혈관을 튼튼하게 하여주며 고혈압, 저혈압 및 신경통에 효과가 좋습니다.
- 면역 및 항암작용까지 있어 오장육부를 따뜻하게 만들어 줍니다. 오장육부가 원활하게 돌아가면 병에 걸리지 않습니다. 쑥은 면역기능 및 항암작용까지 하여 주므로 꾸준히 쑥뜸을 하여 주고 쑥을 달여 먹으면 잔병이 걸리지 않는다고 합니다.
- 강한 정혈작용이 있습니다. 한의학에서는 많은 질병들이 피가 탁하기 때문에 생긴다고 합니다. 쑥은 다른 어떤 약초보다도 피를 깨끗이 하기 때문에 그 동안 뜸을 뜨는데 사용해왔다. 피가 깨끗해지면 혈액 순환이 잘되 만병치료의 효과가 있다고 합니다.
- 백혈구를 증강, 병균을 살균합니다. 쑥은 우리 몸속에 있는 병균을 잡아먹는 백혈구의 수를 증가시키는 효능이 있기도 합니다.
- 강력한 해독작용을 합니다. 담배, 술, 약, 공해식품 등의 독들을 분해해서 몸 밖으로 몰아내버리니 쑥이야말로 공해독을 앓고 있는 현대인에게는 위대한 건강식품입니다.
- 식욕을 촉진시킵니다. 식사전에 쑥된장국을 약간 먹으면 식욕이 일어납니다.

< 추천사 >

쑥은 우리 민족의 건국신화에서부터 민간에 전래된 가장 오래된 자연식품으로 그 상징성과 효용성이 크다 할 수 있지요. 동의보감에는 "쑥은 간과 신장을 노하는데 특효"가 있다고 합니다. 초봄이나 단오 직전에 채취한 것이 약성이 좋다고 하네요. 여러분의 봄철 건강을 위해 청정지역 약쑥을 정성껏 채취해 차로 준비했습니다. 건강한 심신으로 아름다운 계절을 마음껏 누리시기 바랍니다.

Rose Flower TEA

로즈의 효능

장미에는 비타민 A, B, C, E, K, P, 니코틴산, 유기산, 탄닌 등이 골고루 함유되어 있습니다. 풍부한 비타민 함유로 여성의 미용에 널리 쓰여졌고 동서고금을 통해 사랑의 메신저와 아름다움의 대명사로 불리워지고 있으며, 여신의 고귀한 향과 빛깔은 사람의 기분을 상승시켜 긍정적인 사고를 유도해주기도 합니다. 여성의 청결 유지와 감기, 현기증, 두통, 피로회복에 효과적이지요 .

허브차에 사용되는 로즈는 올드 로즈의 원조에 가까운 품종으로 꽃잎의 색깔에 따라 로즈레드, 로즈핑크, 로즈버드레드, 로즈버드핑크 등으로 나뉘어지는데 장미는 옛부터 술이나 음식의 부향제로도 쓰였고 더운 나라의 왕후와 귀족들은 청량제 및 목욕제, 방향제로 사용하기도 했답니다.

차로 마실 때 장미차는 피곤하거나 마음이 불안하고 초조할 때, 기분 전환과 정신적 긴장완화를 위해 좋습니다. 또 간장이나 위장의 피로, 변비에도 효과가 있으며, 호르몬 균형을 유지시켜주는 작용이 있어, 특히 여성의 아름다움과 건강을 지키는데 도움이 되지요. 산후 우울증, 현기증, 구토 등에도 효과가 있습니다.

〈 추천사 〉

계절의 여왕이라고 하는 5월엔~ 장미가 우아한 여왕의 자태를 뽐내는 계절이기도 하지요! 아름다운 계절~ 남은 5월의 모든 삶이 더욱 아름답고 행복하시길 기원합니다!!!

여름철 추천 허브 & 웰빙 TEA

- 6월 ~ 8월 -

무더위와 장마로 인한 습기는
건강의 적신호가 되기도 하는 계절입니다.
지쳐있는 심신에 청량감을 줄 수 있는 차로
갈증해소와 함께 몸의 열기를 낮춰주는 차를 준비합니다.
살균, 해독작용으로 소화장애와 식중독을 예방하고
냉방병에도 도움을 주는 차가 필수입니다.

오미자 냉차

오미자의 효능

- 성분은 단백질 ,칼슘 ,인, 철, VB1, 유기산, 능금산, 구연산, 주석산 등등. 특히 유기산은 기침의 진정효과(폐기능 보호)와 노폐물 배출, 피로회복(간기능 회복)을 돕는다고 합니다.
- 오미자(五味子)는 보약으로서 성질은 "따뜻하면서 독이 없다". "맛은 시고 약간 달다"고 의서에는 적혀 있습니다(性味 溫無毒 酸微甘). 따라서 오미자는 폐경, 신경, 비경에 작용하며 기와 폐를 보하고 기침을 멈추며 갈증을 해소합니다. 오미자(五味子)라는 약재는 이름 그대로 오미(五味), 즉 다섯 가지의 맛이 있는 열매라는 뜻입니다. 껍질은 달고 열매의 육은 신맛, 씨는 맵고 쓰고 짠맛이 동시에 나타납니다[五味-오행의 다섯 가지 맛, 즉 신맛(酸) 쓴맛(苦) 단맛(甘) 매운맛

(辛) 짠맛(鹹)].

신맛은 간장, 매운맛은 폐, 쓴맛은 심장, 단맛과 짠맛은 비장과 신장에서 기운을 얻게 합니다.

- 오래된 해수, 천식, 정력이 약해져서 오는 유정, 유뇨, 빈뇨, 그리고 기운이 약해져서 식은땀을 많이 흘리는 것을 막아주며, 몸의 진액을 보충하여 갈증을 없애주어 당뇨병에 좋습니다. 또한 예민한 신경도 안정시켜 불면, 기억력 감퇴, 집중력 감소 등을 완화시켜 줍니다. 그 외에도 심장과 순환기 질환, 위장, 간 질환에 대해서도 작용을 합니다.

한의학적으로 보는 효능은 폐의 기운을 추스르고, 신(腎-신장과 생식을 할 수 있는 호르몬을 포함한 모든 기운. 장기 등과 비슷함)을 윤택하게 하여 주고, 몸의 진액(津液-영양 물질과 몸의 정상적인 모든 체액과 비슷함)과 헛땀을 막고, 정신을 안정시켜서 마음을 편안하게 하여줍니다. "斂肺滋腎(염폐자신) 生津斂汗(생진염한) 寧心安神(영심안신)(오미자는 다섯 가지 맛이 오장육부에 각각 작용하는데 특히 폐와 신에 더 강하게 작용합니다.)

약리학적으로는 중추신경, 심장, 간, 위, 세균억제 등에 작용하여 가래와 기침을 없애고, 심장을 강하게 하며, 담과 위에도 작용하고, 포도상구균, 탄저균, 인플루엔자, 폐렴균, 이질균, 콜레라균 등을 억제하는 작용이 있습니다. 당뇨병에도 작용을 합니다.

< 추천사 >

신록의 빛이 초록으로 성장하는 초여름숲엔 야생화의 향기들이 더없이 그윽해져갑니다. 이제 봄이 얼마나 우리곁에 있어줄까요? 조금만 마음의 여유를 가지시면 남은 계절이 선물하는 자연의 아름다움을 더 많이 누리실수 있겠지요! 이번 주는 냉차를 준비했습니다. 오미자는 다섯 가지 맛이 오장육부에 작용하 인체건강에 탁월한 효능을 발휘한다고 합니다. 건강한 여름을 나시라고 이번 주는 맑은 효능만큼이나 색과 맛이 오묘한 오미자냉차 한 잔을 올립니다. ~

솔잎 냉차

솔잎의 효능

우리 나라 산림의 약 40%를 차지하고 있는 소나무는 우리 선조들이 태어나서 흙으로 돌아갈 때까지 동고 동락했던 대표적인 나무입니다. 솔가지를 꽂은 금줄로 새 생명의 탄생을 알렸고 죽어서는 소나무관에 담겨 솔숲에 묻혔지요.

솔잎은 '동의보감'에도 '풍습창(즉 습기로 인해 뼈마디가 저리고 아픈 질환)을 다스리고 머리털을 나게 하며, 오장육부를 편하게 하고, 곡식대용으로 쓰인다.'고 되어 있습니다. 다른 의학서적이나 문헌을 봐도 솔잎의 효능은 거의 만능약에 가깝지요. 솔잎은 체질에 별로 구애를 받지 않아 누구나 쉽게 먹을 수 있으며 각종 질병의 치료와 예방뿐 아니라 강정 효과도 우수하다고 합니다.

불로장생의 상징 소나무의 잎, 솔잎은 예로부터 뇌기능을 맑게하고 심장을 튼튼하게 하는 등 인체에 유효해 선인식(仙人食)으로까지 불렸던 것으로 알려지고 있습니다. 솔잎에는 비타민 A, C, K, 엽록소, 칼슘, 철분 등 다양한 영양성분이 들어있고, 또한 체내 합성이 불가능한 8종류의 필수 아미노산을 모두 포함하고 있는 우수한 단백질원이기도 합니다.

▶ 솔잎은 강장 강정(强將 强精)의 묘약

- 솔잎은 위를 튼튼하게 하고 심장의 강화와 고혈압을 강하 강정(强精)이고 적혈구를 증가시켜 체내의 콜레스테롤치를 내리고, 말초신경을 확장시켜 호르몬의 분비를 높이는 등 몸의 조직을 일깨워주는 역할을 하므로 고혈압, 심근경색 등에 효과적입니다. 솔잎은 혈당치를 낮춰주는 성분인 글리코키닌도 포함하고 있어 당뇨병에도 도움을 주며, 비타민 C와 철분이 풍부해 빈혈에도 좋다고 합니다. 뿐만 아니라 솔잎 성분 중에는 담배 유해물질인 니코틴 독을 제거시켜주고 소화기의 기능을 높여주는 효과도 있지요. 빈혈에 좋고 모세혈관을 강화하는 루틴이 함유되어 있어 노화방지에 도움을 주고 각종 질병을 예방합니다.

▶ 콜레스테롤 용해

- 톡 쏘는 향기로 솔잎은 청량감을 더해주고 솔잎에는 '테르펜' 이 있어 고혈압이나 동맥경화의 원인인 혈중 콜레스테롤을 용해시키고 혈액순환을 촉진시켜 신체 기능을 활성화시킵니다. 테르펜은 세포와 결합해 우리 몸을 노화시키는 활성산소를 제거함으로써, 세포의 산화를 막아서 머리털을 나게 하고 흰머리를 검은 머리로 만들어주며, 눈이나 귀가 밝아지는 등 노화방지에도 탁월한 효과가 있다고 전해집니다.

▶ 그밖에도

- 숙취, 위장병, 고혈압, 중풍, 신경통, 불면증, 빈혈, 천식 등에 효과가 있고 각종 유기산이 풍부하여 냉대하증 같은 여성의 부인병에 좋다고 합니다.

< 추천사 >

일찍 찾아온 무더위와 장마에 자칫 건강의 흐름을 놓칠 수 있는 계절입니다. 지친 기력을 생기있게 깨우고 흐트러진 몸의 밸런스를 조절하는 관심이 필요하겠지요! 자신의 몸과도 대화가 필요합니다. 어느때보다 신선하고 편안한 자연의 품이 그리운 계절에- 시원한 솔잎차 한잔 어떠세요?

매실 냉차

매실의 효능

● 여름에 꼭 필요한 식품 매실

매실은 여름철 갈증 해소뿐만 아니라 살균과 향균작용을 도와 식중독을 예방하기 때문에 여름에 꼭 필요한 식품입니다. 이 뿐만 아니라 몸에 열을 내려주며, 시큼 달콤한 맛이 입안을 개운하게 해주기 때문에 더위로 지친 입맛을 돋우기에도 좋습니다.

● 위장운동을 촉진시켜

무엇보다 매실의 가장 큰 장점은 위장운동을 돕는다는 것입니다. 매실의 신맛이 소화액을 촉진시켜 소화불량을 해소하고 위장장애를 치료합니다. 또 매실은 과다 분비되는 위산을 조절하며 과식이나 배탈에도 효과가 있습니다. 식사 후 매실차나 매실즙으로 속을 달래는 이유도 여기에 있습니다.

● 피로야 가라

스트레스와 만성피로에 시달리는 현대인은 매실을 꾸준히 복용할 필요가 있습니다. 매실의 유기산은 신진대사를 활발히 하고 피로를 회복하는 효과를 가지고 있습니다. 특히 스트레스로 인한 칼슘의 소모는 매실의 풍부한 칼슘이 보충해 주며, 구연산과 사과산은 칼슘 흡수를 돕는 역할을 하기 때문에 현대인에게는 안성맞춤이라 할 수 있습니다. 특히 접대나 회식자리가 많은 직장인들에게는 매실이 간기능을 회복시켜주며 해독작용으로 인한 숙취해소에도 도움을 줍니다. 간기능의 회복은 곧 피로회복이란 결과를 가져다줍니다.

● 빈혈과 변비 치료제

매실의 풍부한 칼슘은 여성에게 좋은 식품이라는 것을 말해줍니다. 여성에게 칼슘이 부족하면 빈혈이나, 생리불순, 골다공증이 올 수 있으며, 임산부의 경우는 특히 칼슘이 절실히 필요합니다. 이 때 매실을 먹게 되면 이러한 증상을 완화시킬 수 있으며, 게다가 장의 연동운동을 도와 변비를 해소하고, 매실 속 비타민은 피부미용의 효과까지 얻을 수 있습니다.

● 대표적인 알칼리 식품

현대인의 가장 큰 문제점이 혈액이 산성화 되어 간다는 것인데, 이것은 각종 성인병에 취약한 상태로 만듭니다. 산성화의 가장 큰 원인은 음식섭취에 있는데 육류의 과다섭취와 함께 과일이나 채소의 섭취가 부족하기 때문입니다. 매실은 대표적인 알칼리 식품으로 다른 과일의 비교가 안 될 정도로 그 효과나 성분이 풍부하며, 체질개선 효과를 가지고 있습니다.

〈 추천사 〉

삼복(三伏)더위를 말할 때 "엎드릴 복{伏}"자를 쓰는 이유는 본격적인 삼복여름철은 '火'의 기운이고 가을철은 '金'의 기운입니다. 풀어서 설명하면 가을의 '金'기운이 대지로 나오려다가 아직 '火'기운이 강렬하기 때문에 일어서지 못하고 '엎드려 복종한다{굴복(屈伏)}'는 의미를 지닌 것이라고 합니다. 무더위와 장마가 겹친 여름은 잘 이겨내고 계신가요? 여름철 건강을 도울 수 있는 음료 중 대표적인 것은 뭐니뭐니해도 매실이지요! 땀을 많이 흘려 느끼게 되는 탈수증세와 갈증해소에도, 잃은 입맛을 찾고 피로회복을 돕는데도, 식중독이나 소화불량 등으로 불편한 속을 다스리는데에도 매실은 탁월한 효능이 있습니다. 시원한 매실차 한잔으로 여름 무더위 이겨보세요!!!

미숫가루

5곡미숫가루 만들기

1. 현미와 찹쌀을 깨끗이 씻어 불린 다음 찜기에 쪄서 햇볕에 바싹 말리세요.
2. 멥쌀을 깨끗이 씻어 불려 놓은 다음 찜기에 찐후 햇볕에 바싹 말리세요.
3. 보리를 깨끗이 씻어 불려 놓은 다음 찜기에 찐후 햇볕에 바싹 말리세요.
4. 콩을 씻어 놓은 다음 찜기에 찐후 햇볕에 바싹 말리세요.
5. 잘 말려진 미숫가루 재료를 볶아냅니다. 집에서 하기가 번거로우면 각기 봉투에 담아 방앗간으로 가져가 볶습니다.

6. 볶는 순서는 현미+찹쌀,멥쌀,보리순으로 볶다가 덜어내고 콩은 따로 볶습니다.
7. 다 볶은 재료를 바닥에 널어 완전히 식힌 다음 제분기에 넣어 곱게 가루로 완성합니다.
8. 서늘한 곳이나 냉동실에 밀봉하여 보관하고 먹을때는 설탕 또는 꿀을 적당히 첨가하여 드세요.

< 추천사 >

미숫가루는 여러 가지 곡물을 넣어 만든 분말 형태의 음식입니다. 곡류는 많은 비타민과 탄수화물을 갖고있기 때문에 여름철 무더위로 잃은 입맛과 소화장애를 도와 쉽게 영양공급을 도울 수 있습니다. 여러 가지 곡물과 건강 상터에 따라 혼합 재료들을 다양하게 선택해 넣을 수 있기 때문에 몸에 필요한 영양들을 한꺼번에 고루 섭취할 수 있어서 고혈압, 당뇨병, 성인병 예방, 변비개선에도 효과가 있으며, 청량음료나 기타 차가운 인스턴트 음료로 건강을 해치기 쉬운 여름철~ 균형잡힌 영양도 챙기면서 갈증도 해소할 수 있는 미숫가루가 최고라고 할 수 있습니다. 그래서 우리 선조들은 여름철이 되면 다양한 곡물들을 정성껏 손질해 간편한 여름보양식을 만들고 주변사람들과 나누며 서로서로 건강을 챙겨주는 지혜롭고 따뜻한 전통을 가졌던거지요!

수박 홍초 화채

수박의 효능

땀을 많이 흘리는 계절인 여름에는 누가 권하지 않아도 저절로 수박에 손이 갑니다. 한 입 베어 먹으면 입 안에 가득 차는 단물은 갈증을 단숨에 해소시켜 줍니다. 시원하고도 달짝지근한 수박은 한여름에 꼭 먹어줘야 하는 음식입니다.

햇빛을 쬐거나 고온에서 장시간 일하다 보면 체온 유지를 위해 몸이 무리를 하게 돼 더위를 먹게 됩니다. 그래서 더위에 지쳐 건강이 상하기 전에 더위를 바로 해소시켜 주어야 하는데 이럴 때 수박이 아주 좋은 음식이자 약입니다.

수박은 91~95%가 수분입니다. 물은 체내에 섭취한 영양소를 운반하여 생체 내의 모든 화학반응, 즉 대사의 매체가 됩니다. 우리 몸의 3분의2가 물로 구성되어 있다는 것을 생각한다면 물은 3대 영양소인 탄수화물, 단백질, 지방, 그 어떤 것보다도 더 큰 영양학적 가치를 가진다고 할 수 있습니다. 또, 수박에는 시투룰린(citrulline)이라는 물질이 있어 이뇨작용을 돕습니다. 그래서 민간에서는 수박이 신장병이나 당뇨병을 가진 사람들에게 약용되고 있습니다. 병이 심한 경우에는 음식의 종류와 양도 의사와 상의해야 하지만 약을 복용해서 정상적인 생활을 할수 있는 환자들에게는 분명히 도움이 됩니다.

우리가 내뱉어 버리는 수박씨에는 30%의 단백질과 40%의 지질이 포함되어 있습니다. 그러니 씨들이 갖고 있는 효능을 생각한다면 굳이 비싼 값의 씨 없는 수박을 선택하지 않아도 됩니다. 중국에서는 수박씨를 볶아 전채요리로 먹는다니 그들은 수박의 이로움에 대하여 체득한 것이 아닐 수 없습니다.

한편, 수박의 붉은 색은 카로티노이드계의 색소로 이것의 70% 이상이 리코펜(lycopene)인데, 이 리코펜은 최근에 암을 예방하는 효과가 있다고 밝혀졌습니다. 그리고 재배 과정에서 일교차가 클수록 붉은색이 짙어진다고 하니 산지를 잘 택하는 것도 좋은 수박을 먹는 방법이 될 수 있습니다. 또, 과육이 노란 수박은 리코펜이 소량 함유되어 있으므로 신기한 노란 수박보다는 붉은 수박을 선택하는 것이 좋습니다.

수박에는 수분 외에 과당도 많은데 이는 저온일 때 단맛이 증가하므로 수박을 맛있게 먹으려면 2℃ 이하에서 먹어야 합니다. 수박을 냉장 보관했다가 먹어도 좋고, 수박화채나 과일 칵테일을 해 먹어도 좋습니다. 수박의 흰 살 부분은 따로 모아서 늙은 오이(노각)처럼 무쳐먹어도 맛있고, 물과 함께 달여 보리차 대신 마시면 갈증을 타는 당뇨병자들에게 좋습니다.

< 추천사 >

동의보감에는 수박이 마른 갈증과 더위 독을 없애준다고 하였습니다. '물'에 대한 연약하고도 무가치한 이미지 때문에 물만 잔뜩 들은 과일이 구슨 좋은 음식이냐고 생각할지 모르지만 그게 수박이라고 하면 이야기가 달라집니다. 그 맛보다 효능을 다시 한 번 돌이켜봐야 하겠지요. 이번주는 홍초와 함께 수박화채를 준비했습니다. 기운을 돋게 하는 예쁜 색과 새콤달콤한 맛을 음미하시면서 장마와 함께 시작 될 여름 무더위를 이겨보세요!!!

웰빙 매실 빙수

매실빙수 만들기

① 지리산 천년수로 얼린 얼음을 분쇄기로 갈은 다음 예쁜 유리볼에 적당량 담아주세요.
② 미숫가루를 한스푼 얼음가루위에 올려주세요.
③ 과일 통조림을 적당히 얹어주세요.
④ 기호에 따라 빙수 떡을 올려주세요.
⑤ 취향에 따라 기타 과일 혹은 팥을 넣어주어도 좋습니다.
⑥ 마지막으로 집에서 정성스럽게 발효시킨 매실원액을 티스푼으로 2번정도 떠서 빙수 위에 올려주면 끝입니다.

* 집에서 도전해 보실때에는 매실액을 좋은 물에 희석해서 얼음으로 얼린 다음 갈아서 사용하시면 더욱 상큼한 맛과 함께 완벽한 웰빙빙수를 즐기실수 있습니다.

〈 추천사 〉

여름의 절정– 삼복더위를 지냈지만 이제 그 마지막 태양의 열기를 지구위에 모두 쏟아내며 마지막 계절의 제몫을 다하고 있는 듯 합니다. 모두모두 무더위 이기시느라 애쓰셨지요? 무더위를 핑계삼아 잠시 일상을 벗어나 재충전하신 휴가의 기억들을 추억하시면서 이제 다시 心機一轉하셔야지요! 이번주는 마실거리 대신 특별한 간식을 준비했습니다. 남은 여름 무더위에 지치실까봐 빙수를 준비했구요. 팥대신 미숫가루와 매실액을 넣었습니다. 더위로 텁텁한 입안을 상큼하게 하면서 속을 편안히 해드릴거예요.

칡(갈근)차

칡의 효능

칡은 약이면서 식품으로도 쓰이는 식물입니다. 옛적 보릿고개의 구황식물로 쓰여 우리 민족정서의 한켠에 남아 있으며, 중년에게는 추억의 식물로 친근합니다.

음주 후의 술독을 풀고 속을 편하게 만들어 주는 숙취해소에도 칡이 빠지면 뭔가 섭섭하지만, 땀을 내게 하고 열을 내려 주어 감기를 예방하므로 열이나고 온몸이 쑤시는 감기를 다스리는 갈근탕의 주약재이기도 합니다.

최근에는 석류, 콩 등에 여성호르몬인 에스트로겐과 유사한 물질이 함유되어 있다고 하여 인기 높지만, 콩과의 식물중 유일하게 뿌리를 먹는 칡은 에스트로겐 유사물질로 이소플라본의 일종인 다이드제인이 콩의 10배, 석류의 600배 이상을 함유함이 밝혀져 〈흙속의 진주〉라는 별칭이 낯설지 않게 되었습니다.

또한 칡은 관상동맥과 뇌혈관을 넓혀 주어 심장병과 고혈압에도 좋은 치료효과가 있음이 밝혀지고 있습니다. 설사를 멈추게 하며 혈액순환을 원활히 하여 어혈을 풀어 주기도 하며 비염이나 축농증에도 효과가 좋습니다.

칡뿌리는 해열작용이 있는데 합성해열제보다 약효가 늦게 나타나지만 보다 지속적으로 작용합니다. 뿌리의 이소플라본 화합물은 진경작용이 있습니다다. 특히 다이드제인은 파파베린과 비슷한 진경작용을 나타내며 편두통, 고혈압, 협심증 등 여러 가지 심장의 대상기능부전에 써본 결과 70~80%의 환자에게서 효과가 있었다고 합니다. 또 뿌리에는 다이드제인의 작용에 길항하여 평활근을 수축시키는 물질이 있습니다.

잎과 꽃에 있는 로비닌은 혈중의 잔여질소량을 줄이는 이뇨작용이 있습니다. 식물의 총플라보노이드는 혈압을 낮추고, 뇌혈관 및 관상동맥의 혈류량을 늘립니다. 그리고 심근의 산소 소비량을 줄이고, 혈중의 산소 공급량을 늘려준다. 잎은 고혈압으로 오는 두통과 이뇨 약에 쓰이기도 합니다.

뿌리와 꽃은 발한 해열약, 진경 약으로 열병에 쓰이며, 갈증이 나고 머리가 아픈데, 감기로 머리와 목이 아플 때, 편도염, 급성충이염, 비염 등에 쓰입니다. 그리고 어혈을 풀고 상처가 아물게 하는데도 쓰입니다.

〈 칡차와 추천사 〉

칡 한 가지만으로 차를 끓여도 괜찮지만 몸이 차가운 사람은 생강이나 계피를 조금 넣어 끓이면 맛도 색다르고, 칡의 차가운 성질을 완화하게 됩니다. 여기에 대추를 한두알 넣으면 깊은 맛과 단맛이 칡과 조화를 이루어 차로 즐길만 하지요. 더추대신 감초를 조금 넣으면 깊은 맛은 대추보다 뒤지나 텁텁한 여운이 줄어 맑은 차 맛이 납니다. 대추는 최소한 반을 가르거나 잘게 쪼개서 넣는 것이 좋구오.

여름철에도 따뜻한 차가 좋은데 냉방병으로 피의 흐름이 원활하지 못해 등덜미가 뻐근하게 아플 때 마시면 좋습니다. 체내의 수분 소모를 방지하고 혈류를 증강시키며 근육의 긴장을 풀어 준다고 합니다. 여름에 냉차를 즐기려면 칡차를 만들어 꿀을 넣고 차게 냉장고에 넣어 둔 다음 얼음을 띄워 먹으면 피로회복과 갈증해소에 좋답니다. 장마철 건강도 저희가 도와드리겠습니다. 힘내세요!!!

허브아이스티(히비스커스+로즈힙)

히비스커스와 로즈힙의 효능

*히비스커스(Hibiscus)

비타민 C가 풍부해서 감기예방이나 이뇨작용, 피로 해소, 피부에 좋습니다. 칼륨이 많이 함유되어 있어 이뇨 작용을 하며 부종을 가라앉히고 숙취를 제거하는 데도 효과가 있습니다. 지방흡수 저해작용이 있어 다이어트에도 효과적입니다. 컴퓨터를 많이 사용하는 사람에게도 매우 좋은데, 특히 눈이 피로한 사람에게 OK! 꿀을 블렌드하여 마시면 더욱 좋습니다.

*로즈힙

로즈힙은 들장미의 열매로 오늘날처럼 과일이 흔치 않았던 옛날에는 비타민 C의 주요 공급원이기도 했다. 오렌지의 20배, 레몬의 60배에 해당하는 비타민 C가 함유되어 있으며 성장발육을 촉진하는 비타민 A와 함께 이뇨 작용, 눈의 피로, 변비, 생리통의 완화, 더위를 먹었을 때, 감기, 임신 중 영양공급, 술과 담배로 인한 피부의 거칠어짐을 막아 주어서 미용 효과에도 탁월합니다.

< 추천사 >

아침, 저녁으로 살갗에 전해지는 선선한 바람의 기운이 또 다른 계절의 시작을 예감하게 합니다. 아직 넘기지 않은 8월의 남은 숫자에는 한낮 작열하는 무더위가 그 기세를 늦추지 않은듯 하지만 저만큼 다가와 서있는 가을도 배려하는 자연의 겸손함에 마음조차 흐뭇해집니다. 더위에도 지치며 삶에도 치열했던 지난 여름을 이제 뒤로 물리고- 높아지는 하늘의 맑은 빛과 나뭇잎을 간지럽히는 가을바람에 잠시 한숨돌리며 숨가뿐 일상의 체온들을 조금만 식혀주세요. 넉넉한 가을의 시작입니다!!!

가을철 추천 허브 & 웰빙 TEA

- 9월 ~ 11월 -

일교차가 커지는 날씨변화에 몸이 예민해지지 않도록
심신을 편안케 해주는 차를 준비합니다.
무더위에 지쳐있던 몸을 쉬게 하고
몸의 기능을 조화롭게 할 수 있는 차가 필수입니다.
환절기에 올 수 있는 불면증, 탈모 등에
도움을 주는 차 선택도 중요합니다.

페퍼민트

페퍼민트 이야기

상쾌한 박하향이 매력적인 페퍼민트는 생잎과 바싹 말린 줄기로 요리 재료에도 많이 사용합니다. 정유의 주요 성분인 멘톨은 피부와 점막을 시원하게 해주고, 항균과 통증 완화에 효과적이어서 고대 이집트에서는 식용과 약용 및 방향제로, 고대 그리스에서는 향수의 중요한 성분으로, 그리스와 로마에서는 향수 외에도 원기 강화제와 목욕 첨가제로 사용하였다고 합니다.

정신적 피로와 우울증, 신경성 발작 등에 효과가 있고, 더울 때에는 차갑게 해주고 추울 때에는 따뜻하게 해주는 성분이 점액의 유출을 막아주고 해열과 발한을 돕습니다. 감기 · 천식 · 기관지염 · 콜레라 · 폐렴 · 폐결핵 · 식중독 · 신경통 등에 효과가 있다고 전해집니다.

페퍼민트의 효능

: 정신적 육체적 피로회복. 감기 두통, 공기 정화, 호흡기 계통에 효과. 피부세포를 자극하여 미용효과를 상승시킵니다. 특히 잠자리에 들기 전 따듯한 온수에 페퍼민트를 우려 족욕 후 발 마사지를 해주시면 피로회복과 숙면에 효과 만점.

- 피부의 진정시켜주는 효과와 지성피부를 조절해 주는 효능.
- 피부의 가려움증, 염증, 출혈에 있어 효과.
- 피곤함을 없애주며 (졸음방지) 정신을 맑게 해 주는 효능.
- 집중력 향상에 있어 도움을 줍니다.
- 통증완화, 진정 작용이 있어 위산과다, 속쓰림, 설사, 소화불량, 가스찬것을 해소, 멀미와 오심 완화, 구취제거를 완화 시켜주는 효과.
- 정신적 피로와 우울증, 신경성 발작에 효과.
- 더울때는 차갑게 해주고, 추울때는 따뜻하게 해주는 성분이 점액의 유출을 막아주며 해열과 발한에 효과.

〈 추천사 〉

아침, 저녁으로는 제법 선선한 바람이 계절의 변화를 실감하게 합니다-. 이번주부터는 여름동안만 준비해드린 냉차 대신– 다시 따뜻한 허브차를 준비했습니다. 허브차는 치료를 겸한 예방과 효용이 특징이며 하루 3잔 정도의 허브차는 두통이나 감기에 좋다고 합니다. 이번 주는 기분전환이나 식후 소화제로 마시면 효과적이며 본격적인 무더위속에 지친 심신을 산뜻하게 깨울 수 있는 페퍼민트 차를 준비했습니다. 우리도 누군가의 우울함을 달래고 지친 어깨를 다독여 새힘 나게 하는 페퍼민트같은– 그런 친구가 되어주면 좋겠습니다. 장마와 무더위에 지친 심신~ 잠시 상쾌한 휴식한잔 어떠세요?

블랜딩 허브티/위민스티

블랜딩 원료

계피(16%), 사과조각(14%), 오렌지 껍질(12%), 루이보스(10%), 생강(8%), 나무딸기 잎(8%), 기타(캐머마일, 세인트존스워드, 노간주나무, 구시그라스 등-)

효능

이번주 추천차는 비타민이 다량 함유되어 있으며 몸을 따뜻하게 하고 혈액순환을 도와주는 위민스티(Womens Tea)입니다. 오한이 나거나 손발이 찬 사람에게 특히 권장하는 차이며 여성의 허브티라고도 불립니다. 좋은 청정 재배지 독일, 스위스에서 직수입된 프리미엄 블랜딩 허브차로 건강에 도움을 주는 허브 8~10가지를 과학적으로 블랜딩한 완제품입니다.

〈 추천사 〉

톡톡 열매 익어가는 소리가 들려오는 가을의 시작– 마지막 성장을 다해 단맛으로 영글어가는 가을 열매처럼 우리몸도 마음도 건강하게 익어가는 가을 되시길– !!!
일상의 체온들을 조금만 식혀주세요. 넉넉한 가을의 시작입니다!!!

감국차

감국의 효능

감국(甘菊)은 황국(黃菊), 야국(野菊) 이라고도 하며, 주로 산에서 자랍니다. 풀 전체에 짧은 털이 나 있고 줄기의 높이는 60~90cm이며 검은색으로 가늘고 길며 잎은 짙은 녹색이고 어긋나며 잎자루가 있고 달걀 모양인데 보통 깃꼴로 갈라지며 끝이 뾰족합니다.

갈라진 조각은 긴 타원형이고 가장자리가 패어 들어간 모양의 톱니가 있는데 10~11월에 줄기 윗부분에 산방꼴로 두화(頭花)가 핍니다.

꽃은 지름 2.5cm 정도이며, 설상화(舌狀花)는 노란색이나 흰색도 있습니다. 늦가을 고향가는 길가나 산모퉁이에서 꽃잎에 찬서리를 잔뜩 머금고 오가는 이들에게 살포시 미소를 보내 주는 감국은 많은 들꽃 중에서는 그 향기가 특히 뛰어납니다.

감국은 전국의 산과 들에 자생하면서 봄에 묵은 뿌리에서 싹이 올라와 60~80cm까지 자라는 다년생 초본으로 잎은 크게 다섯갈래로 길게 갈라지고 줄기 끝에 9~11월경 노란색의 꽃이 핍니다.

국화 가운데 식용과 약용으로 되는 종이 바로 감국입니다. 옛날에는 감국으로 여러 가지 요리를 만들어 먹었으므로 감국을 요리국(料理菊)이라 부르기도 했다고 하는데 한방에서는 감국의 꽃을 주로 두통약으로 쓰고 있지요.

■ 감국차(국화차)

국화차는 가을 이슬이 내릴 때 산야의 감국을 따서 볕에 말려 꼭 밀봉해 두었다가 차로 끓이면 정신이 맑아지고 한여름에는 갈증을 없애주는 효과가 있습니다.

- 《본초강목》에는 감국차를 "오랫동안 복용하면 혈기에 좋고 몸을 가볍게 하며 쉬 늙지 않는다고 합니다. 위장을 평안케 하고 오장을 도우며 사지를 고르게 하고 감기. 두통. 현기증에 유효하다"고 기록되어 있습니다.
- 국산 감국의 정유는 공간인지 능력 및 학습능력을 향상시킬 뿐 아니라 인지능력 감퇴현상도 억제하고 있어 치매예방과 기억력 향상에 효과가 있는 것으로 밝혀지고 있습니다.
- 표열표증, 간열로 머리가 어지럽고 아플 때, 간열로 눈이 벌개지고 눈물이 날 때, 부스럼이 생길 때, 관절이 아픔, 고혈합 등에 효과가 있습니다(동의보감).
- 국화는 능히 풍열을 덜고 간에 유익하며, 음(陰)을 보호합니다(본초강목).
- 감국은 몸을 가볍게 하고 늙지 않게 하며 장수하게 합니다. 그리고 근골을 강하게 하고 골수를 보하며 눈을 밝게 합니다(본초강목).
- 머리에 열이 있거나 풍사가 있어 어지러워 넘어질듯한 증상, 뇌골동통을 치료하며 온 몸의 여러 가지 풍사를 흩어지게 합니다(향약집성방).

〈 추천사 〉

유난히 심했던 무더위 이기시느라 힘드셨죠? 아직 여름의 기운은 뜨거운 한낮 기온과 남은 태풍을 통해 계절의 마지막을 긴장하게 하지만 그래도 이제 9월입니다. 9월은 높아지는 하늘 따라 나무도 키 크는 계절이라 합니다. 우리 마음의 키도 덩달아 커지는 그런 가을의 시작이 되었으면 합니다.

로즈마리

로즈마리 이야기

고대 이스라엘, 그리스, 이집트, 로마 등에서 종교의식에 쓰인 성스럽고 귀중한 향료식물이었으며 많은 전설과 일화를 남긴 역사가 오랜 식물의 하나입니다. 그리스신화에서 사랑과 미의 여신 "아프로디테"가 바다의 물거품에서 탄생했다하여 신성시했는데 향기로운 로즈마리가 물보라치는 바닷가에서 자라므로 그녀의 신목으로서 사랑과 헌신을 상징한다고 "바다이슬"이라는 어원을 풀이하고 있습니다. 영국에서 옛날에는 화장수인 "헝가리워터"를 만들었는데 이것은 헝가리의 엘리자베스 여왕이 어떤 천사에게서 그 처방을 가르침받아 여왕의 손발이 마비되는 것을 고쳤다는 약으로서 알

콜을 이용한 향수의 시초로 유명합니다. 1370년 여왕에게 보내졌던 처방이 지금도 비인의 왕립도서관에 보관되어 있습니다. 이 향수는 젊음과 아름다움을 보존해 주어 여왕이 72세가 되어서도 늙지 않아 폴란드 왕의 구혼을 받았다는 일화도 함께 전해져 젊음을 되찾는 비약으로 알려져 있습니다.

효능

심신의 피로를 덜어주고, 뇌의 움직임을 활성화시켜 기억력이나 집중력을 높여줍니다. 또한 혈행을 촉진시켜 혈관을 강화하는 작용이 있어 젊음을 되찾는 차로 알려져 있습니다. 강장, 진정, 소화, 수렴 등의 효과가 있으며 위장내 가스를 제거해주는 구풍작용, 항균작용이 있습니다. 혈액 순환을 촉진시켜 기억력 증진, 신경안정 효과가 있어 불면증에 좋습니다. 특히 두통에는 뛰어난 치료효과가 있습니다.

로즈마리차, 로즈마리와인은 옛날부터 만들어졌는데 차는 두통, 감기를 고칠 뿐 아니라 신경통에도 좋습니다. 미용효과(노화방지)도 뛰어나 오일은 화장수, 샴푸, 헤어토닉, 린스, 오데코롱의 원료로쓰입니다. 목욕제, 사우나 등에 이용하면 피부의 윤기와 탄력을 유지하며 류마티스나 신경통에도 외용약의 첨가제로 사용합니다.

< 추천사 >

더도 말고 덜도 말고 한가위만 같으라고 했던 것은 아마도 모든 자연의 풍요와 조화로움을 노래한 것이겠지요! 추석명절은 잘 보내셨는지요? 유난히 보름달이 고왔던 추석 저녁에 어떤 소원들을 마음에 담으셨는지– 남은 한해 남은 소망들 가운데 보름달처럼 토실토실 살찐 축복들만 가득하시길 기원합니다.

로즈마리는 두통완화와 정신집중에 도움이 되는 허브입니 다. 한주의 시작– 맑은 마음으로 힘차게 시작하시도록 로즈마리차 한 잔을 드리며 응원합니다.

구기자차

효능

- 가지과에 속하는 구기자 나무는 열매가 많이 열리는데, 이것을 구기자라 하여 한방에서 약용으로 널리 사용합니다. 구기열매로 술을 빚은 것을 구기주라 하는데, 매일 한두 잔씩 마시면 혈색이 좋아지며 건강에 좋다고 합니다.
- 구기자는 폐를 윤택하게 하고 간을 맑게 하며 신장을 보호한다. 옛부터 정(精)을 늘리고 양(陽)을 돕는다 하여 강장제로 전해지며 구기주와 구기차는 불로장수의 명약으로 알려져 왔습니다.
- 구기자 나무뿌리를 진하게 달여서 마시면 각혈에 유효하고 치통에도 효과가 있습니다.

구기자 고서내용

구기자에 대해 본초강목에는 아주 흥미로운 기록이 남아있습니다. 이야기인즉 '한 노인이 구기자를 먹었더니 나이가 백세가 넘도록 발걸음이 나는 듯 빠르며, 빠진 이가 다시 돋아나고 양사, 즉 성생활까지 왕성했다'는 것!

서태후가 매일 먹었던 구기자!

청나라 말기에 막강한 권력을 휘둘렀던 서태후!! 그녀의 사치향락과 식도락은 가히 전설적인데, 이런 그녀가 하루도 거르지 않고 먹었다는 식품이 바로 구기자라고 합니다. 그녀의 전용 부엌에는 수백 명의 요리사가 있어 하루 네 끼를 준비했는데 100그릇 이상의 요리가 차려졌다고 합니다. 그 중에 매일 준비해야만 되는 음식 재료에 구기자가 있었습니다.

〈 추천사 〉

코스모스 꽃잎이 다칠까- 미처 제색을 못 입히고 낙엽이 떨어질까- 조심스레 내리는 가을비로 9월의 마지막 남은 한 주를 시작합니다. 이 비가 그치면 자연은 온통 가을색으로 물들어가겠지요? 풍성함 가운데 깊은 사색조차 우리와 친구가 되는 이 계절도 아름답게 보내세요. 구기자차 한잔으로 건강도 잘 챙기시구요.

구절초

구절초의 효능

본초 강목에서는 오랫동안 복용하면 혈색이 좋고 몸을 가볍게 하며 쉬 늙지 않으며 위장을 편안케 하고 오장을 도우며 사지를 고르게 한다고 전하고 있습니다. 국화과의 여러해살이풀로서 줄기는 곧게 자라며 꽃은 가지 끝 또는 가지 끝에서 자라난 몇 개의 꽃대위에 한 송이씩 9~10월경에 핍니다. 전국 각지 산지의 풀밭 등 양지바른 자리에 자랍니다. 늦가을 꽃이 피기 시작할 무렵에 꽃 이삭과 잎줄기를 채취하여 햇볕에 말렸다가 약재로 사용합니다. 음력 9월 9일에 약재로 쓰기 위해 꺾어 모은다 하여 구절초라는 이름이 생겨났다고 합니다.

구절초 · 구일초(九日草) · 선모초(仙母草) · 국화 · 고봉[苦蓬]이라고도 합니다. 꽃 이삭과 전초는 폐렴, 기관기염, 기침감기, 인두염, 두통, 고혈압에 약용하며 다소 쓴 맛이 있어서 소화불량, 위장질환에도 쓰였습니다. 민간에서는 폐렴, 기관지염, 목구멍의 염증, 방광염에 약용했으며 몸 속을 따뜻하게 하는 작용이 있습니다. 옛날에는 적절히 빻은 가루를 환으로 빚어 복용했다고 합니다.

가을에 탐스러운 흰 꽃이 무수히 피어났을 때 약용이나 식용으로 쓰기 위해 꽃망울을 따서 술에 담가 숙성시키든지, 덖어서 꽃차로 우려 마시면 그향이 특별합니다. 봄철의 새순을 거두어 나물 무침을 하기도 합니다.

베개 속을 채울 때 메밀껍질과 함께 구절초 꽃을 섞으면 불면증에도 효과가 좋으며 머리카락이 세지 않고 탈모 방지에도 효과가 있다고 합니다. 또 만성 편두통이나 머리가 어지러울 때 구절초 꽃을 쪄서 뜨거울 때 수건에 감아 머리띠처럼 하고 있으면 치료 효과가 있다고 합니다.

- 호르몬작용 촉진으로 힘이 나고 젊고 정력이 넘치게 합니다.
- 마약을 대신할 만큼 진통 소염작용이 강하나 내성은 없습니다.
- 정혈작용이 강해 혈압을 안정시켜 줍니다.
- 소화를 돕고 위장을 편안하고 튼튼하게 합니다.
- 기관지염 후두염 인후염 만성기침 감기에 탁월합니다.
- 정신적 안정과 두통 탈모예방에 좋습니다.
- 만병의 근원 냉증을 치료하며 소음 태음체질에 좋습니다.
- 구절초에 반드시 국내산 감초를 넣는다면 더욱 좋아집니다.
- 구절초물을 머금으면 치통이 그치게 됩니다.
- 구절초는 쑥성질의 국화과로서 소독 기능이 강력합니다,

< 추천사 >

코스모스가 저리 이쁜 꽃인줄 미처 몰랐지요? 산산한 바람결을 품고 시리도록 맑은 하늘빛과 어울려 길가에 한들한들 늘어선 코스모스가 올 가을엔 오가는 사람들의 눈길을 더욱 붙잡습니다. 분주한 일상도 잠시 접고 제 색을 곱게 입어가는 저 가을 앞에도 서보세요. 가을 들 향기 가득 품은 구철초 차 한잔에 이 계절을 온통 담아드릴게요!!!

라벤더

라벤더 이야기

꽃말은 '정절'이다. 향의 여왕" 또는 "성처녀 마리아의 식물"이라는 칭송을 받고 있는 라벤더(Lavender)는 가장 많은 사랑을 받고 있는 허브 가운데 하나입니다. 정신을 편안하게 하여 숙면에 도움을 주며 정신을 진정시켜 줍니다. 향긋한 라벤더티는 숙면을 유도하여 이브닝티로 즐겨마시면 좋습니다. 40여종의 많은 종이 있으며 대표적인 종으로는 잉글리쉬라벤더, 프린지 드라벤더, 스위트라벤더, 프렌치라벤더 등의 종이 있습니다. 라틴어로 "씻다"라는 의미를 가졌고, 그리스 로마시대 부터 입욕제로 쓰였으며 중세에는 세탁물의 향을 내는데도 사용되었습니다. 1미터에서 1.5미터까지 성장하며 종류에 따라 6월에서 8월까지 보라색, 자색, 분홍색, 백색 등의 꽃이 아름답습니다. 허브정원을 꾸밀 때 아주 좋습니다.

방향유 성분이 잎과 꽃의 표면을 얇게 덮고 있어 빛나는 것처럼 보이기 때문에 관상용 허브로 인기가 높고, 특히 개화기 때는 보랏빛의 화려함이 더욱 신비롭고 향기도 아주 좋습니다.

효능

살충기능과 소독작용, 피부세포의 활성화에 좋은 효과가 있으며 피로회복과 긴장완화, 근육통, 기침, 감기에 효능이 있습니다. 특히 심신안정과 불면증에 탁월한 효능을 가지고 있어서 혈압이 높거나 신경이 예민하여 불면증에 시달리는 분들에게 좋은 차입니다.

〈 추천사 〉

계절이 갈무리되는 환절기에는 신체도 예민하게 반응하게 됩니다. 그래서 감기나 불면증에 노출되기 쉽지요. 이번 주에는 순환기계통에 이상이 생겼을때 훌륭한 치료제로 쓰이는 라벤더차를 준비했습니다.

보이차

보이차(푸얼차)의 효능 · 효과

• 고대 문헌에 나타난 효능

보이차(普洱茶)는 독을 없애고, 화를 내리며, 담을 없애고, 설사를 멎게 하며, 소화를 도우며, 술을 깨게 하고, 몸의 기름기를 없애 몸을 가볍게 하고, 대변과 소변을 편하게 하고, 몸에 있는 습기를 이롭게 하고, 바람을 없애고, 땀을 잘나게 하고, 갈증을 멈추게 하여 진기를 생기게 하고, 열을 내리고 더위를 없애고, 오래먹으면 몸에 이롭고, 오래 산다고 전해 왔습니다.

「중의대사전(中醫大辭典)」에 기재된 바에 따르면 보이차는 그 성분이 온기를 불러일으키며 독성을 함유하고 있지 않다고 합니다. 소화 촉진, 침과 체액분비, 체내의 가스 배출, 음주 후 숙취 해소, 가래를 삭히고, 후두의 열을 식혀줍니다. 또한 생강과 함께 섭취할 경우 땀을 나게 하여 몸의 냉한 기운을 치료한다고 기록되어 있습니다.

청대' 조학민(趙學敏)'이 적은「본초강목십유(本草綱目拾遺)」에서는 "보이차는 담을 없애 그 기운을 아래로 몰아내며, 장을 원할 하게 하여 그 움직임에 걸림이 없게 한다. 보이차는 까만 옻 색깔과 같은데 술을 깨는 데는 이만한 것이 없다.... 음식을 소화시키고 담을 풀어주며, 위장의 운동을 촉진하여 그 즙을 잘 생기게 하는바 그 효능이 크다."고 했으며, 「물리소지식(物理蘇知識)」에는 "보이차는 쪄서 덩어리로 만드는데, 티베트(서번)에서 사 갔으며, 모든 음식을 잘 소화한다."고 하였고, 「사모채방(思茅採訪)」에서는 "소화를 도와주며, 한랭한 기운을 몰아내고 해독 작용을 한다.」고 기록되어 있고, 청대, 오대훈(吳大勛)의 「정남문견록(汀南聞見錄)」에는 "그 차(보이차)의 효능은 음식을 소화시키고 기를 다스린다. 쌓인 것을 없애며 풍증과 한증을 거두니, 너무나도 유익하다." 하였으며, 「백초경(百草經)」에서는 "풍이 생기거나 음식이 잘 다스려지지 않거나 화기가 일 때 ...보이차 두 잔을 끓여서 복용하면 얼마 지나지 않아 그 기운이 모두 밖으로 나온다. 이미 다스리기 어려울 지경이면 그렇게 하곤 했다."라고 기술되어 있습니다.

「본초강목(本草綱目)에서도 "소, 양고기의 기름기를 분해, 장의 활동을 돕고, 통변에 좋다."고 나와 있으며, 6권에는 "보이차는 갖은 병을 다스리니, 복부팽만으로 말미암은 통증이나 한증에는 생강과 함께 탕을 우려 복용하면 그 증상이 풀어지는 바, 땀이 나면 치유된 것이다."라고 전하고 있습니다.

• 연구에 의한 보이차의 효능 효과 •

1) 지방 분해로 인한 다이어트 효과

보이차는 혈액지질을 감소시키고 소장의 중성지방과 당의 흡수를 감소시키기 때문에 다이어트 효과가 나타나는 것입니다. 장기간 브이차(푸얼차)를 마신 사람 40%이상이 체중이 감량되고 지방질이 분해되어 신진더사가 원활하여 30% 이상이 지방질과 체중이 감소되었다고 합니다(운남차엽 진출구공사). 1985년 12월, 일본잡지 「건강」에는 보이차의 누룩균은 체중증가 억제작용과 혈액 중 콜레스테롤을 감소시킨다고 소개 하였습니다.

2) 보이차는 혈압을 내리고 지방을 감소시키며 동맥경화를 예방합니다.

보이차를 음용하면 체지방을 줄일 수가 있고 인슐린 저항성을 개선하고 심혈관 관련 질병을 개선할 수 있습니다.

3) 암 예방과 항암 효과

연구(보이차의 항암효과)에 의하면 폴리페놀 성분과 산화, 분해, 합성으로 인한 모든 성분은 항암에 중요한 성분이 되며, 그 중 가장 효과적인 것은 폴리페놀류의 B조합 성분이라 하였습니다.

4) 치아보호 효과

중국 호남(湖南)의과대학 치의학과와 건강 연구소 조진(曹進)팀은 보이차가 치아에 세균이 붙지 못하게 억제하는 항균작용이 있고 여기서 가장 효과적인 보이차의 농도는 0.125% ~ 1% 사이로 1%가 가장 뛰어난 것으로 나타났습니다.

5) 염증제거와 살균

운남 보이차에 살균작용이 있어 진한 차를 하루 4번 복용하면 세균성 이질을 치료할 수 있다고 하였고 운남 대엽종(大葉種)에 풍부한 폴리페놀류의 성분이 직접적 요인임을 의학계의 임상실험 연구결과 밝혀냈습니다.

6) 위(胃) 보호

미끈하고 걸쭉하며 부드러우며, 순하고 진한 맛이 나는 보이차를 마시면 위(胃) 표층에 막이 생겨 유익한 보호막을 형성하게 되는데, 보이차를 마시면 위를 보호하고 건강하게 할 수 있어 소비자들은 이를 "미용차(美容茶)", "장수차(長壽茶)"라고 부르기도 합니다.

7) 노화방지

다른 차에 비해 면역력을 증강시키고 건강하고 장수하게 됩니다.

〈 추천사 〉

예로부터 차의 영향력으로 첫째 몸 안의 독소와 같은 노폐물을 제거하는 기능을 으뜸으로 여겼고, 마음을 명랑하게 만든다는 것을 그 다음으로 여겼다고 합니다. 이번주 차로는 보이차를 준비했습니다. EM과 EM크리닉 센터의 프로그램에 반해 중국 베이징에서 찾아오신 손님들이 귀한 마음 담아 전해주신 차입니다. 사람과 자연을 소생시키는 EM의 미션이 중국 대륙에도 전파되어지길 소망하며 중국의 대표 차인 보이차 한잔– 함께 나누시죠!!!

쟈스민 차

쟈스민 이야기

쟈스민은 쌍떡잎식물 용담목 물푸레나무과 영춘화속에 속하는 식물의 총칭으로 히말라야가 원산지이며 주로 열대와 아열대지방에 분포되어 있습니다.

쟈스민(Jasminum)은 "꽃 중 향의 왕"으로 불리며, 사랑의 묘약으로 오랫동안 사용되었고 인도에서는 향고(고약)제와 의식용으로 널리 사용되는데 꽃말은 '관능적', '당신은 나의 것' 등 입니다. 인도네시아에서는 신혼부부의 침대에 쟈스민 향수를 뿌리는 풍습이 있다고 합니다.

쟈스민의 꽃은 매우 독특한 향을 지니고 있으며, 동양에서 가장 오래된 꽃차이기도 합니다. 청초한 꽃 모양이 의외라고 할 정도로 뛰어난 아름다움을 지니고 있는 쟈스민은 꽃의 대명사로 불리워지며, 달콤하고 관능적인 향기는 어느 유명 향수보다 더한 마력을 가지고 있구요. 때문에 옛날부터 향수나 차의 원료로 널리 사용되고 있답니다.

쟈스민의 효능

쟈스민 꽃은 피부(건조성 민감피부)에 탄력을 주는 성분과 생리불순 정상화, 산후 고통 완화, 모유촉진, 냉증, 스트레스성 위통, 우울증, 목소리가 쉬었을때에 좋으며, 내분비계를 조절하여 기분을 좋게하는 효능을 지니고 있습니다. 쟈스민차를 마시면 생리·심리 두 면에서 진정효과가 있다는 것이 일본 이토엔사와 교토대학 대학원 식품생물과학전공 영양화학연구실의 공동연구로 밝혀졌습니다. 공동연구진은 쟈스민차의 향이 자율신경계에 미치는 영향을 조사한 결과 심박수가 줄고 부교감신경활동이 항진되는 것을 확인한 것이다.

< 추천사 >

어른이 되어 나이를 먹어가면서 누군가 "꿈이 무엇입니까?" 묻는 질문에 어린시절처럼 선뜻 "무엇이 되고 싶어요!"라고 쉽게 답을 못하고 멈칫해지는 이유는– 물론 삶의 깊이가 배인 신중함이기도 하겠지만 똑같이 반복되는 바쁜 일상에 잠시 나를 잊고 있는 것은 아닌지?

꿈이 있는 건 우리 삶에 아주 풍성한 산소를 공급받는 일인 듯 합니다. 이번주는 향이 매혹적인 쟈스민차를 준비했습니다. 아련한 향수를 느끼게하는 쟈스민향을 음미하시면서 지난날 가졌던– 지금 소망하는– 앞으로 기대하는 꿈들과 만나보세요!!!

연꽃 · 잎차

연의 효능

- 오래도록 마시면 늙지않고 흰머리가 검게 된다고 전해집니다(본초십유).
- 함유하고 있는 성분 또한 다양하고 약효성이 강하며 건강식으로 좋습니다.
- 혈액을 잘 순환하게 하고 어혈을 제거합니다(산동중약).
- 장복하면 사람의 마음을 맑게 하고 기분을 좋게 합니다(명의별록).
- 오래도록 마시면 인체의 온갖 병을 낫게 하고 몸을 좋게합니다(동의보감).
- 특히 산후 산모에게 좋습니다(하혈을 멈추게 하고 피를 맑게 해줍니다).

기타 효능

- 자양강장의 효과가 있고 아름다운 머리를 만드는 연꽃차
  : 그늘에서 말린 연꽃에 뜨거운 물을 부어 이를 차 대신으로 마시면 자양강장 효과가 있고 아름답고 윤기있는 머리카락을 유지할 수 있습니다.
- 연의 씨앗인 연밥(연꽃씨)는 아미노산이 주성분이며 아스파라긴, 알기닌, 티로신 등이 함유되어 자양강장제로 이용되어 감초를 조금 넣어 진하게 끓여서 먹으면 허약체질의 기를 보충합니다.
- 비타민 c가 많아 감기예방에 효과가 있습니다.
- 연근의 식물성 섬유는 장내 활동을 활발하게 하여 콜레스테롤 수치를 떨어뜨리는 작용을 합니다.
- 습진, 땀띠, 피부병, 여드름 등에 2~5%의 연근즙으로 마사지를 하면 효과가 있습니다.
- 이질 .급성 설사 시에는 연근 또는 마디를 물과 5~10%비율로 끓여서 마시면 설사를 멈추게 합니다.
- 2도 이내의 화상에 3~10%의 연근즙으로 냉찜질을 하면 좋습니다.

〈 추천사 〉

이제 두 달여 남짓 남은 한 해를 생각하면 마음이 바빠지시나요? 그래도 마음의 여유 잃지 마시고 환절기에 감기도 조심하시면서 남은 해를 챙겨가셔야죠!
연차는 마음의 안정을 도와 심신을 맑게 하고 정력을 도우는 미용차입니다. 마음맞는 사람과 마주앉아 향긋하고 감미로운 연꽃잎차 한잔 함께하시면서– 만추의 계절감상도 나누어보시구요!!

상지(뽕나무) 차

상지의 효능

우리나라의 전통 의학서인 '동의보감'이나 중국의 '본초강목'에서는 '뽕나무는 뿌리, 잎, 껍질, 열매, 어느 하나도 약으로 쓰이지 않는 것이 없다.'고 기록되어 있습니다. 그 만큼 뽕나무는 약재로써 쓰임새가 많습니다. 지금부터 2,200여년전 후한시대 장중경(張仲景)이 편찬한 신농본초경(神農本草經)은 그 전에 발간된 의서를 총 집대성한 최초의 의서인데 뽕뿌리 껍질인 상근백피(桑根白皮)와 함께 '뽕잎(桑葉)'이 약제로 좋다고 소개되고 있습니다. 뽕나무는 옛날부터 누에의 먹이로 쓰여 왔으며, 한편으로는 민간 요법으로도 썼습니다. 소송(蘇頌)에는 '뽕잎을 항상 복용하면 좋다'고 적혀 있습니다.

또 신선복식방(神仙服食方)에는 4월(양력 5월) 뽕잎이 무성할 때에 잎을 채취하여 그늘에 말립니다. 10월 서리가 내린 후 가지에 붙어 있는 잎은 '신선약'이라고 이름을 붙일 정도였습니다. 이것을 채취하여 그늘에 말려서 봄에 딴 것과 함께 가루를 내어서 환을 짓거나 가루로 먹었습니다. 또 물에 끓여 차로 마셨습니다. 서리 맞은 뽕잎을 끓인 물을 수족에 바르면 풍비(風痺, 뇌척수의 탈로 인하여 손과 팔다리가 마비되고 감각과 동작에 장애가 있는 병)를 없애는 뛰어난 효과가 있다고도 기록되어 있습니다. 또 조금 볶아서 우려 먹으면 설사, 창상, 여러가지 손상(損傷)을 치료하고 피를 멎게 한다.'고 적혀 있습니다.

일본에서의 뽕잎차에 대한 역사는 멀리 가마쿠라(鎌倉)시대까지 거슬러 올라 갑니다. 이 시대초기 임제종(臨濟宗)을 만든 스님 영서(榮西, 141-1215)는 두번에 걸쳐 송나라에 여행했는데 천태학과 임제선(臨濟禪)을 공부하고 돌아 오면서 차를 가지고 와서 차를 마시는 풍속을 널리 편 최초의 인물입니다. 영서가 쓴 끽다양생기에서 뽕잎차는 '선약(仙藥)중 제일 귀중한 선약'이라 했습니다.

오처경(吾妻鏡)에서는 가마쿠라막부의 초대쇼군(將軍) 미나모토노 요리토모(源賴朝, 원뢰조)가 병이 들었을 때 양약(良藥)으로 뽕차를 받쳤다는 기록이 있습니다. 그 후 일본각지에서는 뽕으로 만든 차를 건강차로 많은 사람이 즐겨 마시고 있습니다.

또한 중국에서 1500년대 후반경에 나온 본초강목(本草綱目)에서는 뽕잎을 비롯해서 번데기 등과 관련된 여러가지 재료 18종에 대해 177여군데에서 이용방법을 소개하고 있습니다. 우리나라의 대표적인 옛의서인 허준의 동의보감(東醫寶鑑)에는 59여군데에서 소개되었습니다. 지금부터 약 400년전 중국의 이시진이 쓴 본초강목에서는 뽕잎, 오디, 번데기, 누에나방 등 양잠과 관련된 18가지 산물에 대해서 무려 177여 군데에서 몸에 좋다는 가지가지의 효과를 들고 있습니다.

《뽕잎》은 각기병과 몸이 붓는 증세, 소갈증(현대의 당뇨병), 풍, 멍들고 통풍으로 아픈 곳, 뱀과 벌레에 물린 데, 밤에 땀이 나는 증세, 청맹(눈뜬 장님), 머리가 자라지 않는 증세, 정강이가 오그라져 펴지지 않는 증세, 탈항, 종기 등창, 못에 찔린 상처, 데인 상처, 손발이 저리고 감각이 없는 증세 등에 좋다고 기록되어 있습니다.

《상백피(뽕나무 뿌리 껍질)》는 기침과 각혈, 뽕가지는 악성 부스럼, 뽕가지 껍질즙은 아기 입의 백태, 뽕나무 재는 기미, 죽은깨, 오디는 백발, 누에똥은 중풍, 백강잠(미이라병에 걸려 죽은 누에)은 두드러기, 생고치를 삶은 물은 곤충에 물린 데, 나방 나온 고치는 당뇨, 수나방은 몽정(夢精), 잠퇴지(누에알을 붙혔던 종이)는 약물 중독, 번데기는 당뇨, 뽕나무 버섯은 자궁 출혈 등에 효과가 있다고 기록되어 있습니다.

〈 추천사 〉

지난 주말엔 늦가을 숲에 다녀왔습니다. 곱디고운 단풍으로 찾은이들에게 환호와 기쁨을 선물한 가을 숲엔 매서운 찬바람이 겨울을 서두르고 있었습니다. 제 계절을 풍성히 누리고 새로운 계절의 변화에 순응하는 자연스러움이 아름다웠습니다. 추운 날씨에 첫눈이라도 내릴 것 같은- 기대가 되는 한 주의 시작입니다. 떨어지는 바깥 기온 이길 수 있는 건강과 따뜻한 마음으로 더 사랑하고 더 나누는 한 주되세요!!!

겨울철 추천 허브 & 웰빙 TEA

- 12월 ~ 2월 -

겨울철은 차를 가까이하기에 더없이 좋은 계절입니다.
수족냉증을 예방하기 위해
몸을 따뜻하게 해주는 재료들을 준비합니다.
영양의 불균형을 잡아주고
감기와 인플루엔자 예방에
도움이 되는 차가 필수입니다.

레몬차

레몬의 효능

- 레몬의 강한 산미는 피로 회복에 좋으므로 체력을 많이 쓰는 운동선수들에게 좋으며 등산할 때 심한 피로감을 느끼는 사람에게도 구급약으로 효과가 있습니다.
- 레몬에 함유된 비타민 P는 비타민 C의 보조 역할을 하며 모세혈관을 튼튼하게 하여 고혈압, 동맥경화, 뇌출혈 증세가 있는 사람에게 좋습니다.
- 레몬의 비타민C는 추위에 견딜 수 있게 신진대사를 원활히 하여 체온이 내려가는 것을 막아주며 피부와 점막을 튼튼하게 하는 작용이 있습니다. 또한 세균에 대한 저항력을 높여서 겨울철 감기예방에 효과가 있습니다. 또한 스트레스 해소와 피로회복, 피부미용에도 좋습니다.
- 괴혈병 예방 및 치료와 암을 방지하는 화학물질을 함유하고 있습니다.
- 레몬 추출물은 사람에게 기생하는 회충을 죽이는 능력이 있고 레몬유는 곰팡이를 죽이는 효과가 있습니다.

- 레몬즙은 여자의 미용음료로 적합한데 꾸준히 마시면 혈색도 좋아지고 피부가 고와집니다. 또한 감기, 두통, 요도염에도 효과적이며 그 밖에 소화기 계통을 튼튼히 하고 심장병, 담에도 효과가 있습니다.
- 건위, 거담작용, 간장기능 강화, 소화불량 등으로 흉협부가 답답하고 상복부에 동통이 있으며 오한, 구토, 식욕부진이 있을 때 혈액을 정화시키고 혈관의 활동을 촉진시켜 줍니다. 특히 심장부위에 통증이 심할 때 이를 진정시키는 효능이 큽니다.
- 레몬즙은 아주 좋은 천연 청소제로, 껍질 채 짠 즙을 따뜻한 물에 타서 마시면 간장, 담낭, 신장을 청소하고 신장이나 담낭에 축적된 칼슘을 녹이는데도 도움을 줍니다. 반대로 찬물과 섞어 마시면 장운동을 자극해서 변을 내보냅니다.
- 본초습유(本草拾遺)에서는 "레몬 껍질은 기를 내리고 심장병, 두통, 담을 없앤다"라고 전하며, 본초강목(本草綱目)에서는 "레몬 껍질을 술에 삶아서 탕을 마시면 담이 있는 기침과 심하(心下)의 기통(氣痛)을 다스린다"고 합니다.

< 추천사 >

올겨울- 부쩍 감기 때문에 고생하는 분들이 많아지는 듯 합니다. 추위에 움츠러든 몸을 따뜻하고 상큼하게 풀어주는 레몬차 한잔!!! 감기예방에 아주 좋은 레몬차 한잔 하시면서 한장 남은 달력에 허탈함을 느끼기 보다 지나온 한해를 감사하며 남은 시간 의미있고 행복한 일들로만 계획하시고 채워 가시길 바랍ㄴ 다.♥♥♥

오미자차

오미자의 효능

- Gomisine A와 Schizandrin은 신경안정작용이 강하고 간세포 부활작용이 강하며, 간의 해독작용을 강화하고 간염으로 인한 sGOT sGPT의 수치를 개선합니다.
- 심근세포에 영양을 공급하여 심근의 운동기능을 강화하며 심장, 신장 소동맥의 혈액순환을 촉진합니다.
- 거담작용을 합니다.
- 오미자 차를 장기간 즐겨 마시면 허로(虛勞)로 몸시 여윈 것을 보하며, 시력을 밝게 해 줍니다.
- 인체의 노화를 지연시켜줍니다.

- 오미자는 시고 짜고 달고 쓰고 매운 다섯 가지 맛이 난다고 해서 붙은 이름입니다. 다섯 가지 맛이 나는 만큼 간장과 심장, 비장, 폐장, 신장 등 오장에 두루두루 좋은 재료입니다. 피부가 하루 종일 자외선에 지치고 피곤해졌을 때 오미자를 넣어 만든 요리를 먹으면 피로가 풀립니다.
- 특히 여름에는 더위를 먹어 피부도 지치고 식욕도 없게 마련인데 이때 오미자를 먹으면 소화가 잘 되고 식욕을 돋굴 수 있습니다. 오미자차 등을 수시로 마시면 피부 면역력도 높아집니다. 뿐만 아니라 체내의 혈당치수를 낮춰주고 기관지에 좋으므로 당뇨가 있는 사람들이나 가래가 끓고 잔기침이 심한 사람들에게도 권장할 만한 재료입니다.
- 맛은 시고 성질은 따뜻합니다. 폐경, 신경, 비경에 작용합니다. 기와 폐를 보하고 기침을 멈추게 합니다. 또 갈증을 멈추고 가슴이 답답한 것을 낫게 합니다. 또 입안이 마르는 증상(구갈)과 몸에 열이 나고 가슴이 답답한 증상(번열)을 개선합니다.
- 피로를 회복시키고 심장기능을 강화하고, 혈액순환을 좋게 하여 기억력 감퇴나 사고력 둔화를 예방합니다. 오미자는 원래 기침 천식을 가라앉히고 정력에 좋으며, 장복하면 면역성을 높여줍니다.
- 단, 기침과 열이 동시에 나는 경우의 초기 증상이 있을 때나 몸에 열이 있는 사람의 경우에는 복용을 피하는 것이 좋습니다. 또한 위산과다나 위궤양 등이 있거나 소화기능이 약한 사람도 주의하여 복용하는 것이 좋습니다. 그리고 오미자와 둥굴레는 함께 복용하게 되면 약효가 약해지기 때문에 함께 먹으면 좋지 않은 금기임을 명심해야 합니다.

〈 추천사 〉

첫 눈 내린 주말은 잘 보내셨나요? 지난 겨울날의 추억들… 마음깊이 담겨진 이름들이 문득 그리워지는 계절입니다. 매서워지는 추위에 사람의 거리는 좁혀지는– 차가운 손 호호– 불어 따뜻하게 손잡아 주며 그렇게 포근하고 아름다운 겨울을 지내시기 바랍니다.

메밀차

메밀의 효능

메밀은 오래 전부터 고혈압이나 중풍 예방 식품으로 사용되어 왔습니다. 메밀은 아미노산, 필수아미노산인 트레오닌, 리신 등이 다른 곡류보다 많고 특히 비타민 B1, B2는 쌀의 3배가 함유 돼 있고, 비타민 D나 인산이 많습니다. 메밀의 루틴이라는 성분이 혈류를 순조롭게 하는 작용을 해서 고혈압이나 동맥경화 등 순환기 계통의 질병에 효과가 있습니다. 또한 대소변을 수월하게 하는 한편, 플라보이드 성분은 손상된 간세포의 재생을 촉진시키고 간의 해독기능을 강화하며 소화를 돕습니다. 피를 맑게 해주기 때문에 혈관을 부드럽게 하고 혈압을 안정시켜 줍니다.

'동의보감'에 따르면 메밀은 비장과 위장의 습기와 열을 없애주고 소화를 잘 되게 해주므로 체기(滯氣)가 있을 때 먹으면 효과가 있답니다. 예부터 민간에서는 여성의 대하증과 몸의 열에 의해 생기는 부스럼에 효과가 있으며 건망증과 치매에 좋다고 했습니다. 또 메밀이나 메밀의 껍질로 만든 베개를 베고 자면 풍(風)과 습(濕)을 다스려 숙면을 할 수 있다고 하여 베개 재료로 사용하기도 합니다. 메밀은 일반 곡류처럼 전분질이 대부분이며 지질과 단백질이 적은 반면 인과 칼륨, 칼슘이 풍부합니다. 메밀에는 루틴 성분이 있어 혈압을 정상적으로 유지시켜주고 퀘르세틴이란 성분이 있어 혈압을 내려주며 이뇨작용을 돕습니다. 또 비텍신과 같은 항(抗) 산화성 물질이 있어 동맥경화나 고혈압, 치근막염, 잇몸 출혈 등에 효과가 있고 이질과 동상 등에도 좋습니다.

메밀에 많이 들어있는 루틴은 성인병을 예방하는 효능이 있는데, 메밀의 꽃과 싹 부분에 루틴의 함량이 많습니다. 날씨가 추워지면 뇌출혈을 일으키는 사람이 더 많은 것은 추운 날씨에 모세혈관의 혈액순환 기능이 떨어지기 때문입니다. 이럴 때 도움이 되는 것이 바로 메밀입니다. 거뭇거뭇한 루틴이 모세혈관을 깨끗하게 청소하고 확장시켜 피를 맑게 해줍니다. 추운 겨울에 메밀묵이 더욱 당기는 것은 건강을 배려한 자연의 이치였는지도 모릅니다. 또한 메밀은 통변이 잘되는 곡물로 알려져 있는데 고혈압에 메밀이 좋다는 것은 바로 이 통변성과 관련이 있습니다. 메밀의 검은 겉 껍질은 원활한 변통과 이뇨작용을 돕습니다. 이처럼 고혈압 등 심장질환과 신장질환 예방에도 큰 효과가 있고 꾸준히 섭취할 경우 미용과 비만 예방에도 탁월한 효과가 있습니다. 또한 대소변을 수월하게 하는 한편 성인병 환자들을 위한 권장 식품이고 손상된 간세포의 재생을 촉진시키고 간의 해독기능을 강화하기도 한다고 알려져 있습니다.

< 추천사 >

메밀차는 성질은 차가우나 위장의 습기와 열기, 종기의 부기를 빼는데 효과적이며, 훌륭한 건강 영양차로 가정에서 상음하면 좋습니다. 성인병을 일으키는 활성 산소를 막아주고, 콜레스테롤을 제거하며, 모세혈관을 강화하는데 탁월한 효과를 지니고 있기도 합니다.

영양많고 구수한 메밀차처럼, 남은 한 해 우리의 삶도 그렇게– 알차고 구수한 이야기들이 많이 나누었으면 좋겠습니다.

유자차

유자의 효능

유자는 얼었어도 선비 손에 놀고 탱자는 잘 생겨도 거지 손에 논다'는 속담이 있습니다. 춘추시대 제(齊)나라 재상 안영이 초(楚)나라 영왕에게 '강남의 귤이 회수를 건너 강북에 옮겨 심으면 탱자가 된다(橘生淮南 則爲橘 生于淮北 則爲枳)'고 이야기한 것도 유자나 귤이 탱자보다 월등함을 깔고 한 말입니다. 하지만 실제 유자나 귤 씨앗을 심으면 강북이 아니라 강남에서도 탱자가 나오곤 합니다. 과수를 씨앗으로 번식시키면 영양 공급 등이 충분치 않아 야생으로 퇴화하는 것입니다. 따라서 기후와 풍토 등 주변 환경을 중시한 안영의 말도 옳지만 근본은 어쩔 수 없는 것이기도 합니다.

유자를 우리나라에 들여온 이는 장보고라고 전해집니다. 신라 문성왕 2년(840년) 당나라 상인으로부터 유자를 선물로 받아 도포자락에 넣어오다 우리나라 남해안에 도착할 무렵 풍랑으로 그만 유자 열매가 깨지고, 그 씨앗이 땅에 떨어져 퍼지게 됐다는 것입니다. 실록에는 세종 8년(1426년) 2월 전라도와 경상도의 연변에 유자와 감자를 심도록 각 관서에 명하고, 손실경차관을 보내 재배 가능 여부를 점검하여 호조에 보고토록 한 기록이 있습니다. 지금도 고흥, 완도, 여수, 거제, 통영, 남해 등 남해안 지역이 유자 주산지인데 한때 '대학나무'라 불릴 정도로 소득이 높았습니다. 1960년대부터 정부가 재배단지를 조성하고, 1980년대엔 일부 회사들이 유자청 등 가공식품을 개발하면서 재배면적이 급격히 확대돼 예전만큼 가치가 나가지는 않습니다. 한방에서는 '먹으면 답답한 기운이 가시고 정신이 맑아지며 몸이 가벼워지고 수명이 길어진다'고 유자의 효능을 말합니다. '맛이 달고 독이 없는 과일로서 뼈 중의 나쁜 기운을 제거해주고 술독을 풀며 입 냄새를 없애준다'는 대목도 있습니다.

유자에 특히 많이 들어 있는 성분은 비타민C로 100g당 139mg 정도 함유돼 있는데 레몬의 3배가 넘는 양입니다. 새콤한 맛을 내며 감기를 예방하고 피부 미용에 좋고 신경통, 스트레스를 해소하는 데 도움이 됩니다. 모세혈관을 강화하고 혈압을 낮춰주는 비타민 P도 많이 함유하고 있어 뇌혈관 장애로 일어나는 중풍에 좋으며 고혈압과 동맥경화 등 성인병을 예방합니다. 과육에 풍부한 구연산은 피로물질인 젖산이 근육에 쌓이지 않도록 돕기 때문에 피로 해소에 좋습니다. 또 소화액 분비를 촉진하고 골다공증을 예방하는 효과가 있습니다.

- 2009 01/13 위클리경향 808호 참조 -

< 추천사 >

신종플루, 독감 등 기온이 낮아지면서 호흡기관련 질병염려에 온 나라가 들썩이네요. 평소 규칙적인 생활습관을 유지하시고 충분한 휴식과 영양공급으로 몸의 면역력을 잘 지켜가세요. 카페인 보다는 추위에 긴장된 몸을 녹일 수 있는 따뜻한 천연차를 자주 마셔주시는 것도 좋겠지요. 이번 주엔 새콤달콤한 맛과 향이 일품인 유자차를 준비했습니다. 감기는 뚝- 떨어뜨리시고 건강한 한해- 기분좋은 일들단 많이많이 생기세요!!!

석류차

석류의 효능

"생명의 과일", "지혜의 과일"로 귀중히 여겨온 석류는 천연호르몬 에스트로겐을 함유하고 있습니다. 여성의 과일로 주목을 받고 있는 석류의 효능은 석류 속에 특히 많이 함유된 고유의 성분에서 알 수 있습니다. 즉 당질, 아미노산, 비타민, 산류 외에 풍부한 칼륨과 펙틴, 탄닌 성분 등의 작용이 수렴, 정혈, 항산화 작용을 합니다. 그러나 무엇보다 중요한 석류의 장점은 지구상의 어떤 식물보다 인체에서 분비되는 여성호르몬과 구조가 거의 동일한 에스트라올, 에스토론으로 불려지는 에스트로겐 계열의 호르몬이 석류종자 1kg당 10-18mg이 함유되어 있다는 것입니다.

석류 속의 여성호르몬은 화학 호르몬이나 합성 호르몬에 비교하면 수용성이며, 인체에서 분비되는 호르몬과 거의 흡사하므로 몸안의 수용체가 받아들이기가 용이하며 필요량을 소모하고 나면 잔량이 몸에 축적되지 않고 배설되기에 안전하다고 합니다.

호르몬의 기능과 관련하여 노인성 치매 알츠하이머 남성 전립선염 예방에도 효과가 있는 것으로 알려져 있습니다. 석류에는 풍부한 미네랄과 비타민 등이 함유되어 있는데 무기질로는 나트륨, 칼슘, 인, 마그네슘, 아연, 망간 철이 함유되어 있고 영양적 측면에서도 단백질, 탄수화물과 사이아민(비타민 B1), 리보후라민(비타민 B2), 나이아신, 알카로이드, 페르체엘렌과 베룰르산, 우르르르산도 석류 잎에는 함유되어 있다고 합니다. 가공 식품을 많이 먹는 현대인에게 부족한 무기질과 비타민 등이 고루 함유된 석류는 여성에게 특히 좋은 과일이라고 합니다.

한방에서의 석류의 효능은 신장을 보하는 약재로 볼 수 있는데, 석류의 신맛이 수렴작용이 강해서 몸안에 물을 가두어 신진대사를 보다 원활히 하기 때문이라고 합니다. 석류꽃을 구내염, 후두염, 편도선염 등 구강염증에 쓰거나 껍질을 구강과 장의 질환, 복통, 구충제로 쓰기도 하며 잎을 구토방지나 식욕증진에 사용하기도 합니다.

석류의 성분 중 포타시움(칼륨)을 이용하여 가죽을 무두질할 때 수렴작용용으로 써왔으며, 양택풍수 사상에 의하면 집안에 석류나무 다섯 그루만 있으면 자손이 번창한다고 했는데, 이는 여성호르몬의 기능을 경험적으로 우리조상이 이해하고 있었다고 생각됩니다.

〈 추천사 〉

우리에게 주어진 삶의 여정들이 모두 다르지만 사람의 시간이 일년 단위로 쪼개져 있는 건 아마도 우리에게 잠시 멈춰 서서 숨을 고르고 뒤돌아볼 때를 알려주기 위함일지도 모르겠습니다. 이제 한 장 남은 달력엔 유난히 많은 계획들이 빼곡히 메모해지는 시간들입니다. 못다한 일들에 마음지쳐 오히려 못다한 마음들이 없는지– 가만히 돌아보며 따뜻한 마음으로 기운 얻고 새 힘나는 연말이 되시길...!!!

히비스커스

히비스커스

서아프리카 원산의 아욱과 식물인 히비스커스 사브다리파 L.(Hibiscus sabdariffa L.)로 만든 히비스커스차(茶)를 매일 마시면 혈압을 떨어뜨리는 데 효과적인 것으로 나타났습니다. 미국 매사추세츠주 보스턴에 있는 터프츠대학 항노화영양학연구센터의 다이안 L. 맥케이 박사 연구팀은 미국 영양학회(ASN)가 발간하는 학술저널 '영양학(Journal of Nutrition) 2월호에 발표한 논문에서 이 같이 밝혔습니다. 즉, 히비스커스차를 마신 그룹은 혈압이 3.1±7.0mmHg 떨어진 반면 대조그룹은 0.5±7.5mmHg 감소했다는 것. 평균 폐동맥 혈압 또한 히비스커스차 음용그룹은 4.5±7.7mmHg 감소한 것으로 파악되어 0.8±7.4mmHg 떨어진 대조그룹과 큰 차이를 보였습니다.

또 히비스커스차의 혈압 강하효능은 연령이나 성별, 식습관 등으로부터 별다른 영향을 받지 않았던 것으로 평가됐습니다. 맥케이 박사는 "혈압이 높은 환자들에게 식생활 개선을 권고할 때 히비스커스차를 자주 음용토록 하는 것이 적절해 보인다"고 결론지었습니다.[성인병뉴스]cdpnews@cdpnews.co.kr(2010-02-01)

차의 효능

류선화(영어명 로젤)라고도 불리우며 간기능, 위장기능 강화, 신장을 보호하고 통변, 기미, 주근깨에 효과가 있으며, 비타민 C가 많이 함유되어 피부미용, 여드름 제거에 좋습니다. 해열, 고혈압 방지, 간병을 치료하고, 신체 내 산 수치의 평형을 이루는 효과가 있습니다. 꽃은 이뇨, 항콜레라 효과, 혈액점도 저하, 혈압 감소 및 장 연동운동을 촉진합니다. 히비스커스는 변비에 좋은 차이며, 색깔이 좋아 브랜딩한 허브차에 많이 이용됩니다. 이뇨작용이 뛰어나 체지방 감소에 효과가 있어 다이어트에 좋습니다.

음용법

유리포트나 다관, 예쁜 투명 찻잔에 1인당 2~3송이 정도의 히비스커스를 넣고 뜨거운 물을 부어 3~4분 정도 우려낸 후 마십니다. 2~3번 우려먹을 수 있습니다.

〈 추천사 〉

지난 주말엔 함박눈 속에서 설국의 풍경을 마음껏 즐길 수 있었습니다. 우리의 삶을 풍성하게 하는 것? 그중 하나는 계절의 변화에 함께 반응하는 것! 아닐까요? 아름다운 겨울 풍경화 속에 우리도 함께 어우러져 한해를 마무리하는 마음들이 마음껏 여유롭고 풍성했으면 좋겠습니다.

생강차

생강의 효능

생강은 한방에서도 방향성(旁香性) 건위약(健胃藥) 또는 교미제(橋味劑 : 비린내 등 좋지 못한 맛을 고쳐주는 물질)로 널리 쓰여왔습니다. 구역질 치료용으로도 쓰여왔고 말린 생강(健薑)은 신진대사 기능이 떨어졌을 때 이용되거나 기침, 현기증, 손발이 찬 경우, 요통, 설사, 구토 등의 치료제로 활용되었습니다.

생강의 한방, 민간 또는 현대의학적으로 밝혀진 효능은 다음과 같습니다.

첫째, 식욕을 돋워주고 소화를 돕습니다. 동의보감에서 건강은 구풍, 소화제로서 심기를 통하고 양을 돋우며 오장육부의 냉을 제거하는데 쓴다고 기록되어 있는데, 생강에는 소화액의 분비를 자극하고 위장의 운동을 촉진하는 성분이 있어 식욕을 좋게 하고 소화흡수를 돕습니다. 생강에는 디아스타제와 단백질 분해효소가 들어 있어 생선회 등의 소화를 돕고 생강의 향미성분은 소화기관에서의 소화흡수를 돕는 효능도 있습니다. 따라서 생선회를 먹을 때 생강을 곁들어 먹는 것은 궁합에 잘 맞아 영양효과와 먹는 즐거움을 더해줍니다.

둘째, 으스스 춥고, 코가 막히고 두통이 나며 열이 있을 때 생강을 마시면 땀을 내고 가래를 삭히는 작용이 있습니다. 동의보감에는 생강이 담을 없애고 기를 내리며 구토를 그치게 하고 풍한과 종기를 제거함과 동시에 천식을 다스린다고 하였습니다. 생강의 방향신미성분은 혈액순환과 체온을 증가시키는 것으로 알려져 있어, 오래전부터 한방에서는 생강을 발한 해열약, 혈행장해(血行障害), 감기풍한(感氣風寒) 등에 이용하여 왔음을 알 수 있습니다. 민간요법에서는 감기와 기침에는 생강즙 반홉에 꿀을 한 숟갈 넣고 데워서 매일 5회 정도 복용하면 좋다고 알려져 있습니다.

셋째, 생강은 식중독을 일으키는 균에 대해 살균, 항균 작용이 있습니다. 생강의 맵싸한 성분은 진저롤과 쇼가올이 주성분이며, 향기 성분은 여러가지 정유(精油) 성분인데 이 정유들이 매운 성분과 어울려 티푸스균이나 콜레라균 등 세균에 대한 살균력을 나타내는 것입니다. 특히 진저롤과 쇼가올은 여러 가지 병원성 균에 대해 강한 살균작용이 있습니다.

넷째, 속이 거북하거나 메스꺼움, 딸꾹질 등을 멈추는 작용이 있습니다. 최근 밝혀진 바에 의하면 멀미를 진정시키는데 흔히 사용하는 멀미약 드라마민(Dramamin)보다 생강이 더 효과가 있는 것으로 증명됐습니다. 특히 생강은 뇌에 작용하지 않고 장에 작용하기 때문에 드라마민처럼 졸음을 가져오는 법이 없습니다. 식물 약리학자이자 의사인 앨버트 풍 박사에 따르면 동양에서는 수세기 전부터 생강이 멀미에 효과가 있음을 알고 있었다고 밝히고 있습니다. 홍콩에서는 배를 타는 사람들이 절인 생강을 먹고 있는 것을 쉽게 볼 수 있습니다.

다섯째, 몸의 컨디션이 좋지 않을 때는 체내의 수분조절이 잘 되지 않아 얼굴이 푸석하게 붓는데 생강은 땀을 내고 소변을 잘 나오게 하여 부기를 빼줍니다.

여섯째, 몸을 훈훈하게 하여 냉강증, 불감증, 생리불순 등을 고쳐줍니다. 따라서 산후의 혈체와 하복통에는 생강을 차를 달여 소주에 타서 마시면 효과가 크고, 월경시의 복통이나 사지가 찬 여성은 매일 식전에 생강차 한 잔을 마시면 효과가 크다고 알려져 있습니다.

EM 몰로키아 허브티

건강과 효능

몰로키아의 영양가가 대단히 높다는 것은 잘 알려져 있는 사실입니다. 특히 몰로키아에 들어있는 카로틴은 시금치의 4.6배, 브로콜리의 19배에 이르며 게다가 칼슘은 시금치의 9배, 브로콜리의 10배가 들어있습니다. 또한 몰로키아에 들어있는 비타민 B군에 있어서도 비타민 B1, B2가 각각 시금치의 5배로 얼마나 영양가가 높은 야채인지 알 수 있습니다. 그 외에도 몰로키아에는 비타민 C, E, 칼륨, 철 등이 다른 녹황색 야채에 비해 월등히 많이 함유되어 있습니다.

몰로키아는 클레오파트라가 피부 미용을 위해 즐겨 먹었다고 해서 클레오파트라 허브라고도 불리며 쾌변을 유도하고 체내 콜레스테롤 수치를 낮추며 피부보습과 다이어트에도 효과가 있습니다.이집트에서는 우리의 시금칫국처럼 몰로키아로 수프를 끓여 먹는데, 국내에서는 냉면으로 맛을 보신 상큼한 연두색의 몰로키아 면의 순하고 깔끔한 맛을 경험하셨을 것입니다.

근래에는 몰로키아의 영양가가 높은 것에 주목하여 야채로서 뿐만이 아니라 빵이나 면류, 드링크 등에 가공되는 한편, 스킨케어 상품 등도 개발되어 미용효과 등도 기대되고 있습니다.

허브티 음용법

95℃ 정도의 뜨거운 물에 티백(1.7g)을 넣은 후 2~3분간 우려낸 후 드시면 좋습니다. EM-X 골드, EM소금 등을 첨가하여 함께 드시면 더욱 좋습니다.

〈 추천사 〉

몰로키아(모로헤이야) 허브티는 태국의 캬오야이 국립공원의 산기슭에 위치하는 Hamony Life Organic 농원에서 EM을 사용한 유기농법으로 재배된 모로헤이야 잎을 원재료로 한 건강차입니다. Hamony Life Organic 농원은 1999년부터 12년간 농약과 화학비료를 일체 사용하지 않고 유기농법으로 야채, 허브, 과일 등을 재배하고 있으며 태국농업부의 유기농법 인증 농원입니다.

항산화력과 남쪽의 풍미가 가득담긴 몰로키아(모로헤이야)EM 허브티로 새 해의 시작을 여유롭고 건강한 삶으로 가꾸시기 바랍니다.

복분자

복분자의 효능

복분자는 옛날 선조들부터 지금까지 강장제로 쓰여 왔는데 정력을 강화시켜준다는 각종 실험 결과로 인해서 인기가 더욱더 높아졌습니다. 동의보감에서 복분자는 남성의 양기와 여성의 음기를 보호시켜 주는데 탁월하다고 쓰여 있습니다. 복분자의 이름을 풀이해보면 소변으로 요강을 엎어버린다는 뜻입니다. 복분자의 성질은 차지도 따뜻하지도 않고 평하고 독이 없어서 성별 나이를 떠나서 누구나 먹을 수 있는 건강식품입니다.

첫 번째 – 피로회복

복분자에는 비타민 C 성분이 다른 식품에 비해서 월등이 많습니다. 그래서 수험생이나 바쁜 직장인 및 주부의 피로회복에 좋습니다.

두 번째 - 간회복

복분자는 잦은 음주나 피로에 의해서 손상된 간을 회복시켜주는 효능이 있습니다.

세 번째 - 눈 건강 향상

복분자에 함유된 풍부한 비타민 A 성분은 각종 눈의 질병으로부터 예방시켜주고 눈의 건강을 유지시켜줍니다.

네 번째 - 항암작용

복분자를 꾸준히 드시면 각종 질병을 예방해 주고 항암작용이 있어서 암 예방에 좋습니다.

다섯 번째 - 기억력 향상

복분자에 함유된 안토시아닌 성분은 두뇌 기능을 향상시켜서 기억력 향상 효능이 있습니다.

여섯 번째 - 피부미용

복분자에는 각종 비타민들이 풍부해서 피부 미백 효과 및 피부를 탱탱하고 맑게 해주는 효능이 있습니다.

일곱 번째 - 뼈 강화

복분자에 함유된 풍부한 유기물질들은 뼈를 튼튼하게 해주어서 골다공증 예방에 좋습니다.

여덟 번째- 신장기능 강화

복분자에 함유된 항산화 물질은 신장의 기능을 향상시켜서 몽정, 유정 및 소변 절제 효능이 있습니다.

아홉 번째 - 남성 성기능 강화

복분자에 관한 실험에 의하면 16배의 정자(남성호르몬 분리 효과)가 발견된다고 합니다, 그래서 남성의 성기능을 강화시켜주는데 뛰어나다고 합니다.

열 번째 - 불임증 치료

복분자는 자궁을 튼튼하게 해주고 피를 맑게 해줍니다- 그리고 불임증 치료 효능도 있습니다.

열한 번째- 여성 성기능 강화

복분자는 여성호르몬 분비를 향상시켜서 성기능을 강화-시켜주는 효능이 있습니다.

대추차

대추의 효능

대추는 한방 용어로 대조(大棗)라고 하는데, 강삼조이(畺三棗二) 란 말은 생강 세쪽과 대추 두알이라는 뜻으로 한약에 그런 형태로 많이 들어가기 때문이고, 속담에 보면 대추를 보고 안먹으면 늙는다는 말도 있지만 양반 대추 한개가 하루 아침 해장이라는 말도 있는 등 여러 말들이 있습니다. 대추는 영양분이 풍부하여 그만큼 몸에 좋다는 뜻이며 한약을 달일 때에 생강과 함께 대추를 같이 넣는 것은 다른 모든 약과 조화를 잘 이루어 약의 부작용을 막고 위가 상하지 않도록 하기 때문이 아닌가 합니다.

대추는 약성보다 영양과 조화의 의미가 있어 누구나 지나치지만 않게 먹으면 부작용이 없기 때문에 적당히 달여서 마시면 좋을 것입니다. 효능에 있어서는 위장병, 빈혈, 불면증, 전신쇠약 등에 좋으며 장복하면 체력을 향상시킬 수 있습니다. 특히 여성이 신경이 날카로워 불면증 증세가 있을 때에 탁월한 효과가 있는데 대추씨에 신경을 이완시키는 성분이 들어 있어 신경 안정 및 불면증을 치료하기도 합니다.

- 불면증 치료와 스트레스 해소(신경 완화)
- 수족냉증(손발이 차고 구토증세가 있을 때), 비, 위 등 소화기관의 내장기능 강화로 소화불량 해소, 식욕증진
- 간 기능 활성화: 대추차를 마시면 간 기능이 활성화되어 급.만성 간염, 간경변증에 담즙 분비량을 늘여 줌
- 호흡기를 튼튼하게 하여 기침, 감기 예방, 이뇨작용을 촉진
- 강장 해독 효과, 노화방지 및 항암효과
- 근육의 긴장완화 및 관절염이나 류머티즘

〈 추천사 〉

하루 하루의 날들에 더깊은 의미를 담아야겠지요? 이번 주는 대추에 몸을 따뜻하게 하는 생강, 계피를 함께 넣어 달인 한방차를 준비했습니다. 감기는 거뜬히 이기시고 활기찬 심신으로 한 주의 시간들을 알뜰하게 챙기셔야죠!!!

모과차

모과이야기

처음 모과를 보면 네 번 놀란다고 합니다. 먼저 못생긴 모양에 놀라고 두 번째로 못생겼지만 잘 익은 모과의 좋은 향기에 놀라고 세 번째로 이렇게 향기가 좋은데 그 맛은 어떨까하여 맛을 보고 놀라고 끝으로 고약한 떫은 맛에도 불구하고 좋은 효능을 가진 것에 놀란다고 합니다.

효능

모과는 근골을 튼튼히 하는 알칼리성 식품으로 당분(과당), 칼슘, 철분, 비타민 C가 들어있고, 탄닌 성분을 함유하고 있습니다. 모과에 단맛을 주는 과당은 다른 당분보다도 혈당의 상승을 막아주는 효과가 있습니다. 체내의 당분 흡수를 더디게 할뿐 아니라 이미 흡수된 당분을 빨리 소비시킵니다. 신맛이 나는 것은 사과산을 비롯 유기산인데, 모과의 유기산은 인체 내에서 신진대사를 도와주고 소화효소의 분비를 촉진시켜 주는 작용을 하며 침, 담즙, 취장액 등의 분비를 촉진하고 입맛을 돋구며, 항균 작용과 부패를 막는 작용을 합니다. 그 밖에 떫은 맛을 내는 탄닌성분과 비타민 C는 피로회복을 돕습니다.

〈 추천사 〉

날씨는 여전히 매섭게 춥지만 절기로 입춘(入春)에 들어서는 주입니다. 봄을 맞이하는 환절기에는 우리 몸이 특히 위장 질환이나 겹치는 피로에 노출되기 쉽습니다. 이번 주는 작년 겨울 잘 익은 모과를 정성스럽게 손질해 저장해둔 모과차를 준비했습니다. 향기로운 향과 상큼한 맛을 음미하다 보면 울퉁불퉁 못생긴 모과의 모습조차 소박한 시골 담벼락 풍경화 보듯 정겹게 느껴집니다. 사람들도 그랬으면 좋겠습니다. 보여지는 모습보다는 그 안에 담긴 그 영혼(靈魂)에 더 반할 수 있는 우리 모두 였으면 좋겠지요!!!

브랜딩 허브티 / 초콜라틀

브랜딩 원료

홍차, 코코아, 보리맥아, CHICORY 뿌리, 생강, 소두구, 초콜릿 향, 흑후추

효능

'초콜릿'이란 단어는 멕시코의 아즈텍으로부터 나왔는데 나후아틀(Nahuatl)어로 '초콜라틀(xocolatl)'이란 말에서 유래되었다고 합니다. 초콜라틀은 '쓰다'는 뜻의 '초콜리(xocoli)'와 '물'의 뜻을 지닌 '아틀(atl)'의 합성어로 '쓴 맛이 나는 물'의 의미입니다.

기원전 200년전부터 고대 멕시코의 마야와 아스텍 문명에서는 카카오 열매를 신에게 선물받았다고 여겨 금과 같은 가치로 다루어서 토끼 1마리는 카카오 10개, 노예 1명은 카카오 100개와 거래했었다고 합니다. 1519년 멕시코를 정복한 에스파냐의 코르테스(Cortes)장군은 원주민에게 대접받은 초콜라틀(카카오를 녹여 만든 마시는 초콜릿-)을 부하 병사에게 먹였고 피로 회복에 효과가 있었다고 합니다. 이에 전리품과 함께 카카오 열매를 가지고 에스파냐로 들어왔고 그 후 카카오와 초콜라틀은 에스파냐로부터 유럽 전역에 퍼져 나갔다고 합니다.

당시의 초콜라틀은 자양강장 작용이 있다고 알려져 전쟁에 나가거나 애인을 만날 때 필수 음료였다고 합니다. 그 달콤한 향기와 맛은 지금도 결혼을 축복하는 의미를 담고 있기도 하며 달콤한 초콜릿 향기는 호흡기 질환을 완화시키며 신장 기능 강화에도 도움이 됩니다. 입안 가득 달콤한 향이 퍼지면서 몸을 따뜻하게 해주어 기분 전환에도 탁월한 효과가 있습니다.

〈 추천사 〉

홍차의 그윽함을 달콤한 초콜릿 향기에 실어 즐기실 수 있는 블랜딩 허브티 "초콜라틀"을 추천합니다. 발렌타인 데이에 아름다운 사랑을 전하시고 올 한해 달콤한 행복이 여러분 모두에게 가득하시길 기원합니다!!!

부록

부록

Ⅰ. 두발 크리닉 관련 Q&A
Ⅱ. 두피 및 모발관리에 필요한 미용용어 정리
Ⅲ. 계절별 두피 및 모발관리 POP

Ⅰ. 두발 크리닉 관련 Q&A

1. 모발손상 예방지식

모발에는 자기 회복력이 없다. 따라서 정상모는 손상되지 않도록, 또는 손상모는 더 이상 진행되지 않도록 끊임없이 외부로부터 보호하는 것이 중요하다.

모발도 피부처럼 타입이 있다. 조금 건조한 날씨에도 금세 푸석푸석해지는 건성모발, 반들반들, 윤기 난다고 소홀히 다루면 머리끝이 쉽게 갈라지는 지성모발 등이 있다. 각각의 모발의 타입에 대한 기초적인 예방지식에 대해 알아보자.

+ 지성모발! 이렇게 지키자!

지성모발의 경우 육안으로 볼 때도 피지 분비량이 많아 노폐물과 먼지가 부착되어 모발이 축 늘어지고 쉽게 더러워 보인다. 그러므로 샴푸 전 브러싱으로 비듬 , 노폐물 등을 제거하고 혈행을 촉진시켜 머릿결을 고르게 해주는 것이 핵심사항. 샴푸할 때는 30~48도의 물로 충분히 적셔준 후, 샴푸할 때 손가락 끝으로 가볍게 맛사지 하듯이 문질러야 노화 각질, 비듬 등의 노폐물을 무리없이 깨끗이 제거할 수 있다. 지성 모발은 항상 기름이 흘러 더러워지기 쉬우므로 샴푸를 이틀에 한번 정도는 꼭 해 주는 것이 중요! 샴푸 후 수건으로 물기를 닦은 후 린스를 사용하여 다시 빗질을 서너 번 한 다음, 1~2분 후에 헹궈내면 머리끝이 갈라지는 건조현상을 막을 수 있다. 지성 모발이라고 트리트먼트를 소홀히 하면 손상이 빨리 촉진 되므로 일주일에 두 번 정도 해주는 것도 잊지 말자.

+ 건성 모발! 이렇게 지키자!

건성 모발은 피지보호막이 약해 쉽게 부서지기 쉬우며 촉감이 거칠고 육안으로도 푸석푸석해 보인다. 이런 모발은 두피에 각질이 일어나 가렵거나 비듬이 생길 우려가 있으므로 너무 자주 샴푸하지 않은 것이 좋다. 가장 중요한 것은 수분유지! 샴푸 후, 수건으로 가볍게 말린 머리에 트리트먼트 크림을 적당량 덜어 머리 끝부분부터 전체적으로 구석구석 잘 발라주도록 한다.

+ 모발 건조원인, 그 해결방법!

모발이 건조해지는 데는 많은 이유가 있다. 너무 건조한 날씨와 심한 모발손상 등이 그 원인. 하지만 몇 가지, 이것만 주의한다면 모발건조는 사전 예방이 가능하다.

2. 모발관리는 이렇게 해보자!

+ 쨍쨍 햇빛! 난 싫어, 자외선

자외선은 케라틴(모발을 구성하는 주성분)의 시스틴 결합을 파과하므로 모발의 강도나 탄력을 저하시킨다. 그러므로 일반적으로 자외선 노출이 덜한 모근쪽이 머리끝보다 더 건강하고 탄력있게 된다. 그러므로 헤어케어제품을 머리 끝에 집중적으로 발라 수분과 영양을 주는 것이 포인트!

+ 너무 뜨거우면 안 돼~, 스타일링 기계

모발은 수분이 있는 동안이라도 60도 이상의 열을 받으면 미묘한 자극을 받아 변화를 하고 80도가 넘으면 모발 강도에 영향을 미쳐 쉽게 부서지고 푸석거리게 만든다. 사전 예방을 위해서라면 에센스나 트리트먼트 크림을 바른 후, 드라이나 세팅기를 사용하도록 하자.

+ 헤어샴푸, 이것만은 알아두자! 샴푸 사용법

샴푸는 모발의 오염물질을 제거해 주지만 모발의 필요 성분까지 제거할 우려가 있기 때문에 샴푸 뒤에는 크림 린스, 혹은 컨디셔닝이나 트리트먼트를 꼭 해주어야 찰랑거리는 머리카락을 유지할 수 있다.

+ 애프터서비스가 중요! 파마 후 관리

웨이브 형성을 위해 사용되는 파마약은 모발의 시스틴 결합을 일시적으로 끊어 놓았다 다시 복원시키는 원리! 하지만 결합이 100%복원되지 않고 모발의 강도와 탄력을 저하시키게 된다. 그러므로 파마를 한 후에는 충분한 에센스와 보습케어 제품을 활용, 보통 때보다 더 많은 양을 꾸준히 공급해 탄력을 잃지 않게 하는 것이 중요.

+ 컬러링후! 모발관리

개성있는 헤어컬러를 위해 블리치나 탈색한 머리 연출! 예쁘긴 하지만 모발건조를 급진전시키는 요인 중 하나. 건강한 머릿결을 위한 컬러링 안전수칙.

- 컬러링에서 중요한 것은 모발의 pH를 중성으로 맞추는 것. 염색약은 강한 알칼리성이기 때문에 컬러링 후 머리카락은 알칼리성이 된다. 염색 모발용 샴푸를 쓰는 것이 좋지만, 머리를 감을 때 마지막 헹구는 물에 레몬즙이나 식초를 두 세 방울 떨어뜨려 중성으로 맞추어 모발 손상을 막도록 하자.
- 가능하면 컬러링 전에는 샴푸를 피하는 것이 좋다. 감지 않은 두피에 피지막이 형성되어 컬러링 하는 동안 두피를 적당히 보호해 주는 역할을 한다. 그러나 무스나 스프레이 등 하드 타입 스타일링제를 다량 사용할 경우는 물로만 살짝 씻어내주자. 이때 물기를 확실히 건조시킨 다음 컬러링에 들어가는 것도 잊지 말 것!
- 컬러링은 모발의 모피질 안에 있는 멜라닌 색소를 분해해 탈색시키는 동시에 인공 색소를 넣어주는 과정. 따라서 인공 색소가 모발에 침투해 가는 과정에서 모발손상이 발생된다. 트리트먼트는 일주일에 한 번 정도 정기적으로 진행하여, 모발에서 빠져나간 유 · 수분을 규칙적으로 보충해 주는 것이 중요하다.

+ 헤어 트리트먼트 플랜

(1) 1 days : 머릿결에 맞는 샴푸와 린스 선택하기

헤어 트리트먼트의 제일 첫 번째 과정은 자신의 머리카락 타입에 맞는 샴푸와 린스를 골라 오염을 깨끗이 없애주는 일부터 시작하는 것이다.

(2) 2 days : 트리트먼트제로 마사지하고 스팀타월

샴푸를 하고 트리트먼트제를 먼저 머리카락 끝부분을 중심으로 부드럽게 펴바른 다음 스팀타월로 머리전체를 감싼다. 10~15분 정도 지난 후 타월을 풀고 미지근한 물로 헹궈낸다.

(3) 3 days : 두피 마사지하기

샴푸를 한 뒤 손가락으로 꾹꾹 누르면서 마사지를 한다.

두피의 혈행이 좋아지면서 비듬이나 탈모가 방지된다. 마사지를 할때는 손톱이 아닌 손가락 끝으로 지그시 누르면 된다.

(4) 4 days : 헤어 에센스와 앰플로 영양 공급하기

헤어 에센스와 앰플은 모발을 탄력있게 만들어 주고 두피에 작용하여 모발을 건강하게 자라도록 도와준다. 비듬이나 탈모가 있는 사람은 더욱 두피의 영양에 신경을 써야한다.

(5) 5 days : 헤어 팩하기

적당량의 헤어 팩 제품을 사용해 머리 전체에 골고루 발라준다. 그 뒤 랩이나 샤워캡으로 머리를 감싸준다. 그 위에 스팀타월로 한번 더 감싸주고 15분 정도 있다가 랩을 풀고 미지근한 물로 잘 헹궈준다.

(6) 6 days : 상한 머리 끝 커트하기

지나치게 손상되어 회복이 불가능한 머리카락이라면 과감하게 잘라낸다. 상한 머리끝을 살짝 잡아 갈라진 부분의 2cm 윗부분을 가볍게 잘라낸다.

(7) 7 days : 헤어 로션으로 머릿결 정리하기

1주일 간의 트리트먼트 중 마지막 정리 과정. 샴푸 후 헤어로션을 발라 트리트먼트를 한다. 로션을 바르면서 두피를 한번 마사지 해주는 것도 잊지 말자.

+ 나쁜 버릇

(1) 샴푸 중간에 빗질하기

샴푸하는 중간에 더욱 깨끗하게 씻어야겠다는 생각으로 빗질을 하는 것은 두피건강을 해치는 지름길. 이렇게 하면 비듬이 생길 수도 있다.

마사지를 하는 느낌으로 두피를 부드럽게 자극하는 것이 좋다.

(2) 젖은 머리 타월로 문질러 닦기

두피 부분을 말릴 때는 타월을 대고 문지르지만 모발 아랫부분을 말릴 때는 타월 사이에 머리카락을 끼고 손바닥으로 탁탁 두드려 주는 것이 좋다.

(3) 젖은 머리 촘촘한 빗으로 빗기

샴푸 후 헝클어진 머릿결을 촘촘한 빗으로 억지로 빗어 내리면 심할 경우 머리카락이 끊어지기도 한다.

(4) 손톱으로 박박 문지르기

샴푸하면서 손톱으로 문지르면 두피를 지나치게 자극해 비듬을 일으키거나 두피에 손상을 줄 수도 있다. 머리를 헹궈내면서 부드럽게 마사지하는 것이 좋다.

+ 트러블 헤어 케어

(1) 엉키고 상하기 쉬운 모발

모발을 깨끗하고 윤기있게 유지하려면 머리 감기 전・후에 브러싱을 해주는 것이 좋다. 혈액순환을 좋게 하여 모발의 영양 공급이 원활해지기 때문이다.

(2) 머리끝이 갈라지는 모발

강한 자극으로 큐티클층이 완전히 파괴된 상태. 한번 파괴된 큐티클층은 회복이 힘들다. 우선 커트가 최선의 방법이므로 손상 부분에서 2cm 위를 커트해 준다. 또 손상 모발용 샴푸를 사용하고 반드시 트리트먼트제를 사용해 모발을 보호해 준다.

(3) 머리카락이 가닥가닥 끊어지는 모발

두피에 영양이 부족하거나 영양이 모발에 충분히 전달되지 않으면 머리키락이 끊어지고 윤기도 없어진다. 이럴때는 손상모발용 트리트던트제를 사용하고 두피 마사지를 해주어 보습과 영양을 공급하면서 두피의 혈액순환을 도와 주어야 한다.

(4) 탈모와 비듬으로 고생하는 모발

비듬약을 바르고 두피를 마사지하는 것이 가장 좋은 방법이다. 마사지할 때는 손가락을 움직이는 것이 아니라 손가락 끝을 고정시킨 채로 두피 전체를 움직이도록 한다. 모근과 두피에 적당한 자극이 되어 건강한 모발로 가꿀 수 있다.

+ 찰랑찰랑한 머릿결의 비밀~ 두피케어

웨이브 퍼머를 하거나 혹은 하나로 질끈 묶어서 머리를 길렀다 하더라도 머릿결이 푸석푸석하거나 잦은 퍼머로 머리끝이 손상되어 다시 잘라내야 한다면 아무 소용없다. 찰랑찰랑 윤기나는 긴 머리를 원한다면 지금 당장 두피관리부터 시작하자.

+ 집에서 혼자 하는 두피 마사지

(1) 정수리 조금 아래쪽의 들어간 부분이 '백회' 라고 불리는 경혈인데, 이곳을 지압하면 두피의 혈액순환을 촉진하는 효과가 있다.
(2) 귀밑 뒤쪽의 조금 들어간 곳을 지압하면 목을 통과하는 림프액의 흐름이 원활해 진다.
(3) 마사지 전용크림을 충분히 바른 다음, 양 손가락을 넓게 펴 두피에 압력이 느껴질 정도로 세게 누르면서 천천히 마사지 한다.
(4) 이마 가장자리에서 정수리를 향해, 뒤통수는 목덜미에서 정수리를 향해 조금씩 위치를 옮겨가며 마사지한다.
(5) (1)에서 눌러준 백회혈 주변을 손가락 끝으로 리드리컬하게 두드린 다음 머리 전체를 통통 두드리는 느낌으로 자극한다.

+ 두피와 모발에는 무엇이 좋을까??

단백질은 머리카락의 주요 성분이며 비타민은 건강한 머리카락의 필수요소이다. 특히 비타민 A는 머리카락의 주성분인 케라틴의 형성을 돕기 때문에 부족한 경우 머리카락이 건조해지고 윤기가 사라지며 심할 경우는 탈모증세도 나타난다.

최근 미국 시카고대학에서는 녹차 성분 중 epcatechin-3-gallate와 epigallocatechin-3-gallate가 5-알파redctase 효소를 선택적으로 저해하고 녹차잎에서 추출한 카테친 성분이 항안드로겐 특성을 가짐으로써 탈모방지에 효능이 있다는 연구 결과를 발표했다.

녹차는 피부암을 예방할 뿐 아니라 피부세포나 점막세포를 건강한 상태로 유지시키는 비타민 A를 풍부히 함유하고 있다. 비타민 A 결핍시 피부가 거칠어져 윤택함을 잃고 점막도 약해진다. 그리고 녹차는 탄닌산이 풍부하여 피부 모공을 죄어 주는 수렴작용과 수분을 보충해주는 흡습 작용이 뛰어나다. 다울러 향균 · 살균력이 있어 피부 청결에 도움을 준다. 이같이 여드름 치료에드 효과적인 녹차는 비타민 A, B가 충분히 함유되어 피부를 윤기있게 유지해주며 거칠고 지친 피부를 산뜻하게 하는 보습작용까지 담당한다. 활동이 둔해진 피부를 활성화시키는데 그만이라 하겠다.

녹차의 카로틴 성분은 지용성으로 보통 물에는 우러나지 않지만 차엽을 갈아 마시는 가루차나 식품에 녹차가루를 섭취하는 경우 윤택한 피부를 유지하는데 도움을 준다. 또한 녹차에 많이 함유되어 있는 비타민 C는 멜라닌 색소의 참착을 방지하고 기미나 주근깨의 형성을 억제해 미백효과를 더해준다. 녹차의 비타민 C 100g은 레몬 100g에 비해 5-8배나 많은 비타민을 함유하고 있으며 피부노화를 억제하는 비타민 E도 포함되어 있다.

녹차에 함유된 성분 중 토코페롤(비타민 E)은 대표적인 항산화제이다. 즉, 자연계 중 녹차에 가장 많이 함유되어 있는 토코페롤은 주로 세포막의 산화작용을 막아준다.

한 예로, 일본의 연구발표 보고서 "녹차를 많이 마시면 장수한다"에서는 하루 10잔 이상(53%), 4-9잔(43%), 3잔 이하(41%)를 마시는 성인 남성은 81%까지 장수하는 것으로 나타났다. 하지만 몸에 좋다고 무조건 다량의 녹차를 섭취할 때 부작용을 염려하게 된다. 녹차는 수용성 카페인이 함유되어 지용성처럼 중독위험은 낮지만 다량 섭취 시 불면증과 불안감을 호소하게 된다.

녹차를 즐기는 사람 중에 녹차에 들어있는 카페인으로 음용을 주저하는 사람도 있는데 걱정할 필요가 없는 것이 커피와 녹차의 카페인은 성분 구조는 같지만 카페인 함량이 다르고, 체내에 미치는 영향에서 큰 차이를 보여주기 때문이다.

인스턴트 커피의 경우 대개 3.3%정도, 즉 한잔 당 대개 68~120mg정도의 카페인을 함유하고 있는데 비해 녹차의 카페인 양은 약 27mg정도로 커피의 1/3에 불과하다.

또 커피에 들어있지 않은 떫은 맛의 카테킨 성분은 카페인과 결합하여 카페인의 체내 흡수를 방해하고, 데아닌이라는 아미노산이 카페인의 활성을 억제하기 때문에 커피와 같은 부작용이 없다. 그리고 녹차는 콜레스테롤을 감소시켜 고혈압이나 심장병 예방에도 효과적 반응을 보인다.

– 해조류인 다시마

해조류 가운데 다시마는 신진대사를 촉진하고 세포를 활성화시켜 저항력을 높이는 요오드를 가장 많이 함유하고 있다. 그리고 식이섬유의 일종인 알긴산(해초산)은 다시마의 끈적끈적한 점액으로 혈중 콜레스테롤 수치를 떨어뜨리는 작용을 한다. 이런 해조류 섬유를 100% 이용하려면 염분을 완전히 없애야 한다. 해조류엔 모발 발육 촉진제인 옥소가 함유되어 있으며 마늘, 양파, 다시마, 김 등에는 머리털을 구성하는 성분인 각종 비타민과 요오드, 아연, 유황, 철분, 칼슘 등이 들어있어 충분히 섭취하면 모발을 튼튼히 유지하는데 도움이 된다. 또한 머리 건강을 위해서는 단백질과 비타민이 많이 든 음식이 유익한데 그 중 해조류는 대표적이다.

단백질은 머리카락의 주요 성분이며 비타민은 건강한 머리카락의 필수 요소이다. 특히 비타민 A는 머리카락의 주성분인 케라틴의 형성을 돕기 때문에 부족할 경우 머리카락이 건조해지고 윤기가 사라지며 심할 경우 탈모 증세도 나타난다. 이 밖에 비타민 D는 손상된 머리카락의 재생 효과가 있고 비타민 E는 머리 말초혈관의 활동을 촉진해 혈액순환을 돕는다.

꾸준히 섭취하면 빈혈은 물론 요오드 성분이 갑상샘의 활동을 높이기 때문에 갑상샘 질환이 있는 사람들에게는 약이라고 하겠다.

단, 소화 장애가 있는 사람들은 삼가 하는 것이 좋으며 갑상샘 종양 절제치료를 계획하는 환자는 치료 효과를 높이기 위해 방사선 동위원소 치료 1-2주 전 해조류 섭취는 피해야 한다.

Q. 머리카락은 하루에 어느 정도 빠지는 것이 정상입니까?

A. 모발은 하루 평균 60~100개 정도 빠지는 것이 정상이다. 계절에 따라 봄과 가을에 약간 증가할 수도 있다. 따라서 샴푸할 때 모발이 많이 빠진다고 걱정하지 않아도 된다. 오히려 너무 지나친 걱정은 정신적인 스트레스로 인한 탈모를 가져 온다.

Q. 모발은 어느 정도까지 자랄 수 있나요?

A. 모발의 성장 속도는 한달에 평균 1cm정도 자란다. 모발의 성장주기로 보면 3~7년정도 자라다가 탈모가 된다. 그러므로 보통 60~70cm정도 자라다가 탈모가 되는 것이다.

Q. 아기를 낳은 후 갑자기 모발이 많이 빠져요....

A. 산후 갑자기 탈모가 증가하는 것은 임신 중에 여성 호르몬이 증가하여 일시적으로 탈모수가 줄어든 후 산후 여성 호르몬이 정상적으로 돌아왔을 때 한꺼번에 빠지는 경우이다.

Q. 갈라진 모발 어떻게 해야 하나요?

A. 방치하면 갈라진 부분을 통해 모피질이 더욱 손상되므로 손상된 부분을 커트한 후 트리트먼트 등 모발의 영양 공급에 신경을 써주어야 한다.

Q. 흰머리가 나는 이유는?

A. 나이가 들어가면서 모낭에서 멜라닌 생산이 줄어드는데 이 시기에 새로 털이 나게 되면 멜라닌이 전혀 없는 상태로 자라게 되어 흰머리가 되는 것이다.

Q. 비듬은 왜 생기나요?

A. 비듬은 각질층이 정상보다 과도하게 떨어져 나가는 피부질환의 일종이다. 펌제나 염색제로 인한 접촉성 피부염이나 곰팡이 균, 스트레스 등이 원인이 되어 생길 수도 있다.

Q. 샴푸를 해도 비듬이 계속 남았는데 어떻게 해야 하나요?

A. 비듬이 심할 때는 일반 샴푸와 비듬치료용 약용샴푸를 하루씩 교대로 사용한다. 약용샴푸를 쓰는 날에는 샴푸를 바르고 5분간 두었다가 물로 씻어내야 한다.

Q. 커트 후에 모발이 손상됐어요.

A. 커트 후에 모발이 손상되었다면 커트 시 잘못된 시술이나 안좋은 도구를 사용하여 커트를 한 경우이다. 보통 레저를 이용한 커트는 모발을 비스듬이 잘라내므로 모피질이 많이 드러나 이 부분이 손상되는 것이다.

Q. 드라이를 하는 것이 좋은가요.

A. 모발은 원래 자연적으로 말리는 것이 가장 좋다.
하지만 젖은 상태로 자외선을 받거나 빗질을 하면 모발이 손상되고 또한 젖은 두피를 그대로 방치할 경우 세균이 번식할 수 있다.
이런 경우 드라이를 하여 모발과 두피를 건조시키는 것이 비듬 등 세균의 번식을 막아 두피를 건강하게 해준다.

Q. 대머리는 남자에게만 있나요?

A. 여자도 대머리는 있으나 단지 남성과 패턴이 다르게 한 부분에 집중적인 탈모가 없을 뿐이다. 특히 요즘 젊은 여성들 사이에서도 스트레스 등으로 인한 탈모 증세가 두드러지고 있다.

Q. 유전적인 탈모는 방법이 없는지요?

A. 유전적 요인은 분명 탈모의 원인 가운데 하나이다. 그러나 심장병환자가 식이요법으로 병세가 호전되듯이 유전인자가 탈모를 유발하는 인자로 바뀌는 것을 막음으로써 어느 정도 지연 또는 완화시킬 수 있다. 두피는 청결히 하고 꾸준한 영양공급과 혈액순환을 촉진시켜주는 것이 중요하다.

Q. 머리를 감을 때 비누를 사용하면 탈모가 줄어든다고 하던데요?

A. 머리를 감을 때 비누를 사용하면 비누의 수지질막이 두피의 모공을 막아 빠지는 모발을 억지로 고정시키는 역할을 하기도 한다. 그러나 오히려 빠져야 할 모발을 억지로 잡고 있는 경우 그 모공에서 다시 자랄 수 있는 신

생모의 성장을 막아 장기적으로는 더욱 큰 탈모를 가져 올 수도 있다. 모발은 빠지는 것보다 다시 자라는 모발의 수가 중요하다.

Q. 면도를 하면 모발이 더 굵고 많이 난다고 하는데 사실인가요?

A. 면도를 하게 되면 성장기에 있는 모발의 단면이 드러나게 되는 것이므로 더 굵고 진하게 보여서 모발이 많아 보이는 것일 뿐이다. 사람의 모공 수는 이미 태어날 때 정해진다.

Q. 모자를 쓰면 모발이 더 빠진다고 하는데요.

A. 모자를 쓰는 것 자체가 탈모를 유발하는 것은 아니다. 다만 더운 날 모자를 써서 땀이 난 두피에 통풍이 안되는 경우 두피가 청결하지 못하고 피지가 고여 탈모 촉진의 환경을 만들 수 있다.

Q. 브러싱은 왜 해야 하나요?

A. 빗질은 두피의 혈행을 자극해서 모근을 튼튼하게 해주는 가장 기초적인 손질법이다. 머리 감기 직전에도 브러시로 머리를 한번 빗어주는 것이 좋으며 앞쪽에서 뒤쪽으로, 왼쪽에서 으른쪽의 순서로 해 준다. 탈모증일 경우 정수리를 향해서 브러싱을 해 주는 게 좋은데, 프른트에서 정수리로, 측두부에서 정수리로, 네이프에서 정수리 쪽으로 빗어준다. 정수리에서 밑으로 내려 빗으면 피지 분비를 활성화시켜서 탈모가 될 확률을 높일 수 있다. 이때 빗은 끝이 둥글고 매끄러운 것을 사용하는 것이 좋다. 단, 젖은 상태에서 빗질하는 것은 머릿결 손상의 직접적인 원인이 되므로 절대 삼가도록 한다.

Q. 브러싱은 많이 할수록 좋은가요?

A. 잘못된 브러싱은 머릿결을 망칠 수 있으며 브러싱은 모발 손질의 기본으로 샴푸 전이나 평소에 자주 하는 것이 좋다. 두피를 자극해 혈액 순환을 촉진시키고, 샴푸시의 모발 마찰에 의한 손상을 막아주는 효과가 있기 때문이다. 브러싱을 할 때는 모발 끝의 엉킨 부분부터 시작하여, 두피부분 모발까지 20~50회 정도 브러싱 하는 것이 바람직하다. 그러나 스타일링 제품이 묻은 상태나 퍼머넨트 웨이브, 손상된 모발에 자극적인 빗질은 오히려 무리를 줄 수도 있으니 주의해야 한다.

Q. 퍼머 머리를 빗질하면 오히려 모발이 더욱 손상된다고 하는데 정말인가요?

A. 퍼머머리에 마른 상태에서 빗질을 하는 것은 아주 치명적이다. 퍼머넨트 웨이브를 하면서 모발 안의 단백질이 많이 빠져나간 상태이기 때문에 건조한 머리에 빗질을 하면 모발의 큐티클이 쉽게 벗겨져 손상이 된다.

Q. 머리를 감은 직후, 젖은 머리의 브러싱은 어떤가요?

A. 모발이 젖은 상태에서는 큐티클이 열려있어 마찰에 약하기 때문에 브러시로 빗을 경우 큐티클이 손상되기 쉽다. 따라서 타월로 말릴 때도 머리를 비비지 말고 톡톡~ 두드려 물기를 제거하고, 시원한 바람으로 두피의 물기를 먼저 제거 한 후 드라이 하여 빗질 하는 것이 바람직하다. 모발의 엉킴이 신경 쓰인다면 샴푸 전에 브러싱 해서 정돈하는 것이 좋은 방법이다.

Q. 평소에 손가락으로 자주 빗어주면 좋은가요?

A. 손가락으로 모발을 빗으면 손가락 끝이 두피를 자극해서 혈액순환을 활발하게 만들어 모발의 성장을 촉진시킨다. 단, 모근이 약하고 모발이 가늘어 쉽게 엉키는 머리카락의 경우 심하게 마사지를 하면 오히려 머리카락이 빠질 수 있으므로 마사지 대신 손가락으로 머리를 빗어주는 것이 좋다. 또 빗으로 가볍게 머리를 두들겨 두피를 자극하는 것도 좋은 방법이긴 하나 강도가 너무 세면 오히려 역효과가 날 수 있으므로 주의해야 한다.

Q. 샴푸는 얼마 만에 한번 씩 하는 게 좋나요?

A. 잦은 샴푸나 자극은 모발 손상과 탈모의 원인이 될 수 있으며 매우 건조한 머리는 매일 샴푸하거나 과격하게 손질하면 모발이 끊어져 나가므로 2,3일에 한번씩 하는 게 좋으며 지성두피일 경우 매일 샴푸를 해 주어야 한다. 머리카락이 푸석푸석하고 윤기가 없고 헝클어질 때, 두피가 가렵기 시작할 때가 샴푸를 해 주어야 할 시기다.

그러나 기름기가 많은 머리카락을 가진 사람. 규칙적인 운동을 하는 경우, 먼지가 많은 환경에서 작업을 하는 사람 등은 매일 샴푸하는 것이 좋고 나머지는 일주일에 3, 4회 정도면 충분하다.

머리는 매일 감는 것 보다 이틀에 한 번 정도 감는 것이 모발의 윤기와 촉촉함을 유지하는데 이상적이다. 매일 샴푸하면 필요 이상으로 유분기가 제거되어 오히려 모발에 손상을 주기 때문이다. 하지만 하루에도 서너 번

씩 샤워를 하는 여름철에는 샴푸를 두세 번 감을 때 한 번만 사용해주는 정도로 조절해 준다.

Q. 샴푸 거품을 손바닥에서 내는 게 좋다고 하는 데 그 이유가 뭔가요?

A. 샴푸 속에는 여러 가지 영양분이 들어있는데 이 중에는 인위적으로 만들어진 성분도 있다. 따라서 샴푸를 그대로 두피에 문지르면 연약한 두피에 화학 성분들이 직접 닿게 되므로 좋지 않다. 손바닥에서 충분히 거품을 내어 여러 성분들을 충분하게 섞어준 다음 사용한다.

Q. 두피를 박박 문질러 씻으면 안 좋다는데 왜 그런가요?

A. 깨끗하게 씻는다고 두피를 손톱으로 긁는 경우가 있는데 이렇게 하면 두피에 상처가 나고 또 최소한의 보호막이 되는 피지까지 떨어져 나가 두피가 심하게 건조해 진다. 건조한 두피는 비듬의 원인이 될 수 있고, 두피의 유수분 밸런스가 깨지면 탈모의 원인이 될 수 있으므로 손톱이 아닌 손끝으로 누르듯이 마사지하면서 머리를 감는 것이 좋다.

Q. 머리를 감을 때 거품은 많이 나야 좋은 걸까요?

A. 머리의 불순물이 거품에 묻어 떨어지므로 거품은 충분한 것이 좋다. 이때 머리 위에 샴푸를 바르고 거품을 내려고 하지 말고 손에서 충분히 거품을 낸 다음 머리 구석구석에 바르는 것이 좋으며 풍부한 거품과 함께 두피를 마사지한다는 느낌으로 손가락을 튕기듯 가볍게 쥐었다 놓는 것이 좋다.

Q. 머리를 감을 때 물의 온도는 어느 정도가 좋을까요?

A. 머리 감을 물의 온도는 체온보다 약간 높은 37℃ 정도가 좋다. 손을 대보았을 때 약간 따뜻한 정도면 OK. 너므 뜨거운 물로 머리를 감으면 두피에 남아 있어야 할 기본 유분기마저 제거된다. 이러면 머릿결이 거칠어지고 푸석푸석해지기 쉽다.

Q. 머리는 말리고 자야 하나요?

A. 피부가 잠자는 동안 영양을 받는 것처럼 머리카락도 마찬가지이다. 특히 젤이나 무스 등을 바른 상태로 그냥 자면 머리가 손상될 수 있다. 단, 감고 자더라도 꼭 말리도록 해야 하는 데 젖은 상태로 자면 머리카락이 서로 엉켜 큐티클층이 상하기 쉽기 때문이다.

Q. 내게 맞는 샴푸는 어떤 걸까?

A. 매일 머리를 감아도 저녁 때 기름기가 돈다면 지성모발이므로 이런 경우엔 지성모발용 샴푸와 린스를 사용한다. 반대로 머리를 감은 날 푸석푸석해진다면 건성타입이므로 손상모발용 샴푸와 린스를 사용하는 것이 좋다. 또 퍼머나 염색 등 화학적인 자극으로 머리카락만 건성타입으로 변할 수도 있다. 이런 경우라면 정상모발용 샴푸와 손상모발용 린스를 사용하거나 염색&펌 모발 전용 샴푸와 린스를 사용해 주는 것이 좋다.

Q. 비누로 감는 게 더 좋은 건 아닐까요?

A. '샴푸'는 특별히 머리를 감기 좋도록 만든 '세제'의 한 종류이다. 샴푸에는 기름때를 빼는 비누 성분과 거품을 내는 성분, 샴푸의 점도를 유지해 주는 성분 등이 함유되어 있다. 비누로 머리를 감으면 머리카락이 뻣뻣해지고 윤기를 잃는 경우가 있다. 또한 비누는 일반적으로 강한 세척력 때문에 머리가 건조해지기 쉬우므로 머리카락에 잘 맞는 샴푸를 골라 쓰는 것이 더 좋다.

비누는 알칼리성으로 세척력이 뛰어나 머리를 감은 후 개운한 느낌을 줄 수는 있지만 두피를 건조하게 만들고 모발에 손상을 입힐 우려가 있다. 따라서 정상피부의 산도와 같은 약산성의 샴푸를 사용하는 것이 바람직하다.

Q. 샴푸, 린스는 따로 쓰는 것과 겸용 제품 중 어떤 것이 좋을까요?

A. 샴푸 & 린스 겸용 제품은 민감성 두피나 이미 상한 머릿결에는 치명적이다. 건강한 모발의 산성도는 pH 4.5~5.5정도의 약산성인데 샴푸 & 린스 겸용 제품은 세정력이 너무 강해 이런 모발의 균형을 깨뜨리기 쉽다. 모발은 약산성이 가장 건강한 상태이다. 샴푸는 알칼리성이고 린스는 산성인데, 이 두 가지가 혼합되면 단순한 화학반응 이외에 심한 트러블이 생길 수 있다. 따라서 샴푸, 린스는 겸용이 편리하기는 하지만 모발의 건강을 위해서라면 되도록 샴푸와 린스를 따로 사용하는 것이 바람직하다.

Q. 린스는 꼭 해야 하는 걸까요?

A. 린스는 머리카락에 영양분을 공급하는 것. 따라서 매일 감아도 머리에 기름기가 도는 지성모발이 아니라면 린스는 반드시 사용하는 것이 좋다. 특

히 머리카락 중에서 가장 손상되기 쉬운 머리끝 부분을 위주로 마사지하듯이 사용하도록 하며 되도록 두피 부분에는 린스 성분이 닿지 않도록 주의한다. 또 린스는 깨끗이 씻어내는 것이 무엇보다 중요하다. 씻어내지 않고 머리에 남아 있는 린스 성분은 비듬, 탈모의 원인이 된다.

Q. 트리트먼트 제품은 어떻게 사용해야 하나요?

A. 트리트먼트제는 손상된 머리에 영양분을 공급해주고 머릿결을 보호해주는 역할을 한다. 건강한 사람이라면 1주일에 한번 정도로도 충분하지만 머리 손상이 심할 때는 1주일에 2,3번 해주는 것이 좋다. 트리트먼트제는 샴푸 전에 하는 것과 나중에 하는 것 2종류가 있다. 트리트먼트제를 바를 때는 머리끝부터 시작해서 두피까지 전체적으로 스며들도록 한다. 랩이나 비닐 캡을 두르고 10~15분 방치한 후에 깨끗이 헹군다. 단, 지성이거나 탈모증이 있는 사람은 두피에 닿지 않도록 하는 것이 좋다.

Q. 린스와 트리트먼트의 차이점은 뭔가요?

A. 린스는 머리카락 표면을 얇게 코팅해서 머릿결을 부드럽게 해주는 역할을 하는 것으로 일시적인 부드러움을 주는 것이기 때문에 린스는 손상된 머리카락 위주로 상한 부분에만 바르고 두피에는 가급적 접촉하지 않는 것이 좋다. 이와는 반대로 트리트먼트나 팩 같은 경우에는 머리 안에 부족한 단백질이나 유분 등 영양제와 같은 기능이기 때문에 두피와 모발 구석구석 발라주는 것이 좋다.

Q. 린스와 트리트먼트 중 한 가지만 사용해도 되나요?

A. 샴푸 후에 바르는 것이니까 린스와 트리트먼트의 역할이 같다고 생각하는 것은 오해이다. 린스는 머리카락을 매끄럽게 코팅해주지만 트리트먼트는 모발 내부에 단백질을 침투시켜 부족한 곳을 보충해주는 역할을 한다. 따라서 모발 상태에 따라 두 가지를 나누어 사용하는 것이 바람직하다.

Q. 머리를 자주 감으면 머리가 많이 빠지나요?

A. 머리를 감을 때 빠지는 모발은 그냥 둬도 저절로 빠지게 돼 있는 것으로 휴지기 모발이라고 한다. 따라서 머리를 자주 감는다고 머리가 더 빠지거나 많이 빠지는 일은 없다. 오히려 두피에 기름기가 쌓여 비듬이 심해지

고 피부 염증이 생기게 되며 탈모를 부추길 수 있기 때문에 항상 청결을 유지하는 게 좋다.

Q. 머리를 심하게 긁었는지 많이 빠졌다. 탈모 가능성이 있나요?

A. 그렇지 않다. 50만개의 모공에서 머리카락이 나는데 보통 10% 정도는 빠지고 새로 나는 것을 되풀이한다. 하루 평균 50~100개 정도의 머리카락이 빠지는 셈이다. 만약 머리를 긁어 보통 때보다 많이 빠진 것으로 보여도 실은 2, 3일 후 빠질게 미리 빠지는 것과 같다.

Q. 머리가 빠지는 것은 어떤 이유 때문인가요?

A. 일반적으로 모발이 빠진다고 하는 것은 모유두에 있는 모모세포가 분열 증식하는 것을 중지하였기 때문에 일어나는 현상이다. 생리적으로는 누구에게나 주기적으로 일어나며 평균 4년에서 6년을 주기로 한다. 대체로 모발이 갑자기 많이 빠지기 시작하였다는 것은 다음의 여러 가지 경우를 생각할 수 있다. 모유두의 조직이 화상이나 외상으로 손상된 경우로 회복이 불가능하다. 내분비 실조의 경우는 모발의 발육에는 여성 호르몬이 관여하는 데 이것이 부족하게 되면 세포의 작용이 약해져서 탈모를 일으킨다. 신경성 장애에 의한 경우는 정신적인 고뇌나 긴장감이 연속되어 모유두에 연결되는 모세혈관이 위축하여 영양공급이 원활치 못해 탈모로 이어지는 데 원형탈모증이 대표적이다. 그 외에 영양부족으로 인한 경우, 피지 분비 이상에 의한 경우, 약품의 부작용에 의한 경우 등 다양한 경우가 존재한다.

Q. 지성과 건성 두피를 구분하는 방법은 있나요?

A. 보통 아침에 머리를 감은 뒤 오후 6시경 기름기가 있다면 지성두피라고 볼 수 있다. 그러나 2일 이상 머리를 안 감아도 기름기가 없으면 건성이라고 생각하면 된다. 단 머리의 길이와 관리 방법 등에 따라 약간의 차이가 생길 수 있다.

Q. 다이어트는 머리카락에 좋지 않다고 하는데요?

A. 지나칠 경우 피부나 헤어 모두에 좋지 않다. 다이어트를 하면 모발 형성과 성장에 필수적인 영양성분이 부족하게 되어 성장이 더디고 거칠어지

게 된다. 머릿결과 머리의 성장을 좋게 하는 음식은 곡류인 검정콩, 깨 등이 있으며 해조류인 다시마, 녹차 등을 섭취하면 좋다.

Q. 머리를 바짝 묶으면 빨리 자라나요?

A. 머리카락은 아주 섬세한 조직으로 바짝 묶으면 머리카락이 자연스러운 상태로 뻗지 못하고 휘어져 머리카락이 끊어지기 쉽다. 보통 머리카락의 수명은 여자의 경우 6~7년 정도인데 억지로 잡아당겨 빠진 머리카락은 저절로 빠진 것보다 더 오랜 시일이 걸리므로 탈모의 원인이 되기도 한다.

Q. 머리카락을 깎으면 숱이 많아지나요?

A. 모낭의 숫자는 태어날 때 정해져 있으며 자라면서 그 숫자가 늘거나 줄지 않는다. 다만 굵게 자라서 숱이 많아 보이기도 하고 모발이 가늘어져서 적어보이기도 한다. 머리카락을 깎으면 숱이 많아지는 것이 아니라 더 굵고 색깔이 짙은 성모가 나올 뿐이다. 즉 어린아이의 머리카락을 깎은 후 숱이 많아 보이는 것은 머리카락이 굵고 뻣뻣해져 시각적으로 많아 보일 뿐 머리카락 수가 늘어난 것은 아닌 것과 같은 현상이다.

Q. 머리는 왜 희어질까요?

A. 흰머리는 모발의 모피질 속에 있는 멜라닌 색소가 없고 대신 기포가 그 자리를 차지하고 있다. 멜라닌은 티로신이라는 아미노산이 티로시나아제나 다른 산화효소, 부신피질 호르몬 등이 작용하여 멜라닌이 된다. 따라서 멜라닌이 생성되지 않는 것은 티로신이 부족하거나 티로신을 멜라닌으로 만들 때 작용하는 산화효소 작용이 활발하지 못하거나 부신피질 호르몬이 부족해서 일 수 있다. 또한 큰 이유 중 하나가 멜라닌을 만드는 세포가 노쇠하여 그 기능이 쇠퇴되어서 라고 보여지며 노인성 백모는 대부분 이것이 원인이라고 할 수 있다.

Q. 면도를 해주면 머리카락이 굵어지고 빨리 자라나요?

A. 성장기의 모발을 잘라주면 모발의 단면이 드러나는데 그래서 머리카락이 굵어 보일뿐, 한마디로 모발이 잘 자라거나 굵어지는 것이 아니다. 모발이 건강하려면 헤어스타일을 만들어주는 젤, 스프레이, 염색 등은 피하는 것이 첫째로 중요하다.

Q. 날카로운 빗, 손톱으로 머리를 꾹꾹 또는 박박 긁으면 어떻게 되나요?

A. 두피를 박박 긁으면 두피에서 피나고 진물이 나므로 끝부분이 날카롭지 않은 자연소재의 빗으로 자주 빗질을 해주면 좋다. 손톱이나 날카로운 소재를 이용하면 모근을 과잉 자극하여 호르몬의 불균형을 가져와서 결국 두피의 악화되고 결국 모발의 악화로 연결된다.

Q. 잦은 샴푸나 빗질은 머리를 빠지게 하나요?

A. 빗질을 오랫동안 안하면 머리가 엉키고 손으로 머리를 쓱 넘길 때 한 움큼씩 빠지는 머리카락을 보게 된다. 그리고 머리를 자주 안 감으면 머리기름에, 비듬에 …당연히 두피의 모공이 온갖 때에 막혀서 모발을 성장시킬 수가 없다. 한마디로 머리감기는 매일 또는 1~2일에 1회 정도 깨끗이 세발을 하고 빗질 역시 자연소재의 빗으로 정성을 들이면 건강한 모발을 가질 수 있다.

Q. 날씨와 탈모는 어떤 영향이 있는가?

A. 탈모는 날씨도 원인이 되기도 한다. 한 연구조사는 1년 중 3월에 탈모의 양이 가장 적고 10월에 가장 많다고 밝혔다. 탈모가 10월에 집중되는 이유는 신진대사가 왕성해 묵은 털이 새로운 털로 교체되기 때문이다. 지나친 탈모는 곤란하지만 약간의 탈모는 심각한 문제가 아니다.

Q. 대머리는 정력이 세다는데 사실인가요?

A. 대머리는 유전적인 요인이 큰 요인으로 사춘기 이후에 남성호르몬에 의해 진행된다. 하지만 대머리를 유발시키는 남성호르몬의 양은 정상인이면 누구나 비슷한 수준이므로 정력과는 관계가 없다.

Q. 대머리인 사람이 남성호르몬이 많다는데 사실인가요?

A. 남성호르몬은 모발의 성장과 발육에 필요한 에너지의 생성을 방해해 모근을 에너지 부족으로 만든다. 이로 인해 앞머리와 정수리 부분에 있는 머리카락의 성장을 억제하여 흔히 대머리라고 하는 남성형 탈모를 초래한다. 따라서 대머리는 남성호르몬에 민감한 체질이 유전된다고 할 수 있다.

Q. 실내 수영장과 바닷물은 모발에 영향을 미칠까요?

A. 수영장의 염소 성분과 바닷가의 염분은 큐티클을 파괴하여 탈색과 모발의 윤기를 감소시키고 쉽게 갈라지게 해 모발 손상의 원인이 되며, 샴푸

를 너무 자주 하다보니 머리카락이 윤기를 잃고 푸석해 질 수 밖에 없다. 또한 염소가 모발의 큐티클 사이로 들어가 더기에서 결정체를 형성하여 눈에 보이지 않는 미세한 알갱이 형태로 변하게 되면 큐티클이 들떠 모발이 더 거칠어지게 된다.

실내수영장을 이용할 때는 모발 보호를 위해 수영 모자를 꼭 착용해야 한다. 수영이 끝난 후의 젖은 모발은 정상모발에 비해 20%나 약하므로 더욱 주의가 필요한데, 모발을 비비지 말고 두드리거나 가볍게 짜는 형태로 머리를 감는 것이 좋으며 염소 성분과 염분을 제거하는데 가장 좋은 방법이다. 또한 모발 큐티클 사이에 들어간 염소를 완전히 제거하기 위해서는 깨끗한 물에 잠시 동안 머리카락을 완전히 잠기게 하는 것이 도움이 된다.

Q. 산성비를 맞으면 대머리가 되나요?

A. 산성과 알카리성을 나타내는 단위는 pH이다. pH의 범위는 0.0에서 14.0까지인데 증류수의 산성도가 pH 7로 중성이며 7보다 작으면 산성이고 7보다 크면 알카리성이다. 오렌지 쥬스는 pH 2정도이며, 식초의 경우 pH가 3정도이다. 대머리와는 어떠한 관계가 있는지는 현재까지 과학적으로 규명된 바가 없다고 한다. 식물과 토양에 많은 영향을 주며 수도관이나 건물을 부식시키고 대리석이나 화강암은 중화시켜 부식현상을 초래하고 있다.

그러나 사람이 자주 맞게 되면 머리나 눈썹에 탈색이 될 수 있다고 하는데 대머리와 아무런 상관관계가 없다고 장담하는 사람도 없겠지만 직접적인 원인이 있다고 이야기 할만한 아무런 과학적인 근거가 없다고 한다.

Q. 식초와 산성비는 같은 산성인데 왜 산성비만 탈모를 일으키나요?

A. 우선 산성도는 산의 세기를 말함하며 이를 pH로 나타내는데 pH는 수용액 속에 들어있는 수소이온의 농도를 나타나는 지수를 말하며 pH가 클수록 산성도가 낮다.

오염되지 않은 비의 pH도 5.6정도의 약한산이며 문제가 되는 산성비는 pH 5.6 이하의 것을 말한다.

그런데 우리가 먹는 식초의 경우 몇 방울을 음식에 넣느냐에 따라 pH는 3~5의 값을 나타낸다. 하지만 pH가 낮다고 인체에 치명적인 해를 주지는 않는다. 왜냐면 용액 속 수소이온 농도를 측정하고 표현하는데 pH는 좋은 도구이지만 여기에 중요한 것은 무엇이 수소이온 농도를 결정하느

냐 하는 것이다. 식초의 경우 아세트산이라는 약한 산에 의해 수소 농도가 결정되지만, 우리가 흔히 말하는 산성비는 황산이라는 강한 산에 의해 결정된다. 황산은 매우 무서운 산이다. 중학교 과학 교과서에 황산을 설탕에 부었을 때 어떤 현상이 일어나는지 관찰하는 실험이 있다. 실험 결과는 설탕이 마치 탄 것처럼 새까맣게 변하는 것이다. 물을 빨아들이는 황산의 성질 때문이다. 산성비로 인해 토지가 산성화되고 나무가 새까맣게 변하는 것도 이 황산 실험 결과와 연관이 있다. 황산이 섞인 산성비가 내린다면 얼마나 위험한지 알 수 있을 것이다.

Q. 피임약을 바르면 머리가 길어지나요?

A. 모발이 잘 자라게 하려면 여성 호르몬 분비를 활발히 해주어야 하는데, 피임약은 오히려 역효과가 나게 하는 것이라 좋지 않다. 특히 호르몬과 관련된 것은 신체 내부에서 일어나는 것이기 때문에 일시적으로 머리에 바르거나 피부에 닿는다고 해서 좋아지지는 않는다.

Q. 미역을 먹으면 모발이 빨리 자라나요?

A. 미역만으로는 머리카락이 빨리 자라지 않는다. 대신 머리카락을 구성하고 있는 단백질이 포함된 음식을 많이 섭취하는 것이 효과적이다.

Q. 머리는 밤에 감는 것이 좋다고 하는데요?

A. 머리를 충분히 말리고 잔다면 밤에 감는 것이 좋다. 머리는 아침보다는 밤에 감는 것이 바람직한 이유는, 낮 동안 머리에 묻은 먼지나 갖가지 스타일링제를 깨끗하게 씻어내고 수면 시간 동안 모발도 휴식할 수 있도록 하는 것이 건강한 모발을 가꾸는 비결이기 때문이다. 다만 충분히 말리지 않고 젖은 모발로 잠들면 모발의 큐티클이 손상되어 윤기가 없고 끊어지는 모발이 될 수 있음에 주의해야 한다.

대부분의 직장 여성이나 학생들은 저녁보다는 아침 시간을 머리 감기에 적절한 시간으로 잘못 알고 있다. 이른 아침에 머리를 감는 사람들도 많고, 머리가 채 마르기도 전에 집을 나서는 사람들도 쉽게 눈에 띈다. 아마도 아침에 머리를 감는 것이 더 신선하고 상쾌하다고 느끼는 심리적 요인 때문인 것 같다.

그러나 분명히 알아 두어야 할 점은 샴푸는 충분한 시간을 갖고 정성껏 해야만 고운 머리 결을 유지할 수 있다는 것이다. 아침에 바쁘다고 머리를 덜 말리고 나가면 머리 결이 거칠어지기 쉽다. 만약 아름다운 머리 결을 갖고 싶다면 이른 아침보다 저녁에 세발을 하고 원하는 모양으로 손질한 다음에 잠자리에 들어야 한다. 그러면 신진 대사가 잘 되고 잠도 잘 와서 충분한 휴식을 취할 수 있다.

Q. 두피 마사지를 많이 하면 머리가 빨리 자랄 수 있나요?

A. 무조건 누른다고 좋지는 않다. 그렇지만 머리 지압점을 제대로 알고 눌러준다면 이보다 더 좋은 방법도 없다. 머리 정수리 부분(백회(百會) : 머리의 혈관이 모이는 급소)을 중심으로 뒤 목 가운데(풍지(風地) : 척추에서 이어지는 급소), 그리고 뒤목 양쪽 옆의 움푹 들어간 곳(천주(天炷) : 심장에서 머리로 흐르는 혈관을 지압할 수 있는 급소) 이 세 곳을 중점적으로 눌러준다면 피로까지 풀 수 있는 일석이조 방법이다.

Q. 흰머리는 뽑을수록 더 많이 난다?

A. 흔히 흰머리는 뽑을수록 더 많이 난다고 흰머리를 조심조심 간수하는 사람들이 많다. 그러나 이것은 낭설이다. 하루에 평균 40~80개가 빠지는 모발은 생장기, 이행기, 휴지기 등의 성장주기를 거치는데, 흰머리이거나 검은머리이거나 상관없이 휴지기가 되어야 빠지게 된다. 또 모발은 일정한 균형을 이루며 빠지고 나는 것이기 때문에 흰머리를 뽑는다고 해서 더 많이 난다는 것은 전혀 근거가 없는 이야기다.

Q. 머리를 기르고 싶은데 끝부분이 많이 상했다면 어떻게 할까요?

A. 한번 손상된 머리는 본래의 건강한 모발 상태로 100% 회복이 불가능 하다. 물론 트리트먼트를 열심히 하면 일시적으로 머릿결이 좋아지는 효과는 있겠지만, 근본적으로는 크게 달라지지 않는다. 따라서 찰랑이는 머릿결을 원한다면, 손상된 모발 끝부분을 과감히 잘라낸 후 다시 머리를 기르는 방법이 최고이다.

Q. 가장 안전한 드라이 방법은?

A. 뜨거운 바람은 머리카락의 구성 성분인 단백질을 파괴하기 쉽다. 젖은 상태에서 뜨거운 바람을 사용하면 이중으로 모발을 손상시키는 격이므로 먼저 두피의 수분을 제거하고 머리의 물기를 완전히 제거한 다음 반

드시 20cm 이상의 거리를 두고 드라이어 바람을 쐬도록 한다. 마지막에는 차가운 바람으로 드라이를 마무리하면 헤어스타일을 오래 고정시킬 수 있다.

Q. 천연재료를 이용하면 더욱 건강한 머릿결을 가꿀 수 있나요?

A. 단백질이 손상되어 거칠어진 머리에 천연 재료를 이용한 트리트먼트를 하는 것도 좋다. 화학성분이 없고 피부 자극이 적기 때문에 트리트먼트 효과를 더욱 높일 수 있으며 마지막 헹굼 물에 레몬즙을 섞어 사용하면 레몬향이 은은하게 퍼져 더욱 좋다.

Q. 머리카락은 하루에 얼마나 자라나요?

A. 보통 머리카락의 숫자는 평균 8만~10만개 정도이며 나는 머리카락은 하루 평균 0.35 mm(윗머리 0.44mm, 옆머리 0.39mm) 정도 자란다. 결국 한 달에 약 1cm 정도가 자라는 것이다. 만일 지금 쇼트커트 스타일이라면, 중간에 가끔 머리끝을 잘라준다고 가정하더라도 허리까지 오는 치렁치렁한 머리를 만드는 데는 장장 6년이라는 긴 시간이 걸린다.

Q. 가르마를 타는 부분이 탈모가 잘 되는 이유는 뭐나요?

A. 보통 남성 탈모 중 'M' 자형 탈모는 이마 양쪽에서 시작되는 것으로 사람마다 왼쪽과 오른쪽의 탈모 정도가 똑같지는 않다. 보통은 평소 가르마를 타던 부분이 약해지기 때문에 그쪽에서 탈모가 먼저 시작된다. 아무래도 가르마로 노출된 쪽은 오랜 동안을 햇빛이나 먼지 등 여러 원인의 영향을 받은 곳이기 때문이다.

평소 종종 머리에 변화를 주는 것이 중요하다. 반대쪽인 오른쪽으로 가르마 방향을 바꾸거나 아예 가르마를 타지 않는 식으로 머리 스타일에 변화를 주면 어느 정도 탈모 진행을 더디게 할 수가 있다. 탈모 부위에 마사지를 많이 하는 것도 좋다.

Q. 사우나 오래하면 모발이 안 좋아지나요?

A. 사우나를 오래하면 피부와 모발이 건조해지며 목욕을 잘못하면 피부가 노화된다. 목욕의 효과는 신진대사를 촉진시켜 피부노폐물을 배출시키고, 혈액순환을 통해 영양분과 산소를 피부에 공급하여 아름답고 건강한 피부를 만들어 준다. 그러나 많은 사람들이 잦은 목욕을 통해 오히려 피

부를 손상시키고 있다. 아직 표피에 달라붙어 있는 각질들은 수분, 보습인자, 지질 등을 함유하고 있기 때문에 무리하게 벗겨내면 피부건조, 민감화, 건성습진 등을 유발하고 가렵기까지 한다.

사우나의 높은 온도는 피로를 풀어주고 땀을 내게 해 주기 때문에 여러모로 목욕의 효과를 상승시켜준다. 그러나 사우나 시간이 길어지면 심한 탈수로 피로현상이 나타나고, 피부나 도발이 건조해 지기 때문에 20분을 넘지 않도록 주의한다.

Q. 찜질방에 자주 가는데 주의할 점은 뭔가요?

A. 우선 들어갈 때는 머리를 감지 말고 들어가지는 게 좋다. 대부분의 사람들은 샤워를 하고 머리를 감고 사우나실에 들어가는 경우가 많은데 잘못된 방식이다. 특히 건식 사우나는 110℃가 넘는 높은 온도이기 때문에 머리카락이 뜨거워질 뿐만 아니라, 머리카락의 조직이 더욱 상하게 된다. 때문에 손상된 머리카락이나 약한 머리카락을 가진 사람은 더욱 주의해야 한다.

사우나를 들어갈 때, 만일 머리를 먼저 감은 경우라면 마른 수건으로 머리를 감싸서 뜨거운 공기를 차단하도록 해야 한다. 머리를 감지 않았더라도 사우나실에 들어갈 때 머리를 마른 수건으로 감싸주는 습관을 들이는 것이 건강한 모발을 유지하는 비결이다.

Q. 바캉스를 즐긴 후 모발 손질법은?

A. 자외선을 지나치게 많이 쐬거나 해풍에 오랫동안 시달린 것도 모발건강에 좋지 않다. 태양광선 특히 자외선에 오랜 시간 노출되면 머리카락은 퇴색되며 거칠어진다. 또 모발 건강상 모발 젤라틴의 화학성분인 아미노산이 변성되고 특히 우리 모발에 가장 많이 함유된 시스틴이란 단백질의 양이 저하되어 모발에 탄력성이 없어지고 퍼머도 쉽게 풀린다.

자외선은 적당히 쏘이면 유용하지만 강한 자외선은 피하는 것이 좋다. 해수욕장에서는 자외선은 물론 해풍에 실려 온 염분 때문에 모발이 뻣뻣해지는 각화 현상에 화상까지 겹쳐서 모발이 심각한 상태에 이른다. 이럴 때일수록 저녁에는 맑은 물로 세발을 해주고 적당히 수분이 남아있을 때에 보습력이 있는 정발제를 발라주어 자연스러운 방법으로 충분한 시간을 두고 말려 준다. 여행이 끝나고 집에 돌아와서는 본격적으로 두피와 모발에 마사지를 해주고 영양제와 휴식을 준다. 모발의 휴식이란 드라이나 퍼머, 염색을 하지 않는 것이다.

Q. 기름진 머리카락이 고민이에요.

A. 두피의 피지 분비가 활발할 상태여서 매일 매일 샴푸를 해줘야 하는 번거로움이 있다. 샴푸를 할 때 두피의 기름기를 깨끗하게 제거해주는 지성모발용 샴푸를 사용해 두피와 머릿결을 청결하고 깨끗하게 유지한다. 마지막 헹굼 물에 레몬이나 식초를 한두 방울 떨어뜨려 헹구면 비듬 제거에 효과적이다.

Q. 머리카락은 왜 자꾸 자라는데 팔이나 다리에 있는 털은 왜 더 이상 자라지 않을까요?

A. 모발의 주기와 성장속도는 신체부위, 인종, 나이, 성별, 계절에 따라 조금씩 다르지만 우리 몸 각 부위의 모발이 그 위치에 따라 일정한 길이를 항상 유지하고 있는 이유는 각 부위마다 모발 주기가 어느 정도 정해져 있기 때문이다. 머리카락의 경우 생장기 2~8년, 퇴행기 2~4주, 휴지기 2~4개월이지만 다리는 5~7개월, 팔은1.5~3개월로 다른 부위의 털은 주기가 모발보다 짧아서 그런 것이다.

Q. 숱이 많은 머리와 그렇지 않은 머리의 차이점은?

A. 머리카락이 사람마다 다른 것은 우선 굵기에서 결정된다. 머리가 검고 직상모인 동양인은 굵기가 굵고 머리카락 강도도 높은 반면 금발이나 붉은 머리인 서구인의 머리카락은 평균 동양인보다 10~30% 가늘다고 한다. 우리가 흔히 말하는 머리숱은 머리카락의 밀도를 말하는 것으로 사람마다 다르고, 많은 경우 15만 개를 넘는 사람도 있고 적은 경우 5만 이내인 사람도 있어 개인차가 심하다. 머리카락 수는 나이가 들수록 모발의 고착력이 떨어지며 20대 이후부터는 점차 모발의 숫자가 줄어든다.

Q. 머리카락을 하나 뽑으면 두 개가 나는 게 사실인가요?

A. 모낭 하나엔 모유두가 하나 밖에 없다. 털은 뽑히면서 그 안에 남아있는 모근이 다시 털이 되어 자라기 때문에 털은 하나밖에 나오지 않는다. 털은 뽑는 것으로 양이 많아지는 것이 아니라 유전적인 영향, 호르몬 분비 등에 의한 관계가 더 많다. 간혹 털이 두 개 나온 건 마찰에 의한 외부저항을 견디지 못해 갓 자란 털이 갈라져서 그런 것이다. 털이 인위적으로 뽑힐 때 모유두나 모근부의 손상이 심할 경우 나오지 않을 수도 있다.

Q. 사람의 머리는 어느 부분부터 희게 되나요?

A. 머리카락의 색은 모근에 있는 색소세포인 멜라닌 세포가 모발에 색소를 공급하여 나타나는데, 이 멜라닌 세포가 사라져 색소가 없어지기 때문에 흰머리가 되는 것이다. 흰머리는 머리털에 따라 1/3정도 흰 상태, 1/2정도 흰 상태, 완전히 흰 상태에서 나게 되는 경우가 있다. 개인적인 차이가 있고 유전적인 요인, 털의 굵기에 따라 색깔의 차이가 나타나기도 하고 머리털의 강도나 성장 시기에 따라 부분별로 나 전체적으로 머리가 희게 된다.

Q. 머리카락은 계속 자라는데 눈썹은 왜 안 자라나요?

A. 이유는 눈썹이 머리카락보다 성장기가 짧아 일찍 빠지기 때문이다. 우리 몸에는 머리카락과 눈썹을 포함해 대략 5백만 개의 모발, 즉 털이 있다. 모발의 성장속도는 연령이나 성별, 부위, 계절, 그리고 밤낮에 따라 다르지만 대략 하루에 0.3~0.4mm 정도가 자란다. 머리카락은 5~7년간 성장이 계속되는 것이 보통이지만 그 중에는 25년에 이르는 것도 있어서 2m를 넘는 경우도 있다. 이에 비해 눈썹의 경우 그 수명은 대략 3-4개월 정도에 불과해 평균적으로 7~11mm 정도의 길이를 갖는다. 눈썹보다는 머리카락이 많은 혈관으로부터 풍부한 영분을 공급 받아 더 잘 자란다고 할 수 있다.

Q. 짧은 머리 빨리 쉽게 기르는 방법이 있나요?

A. 일단 머리를 자르고 나면 기르는 것이 말처럼 쉽지가 않다. 머리카락을 자르지 않기 때문에 머리가 지저분해 보일 수 있고, 언제나 비슷한 스타일이라 지루하게 느껴진다. 눈부시게 건강하게 빨리 내 머리카락 쉽게 기르는 방법은 없을까?

1) 직접 자극주기

(1) 브러싱

브러싱은 두피에 쌓인 노폐물을 제거하는 동시에 혈액의 흐름을 촉진시키고 피지 분비를 원활히 하여 윤기있는 머릿결로 가꿔준다. 샴푸하기 전 매 50~1백회 정도 브러싱을 하되 너무 자극을 주진 말자.

(2) 두피 마사지

모근의 세포분열이 일어나면 머리카락이 잘 자라게 된다. 두피를 마사지해주면 모근의 세포분열을 촉진시켜 혈액순환을 원활하게 하고 머리카락이 빨리 자랄 수 있게 된다. 손가락 끝으로 두피 전체를 골고루 꾹꾹 눌러주며 돌리듯이 또는 손등으로 가볍게 누르며 두드리듯이 자극을 주는 것이 요령.

2) 모발&두피에 영양주기

(1) 다시마팩

몸에 좋은 건 당연히 두피에도 좋다. 특히 모근까지 영양을 공급하는 팩의 효과는 탁월하다. 일단 다시마 가루를 걸쭉하게 물에 개어 머리에 바른다. 머리카락이 뻣뻣할 정도로 마르면 미지근한 물에 헹궈낸다. 두피가 건강하면 머리가 잘 자란다.

(2) 구기자잎 달인 물

구기자잎이나 냉이 한 움큼을 물에 넣고 머리를 감을 때 쓴다. 혈관을 튼튼하게 해주므로 꾸준히 사용하면 두피 건강에 효과적.

(3) 생강 토닉

잘게 썬 생강 30g에 소주 200cc를 붓고 중간 불에서 끓인다. 3~4회로 나누어 두 피에 바른 다음 10분 후에 미지근한 물로 헹군다.

Q. 왜 옆머리와 뒷머리는 잘 안 빠지나요?

A. 옆머리와 뒷머리는 머리털 성장기, 퇴행기, 탈모기가 일정하게 진행되므로 거의 탈모가 없고 대머리가 되지 않는다. 옆머리 두피는 당겨지지 않고 항상 두피 속살이 두껍게 유지되어 피가 잘 통하고 모세 혈관까지 막히지 않아 두발의 필수 영양분이 충분히 공급되기 때문이다.

Q 탈모 유전자 누구에게서 받나요?

A. 탈모 유전자는 부모 중 어느 쪽에서도 다 유전이 될 수 있다. 유전자는 염색체의 한 부분에 위치한 화학적인 단일 구조이며 DNA의 작은 조각으로 이루어져 있다. 염색체는 항상 쌍으로 존재하며 인간에게는 23쌍의 염색체가 존재하는데 이는 부모로부터 한쪽씩 물려받은 것이다.

안드로겐성 탈모증의 유전 형식은 단순하지 않아 현재 한개 이상의 유전자가 탈모증을 일으키는데 관여하는 것으로 알려져 있다. 이렇게 여러 개의 유전자가 관여되어 있는 경우를 다인성 유전이라고 한다. 인간의 염색체는 한 쌍의 성염색체(XX, 또는 XY)와 22쌍의 상염색체로 구성되어 있는데 탈모를 일으키는 유전자는 상염색체성 유전을 하는 것으로 알려져 있다.

탈모의 유전 인자는 친가나 외가 어느 쪽에서도 유전이 가능한데 어머니 쪽의 유전자가 약간 더 중요한 의미를 가진다. 탈모를 일으키는 유전자는 우성 유전이기 때문에 한 쌍의 유전자 중 한 개만 가지고 있어도 발생한다. 하지만 탈모 유전자를 가지고 있다고 해서 모두 대머리가 되는 것은 아니다. 어떤 유전자를 가지고 있을 때 실제로 그것이 발생하는 것을 '표현성'이라고 하는데 탈모가 실제로 발생하는 표현성은 호르몬과 나이, 스트레스 등과 깊은 연관성이 있다. 현재 의학적으로 탈모를 일으키는 유전자를 확실하게 밝혀내지 못하고 있다.

Q.대머리와 암은 어떤 관계가 있나요?

A. 도대체 대머리와 암은 어떤 관계가 있는 것일까? 그러나 모든 암에 대한 것은 아니다. 다만 위암과 연관이 있는 것으로 알려져 있다.

한 종합병원에서 10년 동안의 병력을 가지고 조사를 해본 적이 있었다. 즉 위암환자와 정상인 100명에 대하여 남성 호르몬과 여성 호르몬의 양을 가지고 비교를 해보았다. 그 결과 대머리이고 건강한 사람인 경우는 남성 호르몬의 양이 더 많았다. 그러나 위암환자이고 모발이 많은 사람인 경우는 여성 호르몬의 양이 더 많았다. 대머리도 아니고 위암 환자도 아닌 경우는 그 중간을 차지했다.

이 실험 결과를 통해 볼 때 성호르몬의 균형에서 본다면 여성 호르몬의 분비가 비교적 많은 사람에게 위암의 발생률 또한 높다는 사실을 알 수 있다. 그러나 여성호르몬의 양이 많은 사람이라고 해서 반드시 위암에 걸리는 것은 아니며 대머리인 경우 위암에 잘 걸리지 않는 확률이 높다고 볼 수 있다.

Q.머리카락이 왜 어떤 것은 곱슬 거리고 어떤 것은 곧은 것일까요?

A. 사람의 두발 형태는 유전에 의해 선천적으로 결정되며, 곱슬머리는 직모에 대해 우성이기 때문에 곱슬머리가 더 많은 것이 보통이다. 그러나 성호르몬 등 체질 변화와 더불어 사춘기부터 곱슬머리가 되거나 모발의 발육부족 등에 의해 생겨나는 후천적인 변화가 나타나기도 한다. 비밀은 곱슬머리와 직모의 단면 모양의 차이에 있다. 곱슬머리 한가닥을 절단해서 그 단면을 현미경으로 보면 납작한 모양에 가까운 반면, 직모의 단면은 둥근모양이다.

왜 단면의 모양이 문제가 되는지는 종이를 생각해 보면 쉽게 이해할 수 있다. 평평한 종이의 아래쪽을 손가락 끝으로 붙잡고 책상 위에 똑바로 세워보면 종이가 즉시 구부러지는 것을 관찰할 수 있다. 단면이 납작한 곱슬머리의 경우도 평평한 종이가 똑바로 세워지지 않는 경우와 같다. 반면에 종이를 원통 모양으로 말아 놓으면 똑바로 세우기가 쉽다. 단면이 둥근 머리카락도 똑같은 이유로 곧게 서 있을 수 있는 것이다.

이 같은 원리를 바탕으로 원통모양은 구부러져서는 안 되는 물건을 만들 때에 자주 이용되는데, 건물의 굴뚝이나 기둥이 원통 모양인 것도 이 때문이다.

Q.이런 곱슬머리를 생머리로 바꿀 수 있을까요?

A. 유감스럽게도 모발의 형태를 동그랗게 만들어 곱슬머리를 근본적으로 치료하는 방법은 현재까지 없다.

다만 최근 퍼머 기술이 발전해 아이롱이나 스트레이트 퍼머 등 곱슬머리를 늘릴 수 있는 기술이 개발되어 부풀어 있는 머리를 정돈시키고 쉽게 정리할 수 있게 됐다.

그러나 이같이 물리 · 화학적 방법을 이용해 머리카락을 펴는 것은 모발의 손상을 가져올 수 있고 모발은 자기회복 능력이 없어 한번 손상되면 그 손상도가 점점 커져 가는 특징이 있기 때문에 조심해야 한다.

Q.나이에 따른 모발의 특징과 관리법은 어떻게 되나요?

A. 10대는 머리카락의 건강이 생애 최고인 시기이다. 피지선이 왕성해 머리 냄새가 나기 쉽다. 중성이나 지성 모발 매일 샴푸, 순한 린스로 규칙적인 컨디셔닝이 필수적이다.

20대는 지나친 퍼머넌트와 염색으로 머리 건강이 악화되는 시기이다. 각종 심리적인 스트레스 발생 시기이기도 하다. 두피의 오염 물질을 없애기 위해 잠들기 전에 5분 브러싱을 해 주면 좋다.

30대는 피지가 줄어들면서 본격적으로 두피가 건조해지는 시기이다. 모이스쳐라이징 효과가 있는 샴푸와 린스를 사용하는 것이 좋다. 잦은 브러싱은 필수이며 헤어트리트먼트 제품 사용하고 한 달에 한번은 클린징을 한다.

40대는 머리숱과 수분이 현저히 줄어드는 시기이다. 흰머리도 늘어나고 머리카락이 자라나는 속도도 떨어진다. 건조함이 느껴지는 머리나 염색 탈색 등 화학 처리를 한 머리는 컨디셔닝을 꼭 해준다. 3분 정도의 브러싱은 매일 밤 해 주는 것이 좋다.

Q. 비듬은 왜 생기나요?

A. 비듬의 원인은 비정상적으로 빠른 세포 교체라고 볼 수 있다. 최근 비듬의 원인으로 피트로스포룸이라는 곰팡이균의 과다증식에 기인한다는 설이 있으나 아직까지도 정확히 밝혀지지 않고 있다. 피트로스포룸은 누구나 갖고 있으며, 피지선이 풍부한 곳, 즉 모발 주위에 많이 존재한다. 스트레스와 같은 유발 요인에 의해 10~20배까지 과대 증식하면 가려움증 비듬을 유발한다.

비듬의 원인은 현재까지도 정확하게 밝혀져 있지 않은 상태이다. 다만 스트레스, 불규칙한 생활, 과도한 땀 분비 등에 의해서 악화되는 것으로 알려져 있다.

1) 표피의 과도한 벗겨짐으로 생성된다.

우리 몸은 28일마다 새로운 전신 옷으로 갈아입는다. 벗어버린 옷, 즉 흰 가루는 몸에서 떨어져 나가게 되는데 팔, 다리, 몸체에서는 잘 볼 수가 없다. 그러나 머리에서는 모발과 두피에서 나오는 기름기가 이미 벗겨진 피부세포들을 큰 덩어리로 뭉치게 해주므로 육안으로도 볼 수 있게 된다.

2) 스트레스

사춘기 이후에는 두피에 상존하는 비듬균이 스트레스 등의 유발요인에 의해 비정상적으로 성장해 발생하기도 한다

3) 피지선 과다분비

4) 호르몬의 불균형

5) 두피세포의 과다증식 등 복합적인 원인에 의해 일어난다.

6) 환경오염

7) 지나친 다이어트 등

8) 변비, 위장 장애, 영양불균형

Q. 비듬이 생기지 않게 하려면 어떻게 해야 하나요?

A. 비듬 중 지성 비듬의 경우 남성호르몬의 영향이 크며 심할 경우 탈모로 이어질 수 있기 때문에 각별한 관리가 필요하다. 또한 비듬의 치료는 단번에 뿌리를 뽑는 완치보다는 평생 관리하는 조절을 원칙으로 한다. 주요 치료 수단은 이른바 약용샴푸라고 불리는 샴푸제인데, 이는 장기간 사용해야 하므로 안전성에 유의해서 선택해야 한다.

(1) 자신의 타입을 명확하게 알자.

자신의 비듬이 어떤 타입인지 아는 게 중요하다. 왜냐하면 샴푸를 선택해도 지성과 건성에 따른 선택이 다르기 때문이다.

(2) 머리를 자주 감는다.

우리 몸의 때를 비누와 물로 깨끗이 씻어 버리듯이 샴푸로 자주 감음으로써 두피와 모발의 지방과 비듬을 없앨 수 있다. 물의 온도는 너무 높지 않은 것이 좋다.

(3) 가려워도 긁지 않는다.

우리 몸 어느 부위든 가려 울 때 손톱으로 긁는 것만큼 시원한 느낌을 주는 것도 없겠지만 결과적으로 두피의 물리적 자극만을 가져다주고 결국 남는 것은 상처와 더 많은 비듬을 일으키게 된다. 또 두피에 손상을 가져오고 모발을 더 많이 빠지게 한다. 따라서 이런 손가락 및 손톱의 운동은 자제하는 게 좋다. 이는 머리 감을 때도 마찬가지이다. 어떤 이유로든 상처가 난 경우는 약용샴푸는 당분간 끊고, 상처가 다 아물 때까지 베이비 샴푸처럼 순한 것으로 바꿔 쓰도록 한다.

(4) 운동과 땀 제거

운동은 비듬의 큰 원인인 스트레스를 제거시켜 줄 뿐만 아니라 전체적으로 몸을 건강하게 하여 비듬 생성원인을 감소시켜 준다. 단 운동 후 꼭 두피의 땀 제거에 신경을 써 주어야 한다. 심한 일이나 운동 후 나는 땀은 두피를 자극해서 피부세포들이 빨리 벗겨지게 하므로 빨리 샤워해서 씻어 내는 것이 좋다. 운동 후에 난 땀은 젖산을 많이 포함하고 있으며 이것은 피부를 산화시켜 버리기 때문이다.

(5) 스트레스 해소

스트레스와 비듬은 명확한 상관관계가 있다. 스트레스로 머리를 긁는 습관이 생겼다거나, 스트레스로 피부세포가 빨리 증식을 하였다거나 여러 가지 설이 있다. 피부세포가 빨리 증식하게 하는 작용을 해서 스트레스를 많이 받는 사람에게서 비듬이 많다고 한다. 불규칙적인 식사와 저 칼로리 다이어트를 하는 경우는 그로 인한 스트레스도 강해지고 심하면 피부염도 유발될 수 있다. 따라서 건전한 생활습관을 가지고 스트레스를 되도록 덜 받는 방법으로 살도록 한다.

(6) 음식 조절

부적절한 식사는 몸의 방어기능을 그만큼 약화시키고, 스트레스를 증가시킨다. 특히나 술, 고기, 피자, 버터 등은 지성 비듬인 분들에게는 치명적이다.

(7) 샴푸의 종류를 바꿔 본다.

보통의 샴푸로 매일 감아도 비듬이 계속 남아 있다면 비듬방지용 샴푸를 써 보도록 한다.즉 징크 피리치온이나 셀레니움 설파이드, 설파, 살리실산, 리솔신, 타르 등이 포함된 샴푸로 머리를 감는 게 좋겠다. 한 가지만 쓰는 것보다는 세 가지 정도를 선택해서 한 달씩 돌아가며 쓰는 게 좋다고 한다.

(8) 거품내기를 두 번 한다.

비듬방지용 샴푸를 쓸 때는 거품을 두 번 내는 것이 좋다. 첫 번째 거품으로는 모발에 느슨하게 붙어 있는 비듬과 두피 및 모발의 기름기를 우선 제거해서 두 번째 거품이 제대로 작용할 수 있게 해준다.

(9) 샴푸에 의한 두피자극에 관심을 갖는다.

타르 샴푸를 쓸 때 볼 수 있는데, 두피가 예민할 경우 샴푸에 의해 모낭이 자극되어 모낭염이 발생하기도 한다. 타르는 세포의 증식을 억제하는 효과가 있어서 비듬 치료에 쓰이지만 냄새가 강하고 모발을 변색시키거나 피부를 자극하는 등의 결점이 있다. 일단 두피에 자극증상이 있다거나 모낭염이 생겼다면 좀 더 순한 샴푸로 바꿔 쓰도록 한다.

(10) 무스, 스프레이, 젤 등의 사용은 가급적이면 피한다.

이런 제품들은 모발이나 두피의 기름기가 피부세포들과 합쳐져 덩어리를 이루는데 도움을 주게 되므로 가급적이면 횟수를 줄여 쓰는 게 좋겠다. 헤어 스타일링 제품은 머리카락자체에 악영향을 줄 뿐만 아니라 피지와 엉겨서 두피에 자극을 준다. 또 사용 후 깨끗하게 헹궈내지 않으면 두피에 지속적인 자극을 주고, 모낭을 막기도 한다. 샴푸는 자신이 어떤 타입인가를 알고 적절한 선택하고 사용하는 것이 중요하다.

(12) 되도록이면 퍼머나 염색을 피한다.

퍼머나 염색을 하면 두피는 그만큼 화학 약품에 의해서 자극을 받는다.

(13) 머리를 감을 때는 너무 뜨겁지 않은 물이 좋다.

머리를 감을때 너무 뜨거운 물을 사용하는 것은 좋지 않다. 미지근한 물을 사용하는 것이 좋다.

(14) 모자는 쓰지 않는다.

모자를 쓰면 머리에 땀이 차서 습하게 된다. 또 두발을 모자가 당기는 작용이 생기고 더 가렵게 된다.

(15) 머리를 감기 전 브러싱

머리를 감기 전 브러싱을 해서 이물질 등을 제거하는 게 좋다.

Q. 푸석푸석한 머리카락을 윤기 있게 할 수 없나요?

A. 거칠거칠하고 푸석푸석한 머리카락은 수분과 영양 부족이 원인이다. 헤어드라이어의 과도한 사용이나 햇볕 아래 머리카락을 장시간 노출시키면 큐티클층이 상하여 윤기를 잃어버린다. 특히 드라이어의 뜨거운 바람은 큐티클층을 파괴시키는 주 요인이므로 드라이를 할 때는 찬바람으로 멀리서 하는 것이 좋다. 또한 헤어로션이나 트리트먼트를 사용한 지속적인 영양 공급이 윤기 있는 머리카락을 만든다.

Q. 머리카락이 비실비실, 힘이 없어요.

A. 가늘고 힘이 없는 머리카락은 얼굴에 착 달라붙어 사람을 초라하게 만든다. 불행하게도 다 자란 머리카락을 굵게 만들 수 있는 방법은 없기 때문에 새로 나는 머리카락이라도 튼튼한 것을 원한다면 모공을 청결히 하고 모근을 튼튼하게 해주는 제품을 사용해야 한다. 스타일링을 할 때 모근에 볼륨을 주면 한층 풍성한 모양을 만들 수 있다. 강한 드라이어의 바람이나 자외선에 머리카락이 쉽게 부서지므로 주의한다.

Q. 잦은 손질로 머리카락이 거칠어 졌어요.

A. 잦은 염색이나 퍼머로 머릿결이 거칠고 탈색되어 보기 흉한 경우가 있다. 머리카락 내에 있는 단백질끼리의 결합을 인위적으로 분해하고 웨이브를 넣어 재결합시킨 퍼머는 머리카락의 내부를 손상시킨다. 따라서 재결합한 단백질이 샴푸를 할 때 흘러내려 머리카락의 수분량이 줄어들면서 푸석푸석해진다. 이럴 때는 머리카락에 부족한 수분을 채워주어 유수분 밸런스를 맞추는 것이 가장 중요하다.

Q. 계절에 따라 모발 손질법이 조금씩 다르다는데요?

A. 봄

봄의 기후 상 특징은 따스해진 날씨와 건조한 바람, 온도가 높아지면 피부는 활발한 활동을 시작하며 호르몬의 변화와 더불어 피지 분비가 왕성해진다. 반면 건조한 바람 때문에 머리가 흐트러지고 먼지가 많이 끼는 것도 봄에 일어나는 모발의 변화이다. 결국 두피는 피지 때문에 불결해지고 모발은 건조해진다. 따라서 이 두 가지의 문제에 초점을 맞춰 손질을 따로 하는 것이 봄철 모발관리의 포인트이다.

1) 샴푸

샴푸로 두피를 충분히 문질러 마사지하는 기분으로 닦는다. 샴푸가 머리에 남지 않도록 헹군다. 너무 건조하면 이틀 중 하루는 샴푸 없이 물로 헹군다. 물만 써도 먼지는 다 떨어진다.

2) 건조대책

린스와 트리트먼트 제품으로 유 수분을 공급해 건조를 막고 차분하게 관리한다.

3) 자외선 차단

봄철 자외선도 만만치 않으므로 대책이 필요하다. 자외선 차단제가 든 스타일링제를 선택한다.

2. 여름

기후가 고온다습하고 자외선이 강한 때이므로 모발이 손상되기 쉬운 계절이다. 바캉스 후에는 바닷물과 자외선에 큐티클층이 파괴되어 모발이 손상된 상태이다. 바닷물 뿐만 아니라 소독약이 든 수영장의 물도 모발 건강을 위협하기는 마찬가지이다. 게다가 염색이나 탈색을 유난히 많이 하는 계절이기도 하므로 모발은 1년 중 최고의 위험 수위에 놓여 있다. 깨끗한 샴푸, 규칙적인 영양공급, 자외선 차단 헤어제품 사용. 이것이 여름 모발을 지키는 포인트이다.

1) 모발보호

바다에 들어가기 전에 헤어크림을 바르면 유분이 모발을 코팅, 변색을 막아준다.

2) 해수욕 후 샴푸

해수욕 후에는 반드시 샴푸를 해 짠물을 씻어낸다.소금기 때문에 건조해지므로 손상의 원인이 된다.

3) 모발 영양 공급

바캉스 후에는 영양공급을 위해 이틀에 한 번 꼴로 프로틴이 배합된 팩을 한다.

4) 자외선 차단

강한 자외선에 의한 모발의 손상을 줄이기 위해 자외선 차단제를 발라준다.

5) 스타일링제 사용

트리트먼트와 코팅효과가 있는 스타일링제로 평소에도 머리손상을 방지한다.

3. 가을

여름철의 장마, 강한 자외선, 물, 열 등으로 모발은 피로해진 상태. 특히 바캉스로 인해 모발은 지쳐 있으므로 수분과 영양 공급이 필수적이다. 게다가 낮과 밤의 심한 기온차와 건조도 모발의 수분을 빼앗아 거칠어지게 하는 요인이다. 가을철의 자외선은 약해져 있는 모발에 영향을 주어 갈라지거나 끊어지는 등 손상을 가중시킨다. 트리트먼트로 모발에 생명력을 불어넣어 주어야 할 시기이다.

1) 브러싱

손상 헤어에 브러싱은 금물. 엉킴은 손가락으로 풀되 잡아당기지 말고 살살 풀어준다.

2) 두피마사지

두피의 적당한 자극은 혈액순환을 도와 모근을 튼튼히 한다. 손바닥 전체로 마사지 한다.

3) 트리트먼트

유수분의 공급을 위해 샴푸 후 트리트먼트 로션을 머리 전체에 마사지하듯 바른다.

4) 스팀타월

영양 공급을 위해 스팀타월로 헤어팩 효과를 높인다. 미끈거리지 않도록 미지근한 물로 씻어낸다.

5) 코팅

모발이 푸석푸석하고 힘이 없을 때는 오일 코팅을 하면 모발 보호효과가 있다.

4. 겨울

차고 매서운 바람 때문에 겨울이 되면 두피의 피지 분비가 감소한다. 난방으로 안팎의 기온차까지 커지므로 모발이 건조해져 정전기가 일어난다. 낮은 기온과 찬바람 때문에 모발이 뻣뻣해져 잘 부러지는 것도 문제이다. 탄력을 높이는 트리트먼트의 필요성이 절실해지는 때이다. 모발에 윤기가 없고 칙칙해 보이는 것은 일사량이 적고 햇빛의 강도가 낮기 때문이다. 모발이 상한 것은 아니지만 생기가 없어 보이므로 광택을 더하는 트리트먼트를 사용하는 것이 좋다.

1) 샴푸

두피와 모발이 전반적으로 건조하다. 건성용 샴푸와 린스로 건조를 해소해 정전기를 방지한다.

2) 헹굼

샴푸, 린스, 헤어팩 등은 미끈거리는 느낌이 없을 때까지 헹군다. 제품이 머리에 남으면 건성 비듬의 원인이 된다.

3) 트리트먼트

헤어팩은 일주일에 1번 정도, 스팀타월로 머리의 온도를 높여주면 제품의 성분 흡수에 도움이 된다.

4) 정전기 방지

세팅이나 드라이 전에 코팅제나 트리트먼트 로션을 사용해 정전기를 줄이고 머리를 보호한다.

5) 브러싱

트리트먼트 로션이나 코팅제를 바르고 끝이 둥근 브러시로 두피 마사지를 겸해서 한다

Ⅱ. 두피 및 모발관리에 필요한 미용용어 정리

• 가용화 (solubilization)

용매에 잘 녹지 않는 물질이 계면활성제의 미셀 속에 용해됨으로써 용매에 녹은 것 같이 되는 현상

• 겔 (gel)

콜로이드 입자가 이어지거나 고분자쇄가 연결되어서 그물구조를 만들어 운동성을 잃은 상태, 또는 그 상태를 나타내는 물질

• 계면활성 (surface activity)

계면에 흡착이 일어나서 계면장력을 저하시키는 등 계면의 성질을 두드러지게 변화시키는 성질

• 계면활성제 (surface active agent)

분자 중에 적당한 친수기와 친유기를 가지며 액체에 녹아서 저농도로 계면활성을 나타내는 물질

• 건성피부 (dry skin)

피부에 수분이 부족하여 세안 후 피부 당김이 심하고 특히 겨울철이나 환절기에는 볼 주위가 메마르고 트기도 하는 피부. 피부색은 대체로 밝은 편이며 햇빛에 피부가 잘 타고 금방 벗겨지거나 피부가 따갑고 간지러움을 잘 느낀다. 수분이 많이 함유된 보습 제품과 오일 베이스의 리치한 제품을 사용하는 것이 좋다.

• 글리세린 (glycerin)

피부를 촉촉하게 유지시켜 주는 보습 성분으로 로션이나 크림 등의 기초 제품과 메이크업 제품, 혹은 비누 등에 널리 사용된다.

• 노화피부 (old skin)

피부가 약하고 잡티가 많을 뿐 아니라 피부에 탄력이 없는 노화된 피부, 눈, 이마, 입술 부위의 주름이 깊어질 뿐 아니라 모공이 커지고 볼이나 코 등에 끊어진 모세혈

관이 붉게 드러나기도 한다. 또한 쉽게 얼굴이 붉어지거나 햇빛에 잘 타며 피부 건조가 심해진다. 리치하고 풍부한 질감의 제품과 노화 방지 기능성 제품을 이용하여 집중적인 피부 관리를 해주는 것이 필요하다.

• 논스트립핑 샴푸제(nonstripping shampoo)

영구적 염색 또는 탈색한 두발에 사용하면 컬러가 제거되지 않으면서 깨끗하게 씻겨주는 샴푸

• 누드 메이크업(nude make- up)

화이트나 베이지, 파스텔톤의 핑크 등 가볍고 라이트한 컬러를 이용하여 한 듯 안 한 듯 아주 내추럴한 메이크업으로 연출하는 것. 특히 봄이나 여름철의 메이크업으로 많이 이용된다.

• 니아신(nicotinic acid)

육류와 곡물에 풍부하게 함유되어 있는 비타민으로 피부 톤과 혈색을 건강하게 빛나게 보이도록 만들어준다.

• 다크서클(dark circle)

색소와 혈액, 혈장 성분의 증가, 그리고 혈관 확장 등에 의해 눈밑이 거무칙칙하고 탄력이 없어지는 현상. 눈 아래 라인을 따라 검은 띠가 생긴 것처럼 보이므로 다크서클이라 한다. 또한 눈 주위가 자주 붓는 것 역시 피부 조직을 검제 변화시키며, 장시간의 햇빛 노출도 혈관 확장을 유발시켜 다크서클의 생성을 촉진한다.

다크서클은 특히 눈 주위 피부의 노화의 징후이기 때문에 다크서클을 예방, 완화해 주는 아이 케어 제품을 통해 꾸준히 손질해 주고 마사지를 규칙적으로 실시해 주며 잠자리에 들기 전에는 과다한 수분 섭취를 피하는 것이 좋다.

• 댄드러프(dandruff)

비듬

• 드라이 샴푸(dry shampoo)

물을 사용하지 않고 행하는 샴푸

• 라놀린(lanolin)

양의 기름에서 추출되는 기름. 인간의 피지와 가장 가까운 유성분이며 모발 내부의 수분증발을 방지하는 효과가 있다.

• 레이디언스(radiance)

피부에 빛과 윤기를 줌으로써 피부색을 밝고 환하게 만들어주는 화장품을 의미하며 비타민 A와 C, AHA와 BHA 등의 성분이 많이 함유되어 있다.

• 레티놀(radiance)

주름 개선과 노화 방지 등에 탁월한 효과가 있는 것으로 알려진 순수 비타민 A. 생서 오일이나 달걀, 버터 같은 동물성 지방이나 당근, 시금치 같은 녹황색 채소에 많이 들어있다.

레티날이나 레틴산 등은 레티놀과 비슷한 '유사체' 라고 불리며 레티놀 팔미테이트나 레티놀 아세테이트 등은 레티놀로 전환되기 한 단계 전의 물질로 레티놀 '유도체' 라고 한다. 화장품에서 자주 거론되는 레티놀은 엄연히 말해서 순수 레티놀뿐 아니라 레티놀 유도체나 유사체를 모두 포함하는 넓은 의미로 사용되고 있다. 순수 레티놀은 공기 중의 산소나 열, 빛 등에 매우 민감한 성분으로 주로 비타민 A에서 추출한 안정된 형태의 유사체나 유도체를 사용해 왔으나 최근 들어 레티놀 안정화 기술이 개발되면서 순수 레티놀을 함유한 화장품이 등장하게 되었다. 따라서 레티놀 화장품을 고를 때는 효과와 함께 반드시 피부 안정성을 검증받은 제품을 선택하는 것이 좋다.

• 리페어(repair)

'복구하다, 회복시키다' 라는 말처럼 외부 자극이나 유해 환경으로 인해 손상된 피부를 개선시킴으로써 본래의 건강하고 윤기있는 피부 상태로 회복시켜 주는 것을 의미한다.

아이 크림이나 피부 탄력 개선, 링클 제품 등 특수 기능성 화장품의 기능과 효과에 많이 사용된다.

• 리프팅(lifting)

'올리다, 들어올리다 '라는 사전상의 의미처럼 처지고 늘어진 피부에 긴장감과 팽팽함을 부여함으로써 탄력있는 피부로 가꾸어주는 스킨 케어 요령.

처지고 주름진 눈가나 얼굴에 탄력을 주는 아이 케어 제품이나 페이스 크림 등이 여기에 속한다.

• 링클케어(wrinkle care)

레티놀, 비타민 E등 주름 완화 및 방지, 노화 지연 등에 효과적인 성분을 함유한 특수 기능성 화장품과 이를 이용한 노화 방지 스킨 케어.

• 마사지(massage)

피부에 손가락으로 적당한 압력을 가함으로써 피부의 혈액 순환과 신진대사를 촉진하고 건강하고 혈색 있는 피부로 가꾸어 주는 스킨 케어 방법. 부드러운 크림을 이용하여 손놀림하면 피부에 자극을 주지 않을 뿐 아니라 효과가 더욱 커지며, 특히 마사지 후 스팀 타월을 실시하면 마사지 효과가 커진다.

겨울철이나 건성 피부에 더욱 적합한 스킨 케어 방법이며, 두피관리를 위해서도 꼭 필요한 작업이다.

• 마스크(mask)

피부에 투명한 윤기를 되돌려주고 풍부한 영양과 수분을 공급해 주는 스킨 케어 제품으로 흔히 팩이라고도 한다.

사용방법에 따라 건조 후 떼어내는 필 오프(peel off)타입, 물로 씻어 내는 워시 오프(wash off)타입, 티슈로 닦아내는 티슈 오프(tissue off)타입, 그리고 사용뒤 그대로 흡수시키는 타입 등 종류가 다양하다. 또한 기능이나 효과에 따라서도 딥 클렌징 마스크, 보습 마스크, 비타민 마스크, 화이트닝 마스크 등 다양한 종류의 제품이 있다.

• 멜라닌(melanin)

자외선을 받은 피부가 피부 스스로를 보호하기 위해 만들어 내는 색소 세포. 피부와 모발에는 멜라닌 색소를 만드는 원료인 티르신이라는 아미노산이 들어 있는데, 자외선을 받게 되면 멜라노사이트라는 색소 세프 안에서 티로신을 원료로 멜라닌 색소를 생성함으로써 자외선으로부터 피부와 모발을 보호하는 것이다.

건강한 피부라면 이 멜라닌 색소가 표피층으로 올라온 다음 피부세포 생성주기에 따라 각질이 되어 떨어져 나가지만, 그렇지 못한 경우에는 멜라닌 색소의 일부가 표피에 남아 기미나 주근깨 등 잡티의 원인이 된다. 일반적으로 피부색이 검은 사람은 피부색이 흰 사람에 비교해 피부자체에 멜라닌 색소를 많이 갖고 있다.

모발도 마찬가지로 서양인에 비해 동양인의 머리색이 검은 이유는 이 멜라닌 색소의 함유량이 많기 때문이다.

• 모이스춰라이징(moisturizing)

피부에 적절한 수분을 보충하고 유지함으로써 촉촉하고 건강한 피부로 가꾸는 스킨 케어 또는 그 과정에 사용되는 보습 케어 제품.

• 미네랄 워터(mineral water)

마그네슘과 칼슘, 나트륨 등 피부에 유익한 작용을 하는 여러 가지 순수 미네랄 성분을 함유한 광천수나 온천수 등 정제되지 않은 순수 자연에서 채취한 물로 최근 화장품의 원료로 사용되어 피부 진정과 자극완화, 피부 면역력 강화 등 여러 가지 유용한 작용을 한다.

• 민감성 피부(sensitive skin)

특정 화장품 성분이나 향수 등에 알레르기 반응을 보일 뿐 아니라 조그마한 자극이나 외부 환경의 변화에 민감하게 반응하는 예민한 피부. 세안후 피부 당김이 있으며 대체로 피부색이 밝고 햇빛에 잘 타는 편이다.

피부가 다소 건조하고 투명하며 또한 약한 편으로 얼굴이 금방 빨갛게 달아오른다. 향이나 색소, 알코올 등 피부 자극을 유발할 수 있는 성분을 함유하지 않은 순한 제품을 사용하며, 특히 알레르기 테스트를 마친 제품을 선택하는 것이 좋다.

• 바하(BHA)

Beta Hydroxy Acids의 약자로 아하 성분과 밸런스를 맞출 수 있는 성분으로 손꼽힌다. 분자 구조가 커서 표피에만 작용하기 때문에 건조와 색소 침착의 문제를 해결해 주는 역할을 한다.

바로 이러한 점 때문에 피부 깊숙이 침투하는 아하 성분과의 적절한 배합을 통해 세포 재생 효과를 높힐 수 있다.

• 비니거 린스(vineger rinse)

산성린스의 하나로 식초를 이용하여 린스하는 방법이다.

• 복합성 피부(combination skin)

지성피부와 건성피부의 특징을 모두 보이는 피부로 T존은 번들거림을, U존은 건조함을 자주 경험하게 된다. 따라서 피부 부위별 특성에 맞게 피지 컨트롤과 수분 공급의 스킨 케어를 동시에 실시하는 것이 필요하다.

• 블랙 헤드(black head)

피지나 피부 노폐물 등이 모공 속에 쌓여 거뭇거뭇하게 보이는 것으로 피부 청결을 해치는 것은 물론 미관상으로도 좋지 않다.

먼저 스팀을 이용하여 모공을 연 다음 스크럽 제품과 페이셜 브러시를 이용하여 조심스럽게 제거해 주고, 피부에 물기가 없는 상태에서 함부로 짜지 않도록 주의한다.

• 비타민 B1 혹은 티아민(thiamin)

탄수화물을 비롯한 단백질, 지방이 우리 몸에서 에너지로 사용될 때 반드시 필요한 비타민으로 총 에너지의 섭취량이 증가할수록 티아민의 권장량(0.5mg/1,000kcal)도 증가한다. 맥주, 효모, 돼지고기, 콩류와 곡류의 먹아 부분에 많이 함유되어 있으며 결핍시 피로 증상이 나타나기 쉽다.

• 비타민 B2

빈혈 증상에 탁월한 효과를 발휘하며 특히 얼굴색이 창백하다거나 안색이 좋지 않고 혓바닥이 붓는 등 빈혈로 야기되는 피부 문제 해결에도 뛰어난 작용을 한다.

• 비타민 C

피부의 피로 회복은 물론 화이트닝과 피부 개선에 탁월한 효과를 가진 미용 성분. 프리 래디컬(유해 산소 발생)을 억제하는 중요한 안티 옥시던트 성분으로 모세혈관의 흐름을 원활히 하고 콜라겐과 엘라스틴의 결합력을 튼튼히 해준다.

또한 자외선에 의한 홍반, 여드름, 지성 피부 관리에도 매우 효과적이다. 수용성 비타민으로 빛이나 열에 매우 약하기 때문에 비타민 C의 효과를 그대로 피부에 전달하기 위해서는 무엇보다 안정화 기술이 중요하다. 특히 화이트닝과 브라이트닝 제품의 주요 성분으로 사용되고 있으며 여러 가지 피부 유용 작용 때문에 화장품에 널리 사용되는 핵심 성분이다. 레몬. 오렌지. 자몽 등 감귤류와 사과. 키위 같은 과일, 그리고 오이, 고추, 피망 등 녹색 채소에 많이 들어있다.

• 비타민 D

적절한 골격 형성, 혈청 중의 칼슘과 인의 농도를 정상적으로 조절하는 무기질 평형에 중요한 역할을 한다. 생선의 간유, 난황 등에 많이 함유되어 있으며 하루 햇빛을 15분 정도 쬐면 하루 필요량을 체내에서 합성할 수 있다.

특히 구루병이나 골연화증 같은 뼈로 인해 야기되는 질병에 탁월한 효과를 발휘한다. 또한 적당량의 햇빛은 비타민 D의 생성을 도와 피부에 이롭게 작용하지만, 과도한 자외선에의 노출은 노화나 건조 등 피부 문제를 일으킬 수 있다는 사실을 잊어서는 안된다.

• 비타민 E

가장 중요한 지용성 황산화제로 피부 노화를 일으키는 유해 산소 발생 현상인 프리 래디컬(free radical)을 억제하는 효과가 뛰어나다. 프리 래디컬의 손상으로부터 세포막을 보호함으로써 노화를 방지해 줄 뿐 아니라 자외선으로 인한 표피 손상으로부터 피부를 보호하고 자극을 방지해주는 한편 피부의 수분 결합 능력을 개선시켜 줌으로써 건조로 인한 잔주름의 발생을 막아준다.

비타민 D와 마찬가지로 지용성 비타민에 속하며 영양 성분을 피부 세포에 전달해주는 역할을 한다. 비타민 E가 가장 많이 함유된 식품으로는 콩, 옥수수, 해바라기씨, 목화씨 등에서 얻는 식물성 기름과 이들의 가공 제품인 마가린과 쇼트닝을 들 수 있다.

• 비타민 K

잎이 무성한 녹색 채소에 다량 함유되어 있으며 과일, 우유, 육류, 곡류 등에 의해서도 공급된다. 또한 장내 박테리아(세균)를 통해서도 합성이 가능하다.

혈액의 응고를 도와주는 역할을 하며 신장에서 발견되는 특정한 단백질의 생합성에도 필요하다.

• 산성린스(acid rinse)

산성즙이나 초산을 물과 혼합하여 알칼리화된 모발을 중성으로 만드는데 사용한다.

• 살리실산(salicylic acid)

각질 제거나 피지 제거 효과가 뛰어나기 때문에 여드름 피부나 지성 피부를 위한 제품에 많이 사용되는 성분. 그러나 과도하게 사용하면 피부 자극을 유발할 수도 있으므로 주의한다.

• **선번(sun burn)**

피부가 강렬한 자외선에 장시간 노출되면 빨갛게 되고 민감해지는 현상. 특히 여름철 바캉스나 레저 시 자주 발생하며 선크림 같은 자외선 차단 크림을 미리 발라 선번 현상을 막아주는 것이 중요하다.

선번 현상이 일어났을 때는 먼저 피부의 달아오름과 열기를 식혀주는 것이 좋으며, 피부가 민감해진 상태이므로 자극을 주지 않는 것이 좋다. 보통 피부색이 흰 사람이 멜라닌 색소가 적어 자외선에 대한 감수성이 높기 때문에 선번 현상이 발생할 확률이 더욱 높다.

• **선 스크린(sun screen)**

피부에 유해한 작용을 하는 자외선이 피부에 도달되는 것을 막아주고 보호해 주는 제품. 자외선 차단 기능을 가진 성분들을 함유한 선크림이나 파운데이션, 트윈 케이크 같은 제품들이 여기 속한다.

• **세럼(serum)**

피부에 즉각적인 윤기와 촉촉함, 영양 등 유효 성분을 공급하는 농축 미용액이나 기능성 제품을 의미하며, 흔히 에센스와 같은 의미로 사용된다.

• **세범(sebum)**

피지를 말한다. 적절한 피지 분비는 피부의 유.수분 밸런스를 조절하고 피부에 피지막을 형성하여 피부를 보호하지만 과도한 피지 생성은 피부 트러블이나 여드름, 모공 확대를 유발하므로 특히 지성 피부는 세범 컨트롤 기능의 로션이나 메이크업 제품을 사용하는 것이 좋다.

• **센물(hard water)**

칼슘, 마그네슘 등의 염류가 비교적 다량으로 함유된 물로 일반적으로 산화칼슘으로서 100mg/ℓ 이상을 함유하는 물을 말한다.

• **수딩(soothing)**

바캉스나 레저 후 선번 현상으로 인해 달아오르고 자극받은 민감한 피부를 진정시키고 원래의 상태로 되돌리기 위한 스킨 케어. 먼저 얼음이나 찬물을 이용해 열기를 식힌 다음 몸에는 수딩 스프레이를 뿌리고 얼굴에는 차가운 토너를 화장솜에 적셔 올려놓는다. 특히 오이나 감자 같은 천연 재료를 이용하면 수딩 효과가 더욱 커진다.

• **스크럽(scrub)**

클렌징 제품이나 각질 제거 제품 속에 들어 있는 미세한 알갱이를 이용하여 피부를 가볍게 문질러줌으로써 딥 클렌징 효과를 주는 스킨 케어 제품.

• **스파(spa)**

원래 벨기에의 유명한 온천 마을의 이름에서 유래한 말로 물 좋은 자연 속에서 온천욕이나 뷰티 트리트먼트를 즐기는 휴양 시설을 의미한다. 스킨 케어와 함께 사우나, 헬스, 식이요법, 바디 마사지 등을 통해 혈액 순환과 신진대사를 촉진시켜주며 긴장을 풀고 활력을 되찾을 수 있는 방법으로 각광받고 있다.

• **습윤성(wetting tendency)**

젖기 쉬운 정도

• **식물유(vegetable oil)**

식물의 종자, 과실, 핵, 배아 등을 원료로 얻어지는 유지

• **아로마테라피(aromatherapy)**

향기(aroma)와 치료(therapy)가 결합된 말로 100% 순수한 아로마 에센셜 오일을 이용하여 신체와 정신의 질병과 증상, 피부 문제, 스트레스 등을 완화시키고 치료하는 자연 치유법.

• **아크네(acne)**

과도한 피지 분비로 모공이 막히면서 생기는 여드름을 말한다. 아크네 제품은 여드름 피부에 자극을 주거나 여드름 생성을 유발하지 않으므로 여드름 피부에 사용하기가 적합하다.

• **아하(AHA)**

아하는 Alpha Hydroxy Acids의 약자로 표피의 죽은 세포를 떨어져 나가게 하는 동시에 새로운 세포의 재생을 돕는 역할을 한다.

오렌지나 레몬 같은 감귤계는 물론 사과, 포도 등 주로 과일에 많이 들어있다. 각질 제거 제품이나 화이트닝, 레이디언스 제품 등에 주로 사용되는 성분이다.

그러나 지나치데 많은 양을 사용할 경우 오히려 피부를 민감하게 하거나 자극을 줄 수 있으므로 적당한 양을 사용하는 것이 좋다.

• 알칼리(alkaline)

pH가 7이상인 것

• 알코올(alcohol)

아스트리젠트나 토너의 베이스로 사용되며 클렌징 효과가 탁월하지만 자칫 피부를 건조하게 만들 수 있다.

• 알코올 프리(alcohol free)

토너에 알코올을 함유하지 않은 경우를 말하며 특히 건성 피부나 민감한 피부가 사용하기에 적합하다.

• 약용샴푸제(medicated shampoo)

두피보호와 문제성 모발을 위한 성분이 함유된 샴푸제

• 앰플(ampoule)

화장품 유효 성분의 신선도를 최대한 유지시킴으로써 피부 효능과 효과를 극대화시키기 위해 제작된 특수 화장품 혹은 그 제품의 용기를 말한다. 원래 앰플은 주사약 1회분들이의 작은 병을 의미하는데, 보통 화장품에서는 사용 직전에 내용물을 혼합하고 혼합 즉시 사용함으로써 특수 성분의 변질을 막고 신선도를 우지하는 것은 물론 피부의 효능, 효과를 극대화하기 위한 특수 프로그램 화장품의 각각의 낱개 제품을 말한다.

특히 프로그램 화장품은 갑작스런 환경 변화나 피로 등으로 피부 노화가 실감될 때 사용하면 더욱 효과적이다.

• 에그샴푸(egg shampoo)

계란을 이용한 샴푸로서 손상된 모발이나 유분이 부족한 모발에 적합하다.

• 에몰리언트(emollient)

피부를 부드럽게 해주는 유연 작용이 뛰어나 로션이나 크림 같은 보습 제품에 많이 사용되는 미용 성분.

• 에멀션(emulsion)

피부에 적절한 수분과 영양을 공급해주는 영양 유액으로 부드러운 리퀴드 타입이며 흔히 로션이라고 한다. 토너로 피부결을 정돈한 다음 손바닥에 적당량을 덜어 얼굴에 골고루 펴 바른다.

• 에센스(essence)

'본질, 정수, 진수'라는 사전상의 본래 의미를 갖고 있는 에센스는 화장품에서는 피부에 유효한 여러 가지 미용 성분을 농축해 놓은 미용액을 의미한다. 피부에 충분한 수분과 영양을 공급, 촉촉하고 매끄러운 피부를 유지시켜 줄뿐만 아니라 노화 방지와 탄력 유지 등의 기능도 우수하기 때문에 흔히 '피부의 보약'으로 불린다.

특히 피부가 필요로 하는 영양 성분을 농축하여 함유하고 있기 때문에 적은 양으로도 즉각적이고 빠른 효과를 얻을 수 있다는 것이 장점이다. 또한 에센스는 단독으로 사용하여 미용효과를 얻는 것은 물론 다른 제품과 함께 사용함으로써 서로 그 효과가 상승되는 시너지 효과가 있다.

• 에스테틱(esthetics)

마사지, 스티밍, 각질 제거, 마스크 등 일련의 훼이셜 과정을 스킨 제어 전문가를 통해 받음으로써 깨끗하고 아름다운 피부로 가꾸기 위한 토탈 특수 스킨 케어를 지칭한다.

• 에스트로겐(estrogen)

여성 호르몬의 일종으로 신체는 물론 피부에 여러 가지 영향을 미친다. 특히 생리가 가까워지면 여성의 몸에서는 이 에스트로겐과 남성 호르몬의 일종인 프로게스테론(progesteron)이라는 호르몬이 분비되는데, 이로 인해 피지 분비가 증가되고 모공이 확장되면서 평소에는 없던 여드름이 생기기도 하고 이유 없이 얼굴이 붉어지는 안면 홍조 현상을 보이기도 한다.

• 오일 프리(oil free)

에멜션 같은 영양 유약 혹은 메이크업 베이스나 파운데이션 등의 제품에 오일을 베이스로 사용하지 않았다는 것을 의미한다. 특히 피지 분비가 많은 지성 피부의 경우에 적합하며, 메이크업 제품의 경우 지속력이 우수한 장점이 있다.

• 유화(emulsification)

서로 용해되지 않는 두 액체의 한쪽이 미립자가 되어 다른 쪽 액체 중에 분산하여 에멀젼을 생성하는 현상

• 음이온계면활성제(anionic surface active agent)

수중에서 이온화하여 계면활성을 나타내는 부분이 음이온인 계면활성제

• 자외선(ultra violet rays)

기미나 주근깨 같은 잡티는 물론 주름과 건조 등 피부 노화를 촉진시키는 강력한 피부 유해 요소. 심하면 피부암까지 유발할 수 있다. 특히 자외선 A와 B가 피부에 나쁜 영향을 미치며 오존층 파괴로 그 폐해가 더욱 심각해지고 있다. 따라서 자외선으로부터 피부를 보호하기 위해서는 자외선 차단 제품의 사용을 사계절 생활화하며 특히 자외선의 강도가 높은 여름철이나 자외선에의 노출이 많은 야외 활동 시에는 양산이나 모자, 선글라스 등을 적절히 이용하는 것이 현명하다.

• 자외선 차단지수(sun protection factor : SPF)

피부가 자외선에 노출되었을 때 자외선으로부터 피부를 보호할 수 있는 시간의 정도를 수치로 나타낸 것. SPF 1은 보통 자외선으로부터 10~15분간 피부를 보호해 준다는 것을 의미한다. 따라서 자외선 차단 제품은 시간에 맞게 계속 덧발라주는 것이 올바른 사용 요령이다.

• 중성피부(normal skin)

가장 균형잡히고 이상적인 피부로 피부 톤은 중간이거나 혹은 약간 밝은 편이다. 클렌징 후에는 볼 부위가 약간 당기기는 하지만 심하지 않으며 햇빛에 노출되면 쉽게 달아오르거나 검게 타는 경우가 많다.

그러나 자칫 파부관리에 소홀하면 지성이나 건성 등으 피부로 바뀔 수 있으므로 항상 꾸준한 관리가 필요하다.

• 중화(neutralization)

산과 알칼리가 반응하여 염을 생성하는 반응. 지방산과 알칼리에 의한 비누 생성 반응을 가리키는 수도 있다.

• **지방(fat)**

유지 중 상온에서 고체인 것. 또 상온에서 액체의 지방유를 함유한 유지와 동의어로 사용되기도 한다.

• **지방산(fatty acid)**

카르복실기를 1개 가진 카르본산의 총칭. 좁은 의미로는 천연유지를 구성하는 긴 사슬의 모노카르본산을 말한다.

• **지성피부(oily skin)**

피지 분비가 많아 세안 후 한 시간 후면 얼굴이 번들거리며 메이크업 또한 쉽게 지워진다. 피부색은 대체로 어두운 편이며 피부 트러블이 자주 발생한다. 피부에 탄력이 있기 때문에 상대적으로 주름이 덜 생기는 편이다. 검은 여드름을 자주 경험한다. 과도한 피지 생성을 막아주는 피지 컨트롤 제품이나 피부에 부담을 주지 않는 가볍고 산뜻한 젤 타입, 혹은 오일 프리 타입의 제품을 사용하는 것이 좋다.

• **천연보습인자(Natural Moisturizing Factor)**

피부 표면에는 수분을 저장하는 능력을 가지고 있는데, 이는 바로 피부 표면에 수분을 끌어들이는 단백질 성분을 가진 천연보습인자(NMF)에 의해 이루어진다. 표피의 각질층에 자리하고 있는 이 천연보습인자는 세포가 지질 내의 유분에 둘러싸여 있으며 표피의 수분 증발을 억제하는 역할을 한다.

각질층의 천연보습인자는 노화, 외부 자극, 잘못된 세안 등으로 손실 될 수 있으며 이로 인해 피부는 건조함을 느끼게 된다. 따라서 천연보습인자와 동일한 성분이 함유되어 있는 보습 제품을 통해 수분 손실을 보충하고 촉촉한 피부 상태를 유지시켜 주어야 한다.

• **친수성(hydrophily)**

물에 친화성을 나타내는 성질이다.

• **친유성(lipophilicity)**

기름에 친화성을 나타내는 성질이다.

• 친화성(affinity)

화학약품과 물질사이의 흡인력이다.

• 침투(penetration)

액체, 종이, 섬유 등 고체조직 내부로 들어가는 현상이다.

• 컨디셔닝 샴푸제(conditioning shampoo)

모발의 다공성과 장력 강도를 향상시키는 광물 또는 식물성, 동물성 첨가제가 조금 들어가 있는 샴푸제.

• 콜라겐과 엘라스틴(collagen, elastin)

피부 세포의 결합을 도와주는 교원섬유와 탄성섬유로 스프링과 같은 역할을 한다. 수분을 붙잡고 있는 역할을 함으로써 피부 탄력을 유지해 주는 콜라겐과 엘라스틴이 건조나 자외선 등 여러 가지 유해 요인으로 그 생성이 감소하거나 결합력이 약화되면 피부는 탄력을 잃고 늘어지며 노화가 가속화된다.

• 큐티클(cuticle)

머리카락의 가장 바깥쪽에 위치하는 모표피 세포를 지칭한다. 또는 감피라고도 하며 손과 손톱 안쪽의 경계를 이루며 붙어있는 엷은 껍질을 말한다.

• 턴오버(turn over)

진피층에서 만들어진 새로운 세포가 각질층까지 올라온 다음 죽은 세포가 되어 떨어져 나가는 피부 세포 재생 과정으로 보통 28일을 주기로 이루어진다.

이처럼 피부는 28일을 주기로 자연 탈락하지만 노화나 외부 유해 환경, 신체적 이상 등에 의해 두터워진 피부 각질층이 정상적인 턴 오버 작용을 발휘하지 못하고 이로 인해 떨어져 나가야 할 죽은 각질 세포들이 피부에 계속 쌓이게 되면 피부 톤이 어둡고 칙칙해질 뿐만 아니라, 피부 신진대사가 원활하지 못하게 됨으로써 화장품 등의 유용 성분의 흡수를 방해하는 것은 물론 기미와 주근깨 등의 잡티도 심화된다. 따라서 정상적인 턴 오버 작용이 일어나지 못할 때는 각질 제거 제품을 이용하여 죽은 각질 세포를 제거해 주는 스킨 케어 과정이 필요하다.

• 탈지력(degreasing power)

고체표면에 부착한 유류를 제거하는 능력이다.

• 토너(toner)

클렌징과 세안으로 건조하고 거칠어진 피부를 산뜻하게 정돈하고 진정시켜 주는 동시에 촉촉함을 부여해 주는 화장수. 세안 후 적당량을 화장 솜에 묻혀 얼굴 안쪽에서 바깥쪽으로 가볍게 닦아내듯 얼굴에 골고루 발라주고 건조함이나 화끈거림이 느껴질 때는 화장솜에 충분량을 적셔 원하는 부위에 10분 정도 올려놓으면 피부가 한결 촉촉해지고 즉각적으로 정돈된다.

• 티존(T zone)

이마, 코, 턱 등 피지 분비가 상대적으로 많아 번들거림이 심하고 화장 또한 쉽게 지워지는 부위를 말한다.

• 파우더 드라이 샴푸(powder dry shampoo)

드라이 샴푸의 일종으로서 탄산마그네슘, 붕산, 모래 등의 파우더를 사용하여 행하는 샴푸.

• 팩(pack)

피부 표면에 얇은 막을 형성하여 일시적으로 외부공기와 차단시킴으로써 단시간 내에 피부에 효과적인 여러 가지 작용을 하는 스페셜 스킨 케어의 한 과정. 팩으로 인해 피부 표면의 수분 증발이 억제되는 동안 피부 온도가 상승하여 발한 작용이 왕성해지면서 모공 속에 끼어 있는 노폐물이 팩에 흡착되어 함께 떨어져 나옴으로써 모공 속 더러움과 죽은 각질을 제거하는 딥 클렌징 효과로 청결하고 깨끗한 피부로 가꾸어준다.

또한 팩에 의해 일시적으로 외부와 차단된 피부는 표면의 수분 증발이 억제되므로 각질이 부드러워지고 팩의 여러 가지 보습 성분이나 영양 성분을 흡수하기 쉬운 상태가 되어 피부를 부드럽고 촉촉하게 가꿀 수 있다. 그리고 팩이 건조되면서 긴장감이 생기므로 피부에 탄력을 부여할 뿐 아니라, 피부의 혈액순환과 신진대사를 촉진시켜 피부 기능을 활성화 시키므로 지치고 피로한 피부를 회복시키는데도 효과적이다.

• 퍼밍(firming)

'단단하게, 견고하게, 탄력있게'라는 의미처럼 여러 가지 피부 유용 성분의 작용으로 여성의 피부 고민인 주름, 눈과 목 부위의 처짐 등 탄력 상실 문제를 집중적으로 개선, 관리해 주는 탄력 전문 스킨 케어와 제푿을 의미한다.

• 포어 케어(pore care)

모공은 피부 표면에서 땀과 피지를 방출하는 중요한 통로의 역할을 한다. 그러나 과도한 피지 분비로 모공이 확대되면서 다시 확대된 모공을 통해 피지 분비가 더욱 많아지는 악순환이 반복되기 때문에 특히 지성 피부나 복합성 피부, 그리고 노화된 피부의 경우는 특별히 모공 케어에 많은 관심을 기울여야 한다.

포어 케어는 바로 이처럼 과도한 피지 분비나 노화 등으로 인해 확대된 모공을 축소시키고 관리해주는 스킨 케어다. 모공 확대는 피부를 거칠어지게 할 뿐 아니라 아름다운 피부결을 방해하므로 머드 성분의 딥 클렌징 마스크를 통해 모공의 청결을 유지시키는 한편, 모공 축소 기능의 특수 제품을 사용하여 모공이 더 이상 확대되지 않도록 세심하게 관리해 주어야 한다.

또한 세안 시 마지막 헹구는 물은 반드시 찬물을 이용하여 패팅(patting)해 줌으로써 모공을 긴장시켜 주고 세안 후에는 토너를 발라 수렴 효과를 부여해 준다. 특히 최근 들어 모공에 대한 여성들의 관심이 커지면서 피지를 컨트롤해 주는 제품뿐 아니라 확대된 모공을 조여주고 축소시켜 주는 기능성 제품들이 많이 선보이고 있다.

• 프레 샴푸(pre shampoo)

pre란 '-전에'라는 뜻으로 화학적 시술을 하기 전에 행하는 샴푸를 말한다.

• 프로텍팅(protecting)

건조, 자외선, 공해 등 유해한 외부환경으로부터 피부를 보호하고 지켜주는 스킨 케어 혹은 그 과정을 도와주는 제품을 의미한다.

• 프리 래디컬(free radical)

유해 산소를 발생시키는 분자의 일종으로 피부 노화의 최대 적이라 할 수 있다. 자외선, 오존, 방사능 등의 외부 환경과 접촉했을 때 피부 내부의 단백질과 결합하여 피부를 손상시킨다.

최근에는 이런 프리 래디컬 현상으로 인해 피부 노호가 촉진되는 것을 막는 안티

프리 래디컬 성분을 함유하고 있는 제품들이 많이 선보이고 있으며 특히 비타민 C는 프리 래디컬 억제에 탁월한 효과를 발휘한다.

• 플레인 샴푸(plain shampoo)

다른 어떤 제품도 사용하지 않고 물로서만 행하는 샴푸

• 필링(peeling)

원래 '허물을 벗겨낸다'는 뜻으로 피부학적인 측면에서는 피부를 문질러 죽은 각질 세포를 벗겨냄과 동시에 유익한 자극을 주어 모세혈관의 혈액순환을 원활하게 하고 세포 재생을 촉진시켜 주는 것을 의미한다.

• 하이드로(hydro) 또는 하이드레이팅(hydrating)

'물' 혹은 '수소'라는 의미를 내포하고 있는 것처럼 풍부한 보습 성분의 함유로 피부가 필요로 하는 수분을 즉각적이고도 지속적으로 공급, 유지함으로써 늘 촉촉하고 건강한 피부로 가꾸어주는 보습제품을 의미한다.

• 화이트닝(whitening)

자외선으로부터 피부를 보호하는 동시에 기미나 주근깨 같은 잡티를 예방, 혹은 완화시키거나 어둡고 칙칙한 피부 톤을 하얗고 깨끗하게 가꾸기 위하 미백 케어.

자외선의 유해 작용과 오존층 파괴로 인해 사계절의 스킨 케어로 자리 매김하게 되었으며 특히 비타민 C와 알부틴, 고직산, 상백피(뽕나무 추출물) 등의 미용 성분이 화이트닝에 효과적인 것으로 알려지고 있다.

Ⅲ. 계절별 두피 및 모발관리 POP

봄철 황사는 두피건강에 적신호!!!

- 석영, 카드뮴, 납, 구리,아황산가스, 일산화탄소 등 오염물질 포함
- 두피쪽에 쌓인 황사가 모공에 침입

〈 봄철 두피관리요령 〉

하나) 머리감기는 저녁에-

(황사, 꽃가루에 지친 두피를 청결히하여 릴렉스 시켜준다.)

두울) 심장보다 낮게 머리를 숙여 샴푸하면 머리쪽의 혈액순환을 원활하게 한다.

- EM육모샴푸와 앰플도포를 충분히 하여 두피에 항산화력 증진
- 단 완전히 건조시킨 후 잠자리 들기〉

세엣) 중금속 배출을 돕는 따뜻한 차와 영양 섭취 필수

- 모과차, 오미자차, 구기자차, 옥수수차
- 미역(알긴산), 굴, 전복(아연); 농약 환경호르몬, 발암물질, 체내 납을 배출
- 글로렐라, 염록소, 섬유소; 납의 독성완화, 체내 카드뮴 축적 억제
- EM-X: 활성산소제거를 통한 몸의 산화와 노화 방지

〈 여름철 모발관리는 이렇게 〉

◆ 여름철 자외선은 모발에도 스트레스

- 강렬한 여름 햇살: 모발의 윤기 소실, 모발의 탄력성과 수분함유량 감소
- 모발에도 자외선 차단제 사용(에센스, 세럼)

◆ 균형잡힌 식습관

; 높은 온도와 습도로 피지 및 땀의 분비가 많아져 두피의 유 · 수분 균형의 부조화

- 단백질과 물을 충분히 섭취
- 비타민A, D: 케라틴 형성과 탈모 후 재생효과 탁월
- 해조류, 견과류 등 알칼리성 식품 섭취

◆ 샴푸 후 컨디셔너 사용 중요, 화학성분에 주의

- 정전기(static elasticity)를 감소, 모발의 장력을 증가, 자외선으로부터 머리카락을 보호

- 헤어 스프레이, 헤어 젤, 무스나 왁스 등의 과도한 사용 자제, 머리 염색이나 코팅, 파마도 가급적 자제

◆ 해수욕이나 수영 후의 두피청결

- 염분은 모공을 막고 모발의 천연성분을 피괴하며, 삼투압에 의해 모발 탈수, 모발의 성장주기를 변화시켜 탈모를 촉진

◆ 충분한 휴식과 수면

- 긍정적인 마음자세
- 하루의 피로는 족욕이나 반신욕으로 해소
- 컴퓨터, TV시청은 적당히-
- 수면시간을 일정하게 유지

〈가을철 두피 & 모발관리〉

◆ 가을철 지친 두피 & 모발의 SOS

- 동물도 털갈이를 시작하는 계절; 탈모두피에 주의
- 두피세포의 사이클 둔화로 두피 건조
- 여름철의 강한 자외선, 물, 열 등으로 피로 극대화
- 낮과 밤의 높은 기온 차, 낮은 온도, 건조함으로 인한 수분손실; 모발을 거칠게 하고 가을철의 자외선도 약해져있는 모발결절 및 손상 가중

◆ 가을철 두피 & 모발의 관리요령

- 건강한 두피유지 위해 매일 1회 브러싱
  (1회 50~ 100번, 앞⇔뒤, 오른쪽⇔왼쪽)
- 두피청결; 샴푸 후엔 시원한 바람으로 완전 건조 후 외출
- 수분과 영양공급 필수
  (천연재료 에센스 & T/M⇒ 스팀타월, 헤어 팩)
- 두피로의 혈액순환에 도움이 되는 목, 어깨의 스트레칭과 경락마사지

※ EM S&H 팩으로

: 지친 두피와 모발에 활력을 찾자!!!

〈겨울철 - 두피 & 모발관리〉

하나. 샴푸 할 때는 온수와 식물성 보습성분 함유된 샴푸를 사용.

두울. 샴푸 후 뜨거운 드라이 바람 사용 자제-미풍으로 사용.

세엣. 모발건강 위해 트리트먼트제 사용-깨끗하게 헹구는 것이 중요.

네엣. 스키장 및 실외에서 장시간 활동할 경우 UV차단제 or 헤어에센스를 도포한 후 외출.

다섯. 모발 수분유지를 위해 모자 착용도 효과적.

여섯. 건성비듬 발생을 막기 위해 두피마사지르 수분유실 방지.

● 겨울철 탈모관리- 주의사항

첫째. 차가운 공기 노출 자제.

- 모공의 힘이 약해져 혈액순환 장애가 발생; 모발까지 영양분이 전달되지 못해 탈모증상 유발우려.

둘째. 과도한 난방 자제.

- 모발의 수분을 빼앗기고 딱딱해져 윤기가 사라지고 쉽게 끊어짐.

셋째. 눈을 맞지 않도록 주의.

- 산성 눈은 비보다 머무는 시간이 더 길어 탈색이나 탈모뿐 아니라 건강에도 악영향.

● 식생활 따라하기

- 카페인 음료 및 음주 삼가.(피부 및 모발의 수분유실)
- 겨울철 비만의 위험성이 있으므로 식생활 조절을 통하여 인체 신진대사의 기능을 향상.
- 단백질 및 미네랄 성분의 음식 섭취.(신진대사 향상)

< 탈모의 원인과 대책 >

- **탈모의 원인**

  - 체질 및 가계의 유전적 요인
  - 정신적 스트레스와 신경성 장애로 인한 모세혈관의 위축
  - 질병, 약물
  - 기타: 잘못된 샴푸 법, 외상, 신체노화, 임신, 환절기 기후변화, 황사 등
  - 영양 불균형
  - 호르몬 이상
  - 대기 및 환경오염

- **대책과 관리**

  - 두피문제 및 탈모진행상태의 정확한 진단
  - 두피의 청결유지를 위한 두피 스켈링, 긴장된 근육의 이완과 두피 혈행촉진을 돕는 마사지 관리
  - 두피 문제를 개선하고 신체에 다른 부작용을 최소화하는 전문제품의 지속적인 사용
  - 면역체계 형성과 자연치유력을 도울 수 있는 영양과 건강유지

< 탈모를 예방하는 습관 >

1. 하루 세끼를 꼭 챙겨먹는다.
2. 음식은 육식, 채식, 해산물을 골고루 먹는다.
3. 저녁은 잠들기 2시간 전에 식사를 마치도록 한다.
4. 과식은 금한다.
5. 수면은 충분하게 한다(저녁10시부터 새벽2시: 성장호르몬 작용의 적기).
6. 검은콩, 검은깨, 호두 등 신장의 기능을 보강하는 음식을 자주 먹는다.
7. 명상, 운동, 기체조 등 생활속에서 스트레스를 해소하는 자신만의 지혜를 찾아야 한다.

찾아보기

Index

참고문헌

• 암치료에 효과있는 110가지 방법, 저르치 이르마이, 건강신문사, 2006
• 체온1도가 내 몸을 살린다, 사이토 마사시, 나라원, 2011
• 대한민국 화장품의 비밀, 구희연 · 이은주, 거름 출판사, 2009
• 화장품 얼굴에 독을 발라라, 오자와 다카하루, 미트스 출판사, 2006
• 뷰티산업의 浮上과 성공전략, 심상민 외, 삼성경제연구소, 2002
• 코트라(KOTRA), 이성호 광저우 무역관 보고서 참조-CMN, 2008, 06. 04, 3면
• 베이징 무역관 정준규, 고계화 보고서 참고
• 화장품 신문, 2007, 04, 30, 10면
• 화장품 신문, 2007, 01, 01, 35면
• HAIR Care ART, 현문사, 2002
• (주)에버미라클 자료
• 모발관리학, 김경순 외 4인, 청구문화사, 1995
• Hair and hair care, 조정혜 외 9인, 훈민사, 2003
• 모발,두피관리학, 곽형심 외 6인, 청구문화사, 2002
• 모발학, 국제미용교육포럼학술위원회, 청구문화사, 2004
• Sampoo & Treatment, 구본미 외 5인, 청구문화사, 2000
• 피부미용전문가를 위한 홀리스틱 경락관리학(실기편) 안남훈, 홀리즘, 2009
• 피부미용학, 김광옥 외, 청구문화사, 2008
• 내 남자를 튜닝하라, 황정선, 황금부엉이, 2010
• http://community.hani.co.kr/(네이버캐스트)

저자소개

이효숙 : 전주비전대학교 미용예술과 교수 / EM CLINIC CENTER 센터장 / EM 홍보대사
강주아 : 서울 문화예술 전문학교 헤어디자인과 교수
김은영 : 전주비전대학교 미용예술과 겸임강사 / 미용학박사 / 헤어샵 원장
김혜진 : 전주비전대학교 미용예술과 겸임강사 / 아미치 전주점 원장
이나리 : 주)에버미라클 연구원(전) / 웰킨 대전중앙점 점장
진란희 : 전주비전대학교 미용예술과 겸임강사 / 오즈미용학원 전임강사

친환경 Eco-Mom 테라피

2013년 6월 10일 초판인쇄
2013년 6월 20일 초판발행

지은이 : 이효숙 · 강주아 · 김은영 · 김혜진 · 이나리 · 진란희
펴낸이 : 이상태
펴낸곳 : 청구문화사
주 소 : (120-831)서울특별시 서대문구 연희 1동 436-1번지
전 화 : 02-332-0541(代) FAX : 02-337-9577
등 록 : 1990년 11월 2일 제9-247호

가격 30,000원

ISBN 978-89-5616-552-3 93590